国家出版基金项目
NATIONAL PUBLICATION FOUNDATION

全国中药材种子原色图谱系列丛书
中央本级重大增减支项目“名贵中药资源可持续利用能力建设项目”（2060302）

中药材种子原色图谱

华南卷

周良云　杨光　丁锤　主编

中国健康传媒集团
中国医药科技出版社

内容提要

本书为《全国中药材种子原色图谱系列丛书》之一。本书分总论和各论两部分。总论介绍华南地区的自然地理环境、中药资源特点等内容；各论记录了华南地区的400种中药材种子，每个种子项下具体内容包含高清的形态图像2~3幅、性状特征描述、药用部位、功效、采集时间、采集地、鉴定人等信息。各论的重点内容在于图像化地展示种子的细节特征，但仍以详实的文字对每个种子都进行了描述，确保了本部分内容的专业性。

本书可为广大的中药材生产者、研究者、爱好者们提供参考和帮助。

图书在版编目（CIP）数据

中药材种子原色图谱. 华南卷 / 周良云，杨光，丁锤主编. —北京：中国医药科技出版社，2021.8

（全国中药材种子原色图谱系列丛书）

ISBN 978-7-5214-2683-0

Ⅰ. ①中… Ⅱ. ①周… ②杨… ③丁… Ⅲ. ①药用植物—种子—图谱 Ⅳ. ① S567.024-64

中国版本图书馆CIP数据核字（2021）第174599号

责任编辑 高雨濛
美术编辑 陈君杞
版式设计 锋尚设计

出版 **中国健康传媒集团 | 中国医药科技出版社**
地址 北京市海淀区文慧园北路甲22号
邮编 100082
电话 发行：010-62227427 邮购：010-62236938
网址 www.cmstp.com
规格 710×1000mm 1/16
印张 58
字数 814千字
版次 2021年8月第1版
印次 2021年8月第1次印刷
印刷 北京盛通印刷股份有限公司
经销 全国各地新华书店
书号 ISBN 978-7-5214-2683-0
定价 360.00元

本书编委会

主　　审　肖培根　王永炎

主　　编　周良云　杨　光　丁　锤

副 主 编　张　振　咸庆飞　单　锋　吴健梅

编　　者（以姓氏笔画为序）

丁　锤　厦门本草真源生物医药科技有限公司
朱寅荻　温州医科大学
刘家水　安庆医药高等专科学校
纪瑞锋　广东药科大学
巫锴丽　广东药科大学
李　颖　中国中医科学院中药资源中心
杨　光　中国中医科学院中药资源中心
吴健梅　深圳桐雅文化传播有限公司
邱晨洁　广东药科大学
张　振　同济大学
张建行　华东师范大学
张琳琳　浙江省食品药品检验研究院
邵艳华　广东药科大学
陈可纯　广东药科大学
陈春宇　广东药科大学
陈科元　澳门科技大学
周良云　广东药科大学
周修腾　中国中医科学院中药资源中心
周洁纯　广东药科大学
单　锋　安徽医学高等专科学校
赵维波　亳州中药材商品交易中心
咸庆飞　广东药科大学
康传志　中国中医科学院中药资源中心
蒋靖怡　全国农业技术推广服务中心
程春松　中国科学院庐山植物园
樊　蓉　湖南药圣堂中药科技有限公司

序一

我国是世界上遗传资源最为丰富的国家之一，其中中药资源是我国独特的、具有原创优势、最具中华文化特色、发展潜力巨大的自然资源。中药资源是中医药临床应用的物质基础，是中医药事业健康发展的客观保障，是关系国计民生的战略性资源。因此，中药资源的合理开发、深度挖掘和全面提升是响应党和政府的号召，传承创新发展中医药事业的重要措施。

中药材种子是中药资源的重要组成部分，是中药材生产最基本的农业生产资料，其真伪优劣直接影响药材的真伪及品质优劣。然而，与农作物种子相比，中药材种子质量参差不齐，评价监管体系还未成熟，质量标准体系未完善，鉴别评价能力有待提高，目前中药材种业发展尚不能适应中药产业高质量发展的要求。加强中药材种子基础研究，尤其是种子的形态学研究，对中药材质量保障、中药资源的开发与利用具有重要的促进作用。

种子是植物不断演化、不断发展的载体，也是物种存续的重要基础。然而由于体形较小、发育过程较为隐蔽、形态特征不显著、在植物生活史中存在时间较短等原因，种子的收集和鉴定是一件非常困难的事情。对于中药材种子而言，问题尤甚，只有部分药用植物的种子得到了较为充分地研究，中药材种子的形态学研究仍处于孤岛式散发进行的初级阶段。此外，种子类中药材的形态学鉴别目前主要是借助光学显微镜、电子显微镜等工具进行，同药材显微鉴别相比，种子类中药材的显微鉴别研究在数量和系统性方面均有一定差距。中药材种子的形态学研究以及种子类中药材的显微特征及其外观特征描述等系统性研究亟待补充。

为了解决上述问题，《全国中药材种子原色图谱系列丛书》采用科学摄影的方式，以光学手段对全国常见中药材种子的形态特征进行了系统性研究，丰富了中药材种子形态学研究的技术手段，改善了系统性的中药材种子形态学研究以及种子类中药材显微鉴定资料缺乏的现状，系统扩充了中药材种子的形态学资料。

该《丛书》的发行丰富和完善了中药材种子形态学研究相关的理论和实践，为种子生物学尤其是中药材种子生物学的教学与研究提供借鉴和参考，为中药材种子生产和管理实践提供技术支持。将有利于解决中药材种子的真伪问题，促进中药材种子质量监管体系的建立和完善，从源头保证中药材质量和产量，为中医药事业高质量发展奠定基础。

乐为之序！

中国医学科学院药用植物研究所名誉所长

中国工程院院士

肖培根

2021 年 7 月

序二

中医药学是世界唯一全面系统传承从未断裂的医药学。本草学、方剂学、四诊法与针灸是奉献人类的四项发明。21 世纪科技文明的进化，重始源以历史范畴回归象思维，以象数易气神为一体“援象比类”“以言明象”“象以筑境”“象以扬神”，系统深化研究中医中药为生命健康服务民生，是新时代大数据科学的主题。勤劳智慧的中国人民创建了中医药学，它是中华民族繁衍生息、传承文明发展的动力源泉和科技基础，体现中国人民的大智慧。

中药材是中医药发挥临床功效最主要载体，是中医药事业产业发展完善的物质保障。在我国 500 多种临床常用中药材中，65% 以上的种类采用种子繁殖，60% 以上的种类已经实现了人工培育。在由采集野生资源向人工培育转变的过程中，中药材种子种苗的收集和抚育是第一个关卡。对于已经实现人工培育的种类，其种子种苗的标准化和规范化成为制约当前中药材种业发展以及临床用药安全的因素之一。此外，临床常用中药材中约有 30% 是果实、种子入药，其真伪优劣将直接影响临床效果及用药安全。因此，中药材种子的鉴别和规范成为当前中药材培育亟待解决的热点问题，也是影响中医药发挥临床作用的重要影响因素之一。

目前中药材种子鉴别相关研究较少，为了加强中药材种子基础研究，丰富和完善中药材种子研究的理论与实践，《全国中药材种子原色图谱系列丛书》编写团队采用了科学摄影的方式对中药材种子进行了准确清晰的记录，辅以药用植物学名、性状、采集地点等信息，全面系统地梳理了我国各区中药材种子的形态信息，为中药材种子的鉴别和规范提供了重要的参考依据。以期加强中药材种质资源保护利用，促进中药材种子的规范化生产、管理和流通，从源头保证中药材质量以及临床安全用药。

该《丛书》历时数十年，收集了各地区代表性药用植物的种子，通过多种途径和方法鉴定种子基原，确保种子对应物种的科学性、准确性、可靠性。采用科学摄影方式，一方面能够完整清晰地展示出不同种子形状、颜色、纹理等特征，确保图片客观、清晰、美观，为中药材种子品质评价与鉴定提供依据；另一方面为科学摄影在中药领域的应用起到良好的示范作用，具观赏和收藏价值。该《丛书》的出版和应用将为中药材种子鉴定提供依据，助益中药材种子品质升级，推动种业标准化、规范化发展，从源头保证中药材质量，保障中药材临床使用的安全和疗效，为中医药产业传承创新和健康中国长远发展提供重要参考。感谢编撰团队对我的信任与鼓励邀我写序，与有荣焉。

欣闻该书即付桑植，乐观厥成。

中央文史研究馆馆员

中国工程院院士

王永炎

辛丑孟秋

序三

中医药学是中华民族在数千年的生活和医疗实践中逐渐形成和发展起来的一门独立科学体系，其理论基础和诊疗模式始终贯穿着朴素的唯物论和辩证法思想，是中国古代自然科学的重要成就之一。党的十八大以来，党中央把中医药工作摆在更加突出的位置，传承创新发展中医药成为新时代中国特色社会主义事业的重要内容和中华民族伟大复兴的大事。

中药材是中医药事业传承和发展的物质基础，优质的种子种苗则是提高中药材质量和产量的先决条件。由于多数中药材种子存在体积较小观察困难、鉴别特征较少不易描述，以及种内形态学微小变异等问题，造成研究人员关注度不高，对中药材种子形态特征的认识不足，严重制约了中药材种业发展进程。

为解决这一问题，《全国中药材种子原色图谱系列丛书》采用科学摄影技术，以海量的精美图像资料，从“科学化”的角度为中药材种子种苗的规范化发展提供了形态学依据和参考。该《丛书》采用的科学摄影技术确保了中药材种子的色彩、尺寸、鉴别特征和种内变异，能够以精确清晰的图像呈现出来。相比传统的种子墨线图、种子显微照片，科学摄影技术对中药材种子，尤其是毫米尺寸的中药材种子特征呈现具有独特优势，在当前中药材种子图谱类出版物中处于先进水平。

该《丛书》作为第四次全国中药资源普查的成果之一，系统性地展现了中药材种子形态特征，与当前中药材种子图谱的研究对象仅限于数百种不同，该书共计10卷，基本涵盖了全国各区域及各民族的常用中药材数千种，是当前中药材种子类专著的重要补充和提高，将是全国中医药从业者的重要工具书之一。期待着能有更多中药材种子种苗的开拓性和系统性研究，为中药材产业的高质量发展夯实基础。

该书即将付梓之际，乐为之序。

中国工程院院士

中国中医科学院院长

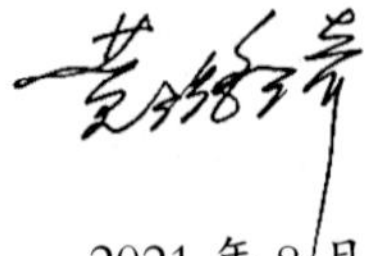

2021年8月

前言

中医药是中华民族的瑰宝，它反映了中华民族对生命、健康和疾病的认识，具有悠久的历史传统、独特的基础理论及科学的技术方法。党中央高度重视中医药产业的传承、发展和创新，从国家战略的高度对中医药发展进行了系统的部署。振兴发展中医药产业已经成为推动实现中国梦的重要战略之一。

中药材是中医药发展的重要前提和物质基础，而中药材种子是中药材生产的物质基础，是中药材栽培的源头和根本，种子质量往往直接决定了中药材的产量、质量、疗效和价值。目前中药资源的开发利用已呈现出由完全依赖野生中药材资源向中药材的人工引种、人工育种、全面栽培（养殖）过渡的趋势，中药材的种养殖成为当前中药产业发展中最为重要的环节之一。中药材中约有 90% 的种类是植物来源的药材，与劳动密集型的农作物种植一样，中药材栽培具有生产周期长、季节和地域性强、工业化程度低等特点。但不同的是，中药材栽培存在着品种混乱、管理粗放、标准化程度低、种子种苗质量难以保障等问题。因此，提高中药材栽培水平，完善中药材栽培管理，促进中药材栽培现代化是生产优质高产中药材和推动中药产业健康发展的必由之路，而中药材种子的鉴定和规范是这条漫漫长路的第一站。

《中华人民共和国种子法》（以下简称《种子法》）于 2015 年 11 月 4 日第十二届全国人民代表大会常务委员会第十七次会议修订通过，自 2016 年 1 月起施行。新修订的《种子法》指出："草种、烟草种、中药材种、食用菌菌种的种质资源管理和选育、生产经营、管理等活动，参照本法执行”，将中药材种的种质资源管理和选育、生产经营、管理等活动纳入其中。2016 年国家中医药管理局与农业农村部共同启动《中药材种子管理办法》(以下简称《办法》) 制定工作，目前《办法》已基本成熟，有望实施。《办法》中对中药材种质资源保护、品种选育、种子生产、经营、进出口和管理工作等活动做了进一步的明确，中药材种子管理将从此有法可依，步入规范化的阶段，对中药材种子的研究、经营与管理都提出了更高的要求。为了针对性地对中药材种子进行科学、美观、清晰的记录以方便科研和生产之用，我们将科学摄影的概念引入中药材种子的研究之中，并以全国各地的中药材种子作为拍摄对象，精心地收集并拍摄了代表性的高清种子图片，以期为中药材种子的标准化提供参考和建议，为中药领域的从业者提供系统而实用的《全国中药材种子原色图谱系列丛书》。该《丛书》旨在对全国各区划中药材的种子形态进行系统研究，包含了《中药材种子原色图谱 - 北京卷》《中药材种子原色图谱 - 东北卷》《中药材种子原色图谱 - 华北卷》《中药材种子原色图谱 - 华中卷》《中药材种子原色图谱 - 华东卷》《中药材种子原色图谱 - 华南卷》《中药材种子原色图谱 - 西北卷》《中药材种子原色图谱 - 西南卷》《中药材种子原色图谱 - 青藏高原卷》及《常用中药材种子真伪鉴别》。

《中药材种子原色图谱 - 华南卷》主要收录华南地区中药材种子 400 种。华南地区包括广东省、广西壮族自治区、海南省、香港特别行政区、澳门特别行政区，处于热带 - 亚热带区域，地形地貌复杂，气候高温多雨且雨热同期，因此该地区植被茂盛、四季常青、种类繁多。目前已经出版的植物志中，《广东植物志》九卷，共收录维管植物 6937 种；《广西植物志》五卷，共收录维管植物 8629 种；《海南植物志》四卷，共收录维管植物 3391 种；《香港植物志》四卷，共收录种子植物 2518 种；《澳门植物志》三卷，共收录维管植物 1420 种。根据以上数据，华南地区种子植物种类约占全国种子植物总种数的四分之一以上。得天独厚的气候条件和自然资源，继之以风餐露宿、披荆斩棘的无数前辈学者，使得本区域在全国的中药学尤其中药资源学研究中具有重要的地位。本书的编撰者们亦追随历代前辈学者们的脚步，孜孜不倦，立足于华南地区，在野外考察实践中时刻关注遇到的每一株植物并尽可能地采集成熟的种子，每一份种子都经过认真仔细地鉴别研究和归类整理，最终汇编成本卷图谱，希望它能为中药材的爱好者、生产者、研究者提供一点参考和帮助。

本书在编写过程中得到了中国中医科学院院长黄璐琦院士、中国中医科学院中药资源中心主任郭兰萍研究员、中国中医科学院中药研究所邵爱娟研究员，安徽中医药大学周建理教授，广东药科大学杨全教授、李书渊教授、刘基柱副教授、唐晓敏副教授、罗碧博士，植物爱好者郑海磊等诸多良师益友的指导和相助，没有他们的大力支持，本书不可能如此快速而顺利完成，在此对他们表示由衷的感谢！对所有为本书的策划和编撰提供指导和帮助的老师和朋友们表示感谢！

“恪尽职守，夙夜在公”，尽管在本书的编撰过程中每一位作者都兢兢业业、精益求精，然而囿于精力和水平，书中难免存在不足，敬请读者批评指正。

主编

2021 年 8 月

编写说明

1. 本书共收载华南地区中药材之基原植物的种子 400 种。书中以基原植物为纲，采用《中国植物志》的分类系统进行分类。

2. 每种种子收载的主要内容如下。

❶ 基原植物中文名称： 采用《中国药典》收载的植物中文名；非《中国药典》收载的物种，采用《中国植物志》收载的植物中文名。

❷ 基原植物拉丁学名： 采用《中国药典》2020 年版收载的植物拉丁学名；非《中国药典》收载的品种，采用《中国植物志》收载的植物拉丁学名。

❸ 植物类型： 根据基原植物茎的质地、生长习性，简要概述其植物类型。如乔木、灌木或草本等。

❹ 性状： 根据拍摄的图像并结合相关科研文献，记述种子或果实主要外观形态特征。

❺ 药用部位： 介绍基原植物的入药部位。

❻ 功效： 介绍基原植物的入药部位相对应的功效。

❼ 采集时间： 种子采集的时间。

❽ 采集地： 种子的采集地点，以市为单位划分。

❾ 鉴定人： 基原植物鉴定人。

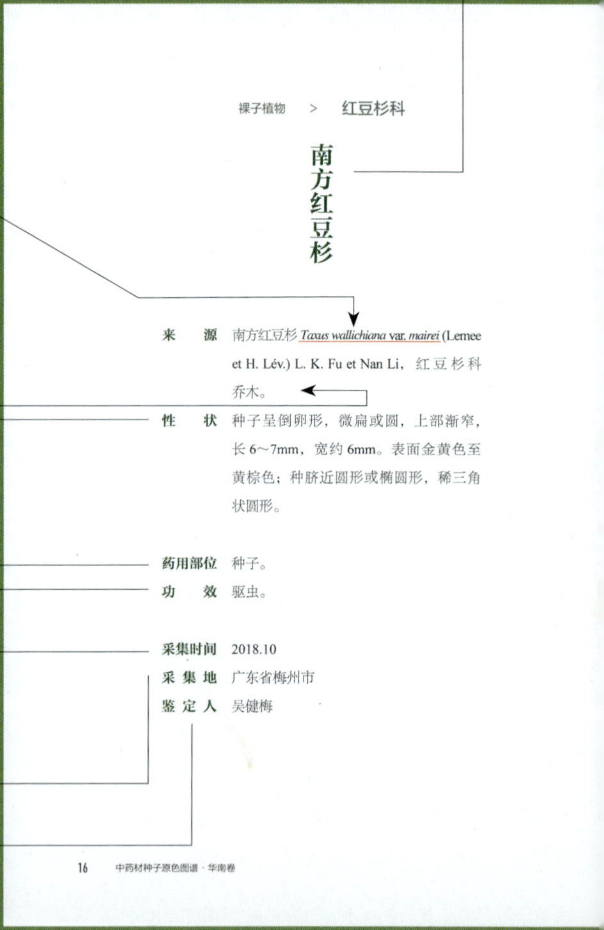
裸子植物 > 红豆杉科

南方红豆杉

来　源　南方红豆杉 *Taxus wallichiana* var. *mairei* (Lemee et H. Lév.) L. K. Fu et Nan Li，红豆杉科乔木。

性　状　种子呈倒卵形，微扁或圆，上部渐窄，长 6~7mm，宽约 6mm。表面金黄色至黄棕色；种脐近圆形或椭圆形，稀三角状圆形。

药用部位　种子。

功　效　驱虫。

采集时间　2018.10

采 集 地　广东省梅州市

鉴 定 人　吴健梅

16　中药材种子原色图谱 · 华南卷

3. 图片：为了更全面、直观地展示种子的形态特征，本书采用了科学摄影中所涉及的多种拍摄方法和技巧，如景深合成技术等。每种种子包含形态特征图2～3幅：1幅低倍图片展示种子之间色泽、形态、大小的差异；1幅高倍图片展示种子表面纹理特征，对有背、腹面之分的种子另加1幅高倍图片。其中，种子形态特征图是本书的核心内容，每种种子的图像均为全景深图，立体感较强，清晰度很高，色彩也更加真实。

4. 在植物学上，种子是种子植物特有的器官，是由胚珠受精后发育而成的。而在农业、林业、园艺生产、中药材种植领域，种子却是泛指一切可以繁殖后代、供生产繁殖用的植物器官或植物体的一部分。它包括三种类型：一是由胚珠发育成的植物学上的种子，如蒙古黄芪、甘草、菘蓝的种子；二是作为播种材料的果实，如毛茛的瘦果，紫苏的小坚果，当归的双悬果等；三是作为繁殖用的营养器官，如太子参的块根，高良姜、茅苍术的根茎，番红花的球茎，天麻、延胡索等的块茎，川贝母、百合等的鳞茎等。本书所述的“种子”为植物学上的种子与果实而言。

目录

豆　科

700 海南菜豆树

菜豆树 702

704 硬骨凌霄

列当科

野　菰 706

爵床科

708 穿心莲

假杜鹃 710

712 鳞花草

马　蓝 714

车前科

716 车　前

大车前 718

茜草科

720 水团花

栀　子 722

724 白花蛇舌草

鸡眼藤 726

729 羊角藤

玉叶金花 731

733 大叶白纸扇

鸡矢藤 735

738 九　节

蔓九节 741

787 白花地胆草

一点红 789

791 千里光

毛梗豨莶 793

795 豨　莶

水飞蓟 798

800 金腰箭

山牛蒡 803

805 广西斑鸠菊

夜香牛 807

809 黄鹌菜

单子叶植物

棕榈科

白　藤 811

禾本科

814 淡竹叶

莎草科

莎　草 816

天南星科

818 海　芋

须叶藤科

须叶藤 820

鸭跖草科

822 饭包草

索引

总论

总论

华南地区自然地理与中药资源概况

一、自然地理概况

华南地区包括广东省、广西壮族自治区、海南省、香港特别行政区和澳门特别行政区，范围从中国南岭山脉至南海诸岛。

1. 广东省自然地理概况

广东省地处中国大陆最南部，位于北纬20°13′～25°31′和东经109°39′～117°19′之间。东西跨度约800公里，南北跨度约600公里。陆地面积为17.98万平方公里，约占全国陆地面积的1.87%，其中岛屿面积1592.7平方公里。

广东属于东亚季风区，从北向南分别为中亚热带、南亚热带和热带气候，具有热带、亚热带季风海洋性气候特点。光照充足，热量丰富，雨量充沛，夏长冬暖，冬季寒旱，夏秋常受台风影响。年平均气温>20℃，雷州半岛约23℃，除南岭山地外，各地年积温均>6500℃，降水量分布在1500～2000mm，有的超过2500mm。春季的低温阴雨、秋季的寒露风和秋末至春初的寒潮和霜冻，也是广东多发的灾害性天气。

广东地貌类型复杂多样，有山地、丘陵、台地和平原，其面积分别占全省土地总面积的33.7%、24.9%、14.2%和21.7%，河流和湖泊等只占全省土地总面积的5.5%。地势总体北高南低，北部多为山地和高丘陵，南岭山脉是本省的主要山脉，最高峰为海拔1902m的石坑崆；南部则为平原和台地。全省山脉大多为东北－西南走向，如斜贯粤西、粤中和粤东北的罗平山脉和粤东的莲花山脉；山脉之间有大小谷地和盆地分布。平原以珠江三角洲平原最大，潮汕平原次之，此外还有高要、清远、杨村和惠阳等冲积平原。台地以雷州半岛－电白－阳江一带和海丰－潮阳一带分布较多。构成各类地貌的基岩岩石以花岗岩最为普遍，砂岩和变质岩也较多，粤西北还有较大片的石灰岩分布，此外局部还有景色奇特的红色岩系地貌，如著名的丹霞山和金鸡岭等；沿海有数量众多的优质沙滩以及雷州半岛西南岸的珊瑚礁。土壤类型主要为砖红壤、赤红壤、红壤、黄壤、山地草甸土等多种类型。

2. 广西壮族自治区自然地理概况

广西壮族自治区位于北纬20°54′～26°24′，东经104°28′～112°04′之间，东连广东，南临北部湾并与海南隔海相望，西与云南毗邻，东北接湖南，西北靠贵州，西南与越南接壤，陆地面积23.76万平方公里，海域面积约4万平方公里。

地处热带与温带交界处，属亚热带季风气候区。气候温暖，雨水丰沛，光照充足。夏季日照时间长、气温高、降水多，冬季日照时间短，天气干暖。年平均气温17.5～23.5℃。除桂北和桂东北小部分地区外，大部分地区无霜期都在300天以上。年平均降水量841.2～3387.5mm，是典型的多降水量区域。

全区地处云贵高原东南边缘，两广丘陵西部，南临北部湾海面。西北高、东南低，呈西北向东南倾斜状。东北部又与南岭相接，整体地势可看作一个向东南倾斜的盆地，有“广西盆地”之称。盆地边缘较破碎，有许多缺口，形成了大量的谷地和小平原。地形多样性，有山地、丘陵、平原等。复杂多样的地形和气候及植被分布，造就了广西土壤的多样性。广西的土壤主要由砖红壤、赤红壤、红壤、黄壤、黄棕壤、紫色土、石灰岩土、硅质白粉土、冲积土、酸性硫酸盐土、水稻土等构成，其中以砖红壤、赤红壤、红壤、黄壤为代表的红壤类土壤的分布面积最广，占广西总面积的73%。大多数土壤呈酸性。

3. 海南省自然地理概况

海南省位于中国最南端。北以琼州海峡与广东省划界，西隔北部湾与越南相对，东面和南面在南海中与菲律宾、文莱、印度尼西亚和马来西亚为邻。海南省的行政区域包括海南岛、西沙群岛、中沙群岛、南沙群岛的岛礁及其海域，是全国面积最大的省。全省陆地（主要包括海南岛和西沙、中沙、南沙群岛）总面积3.54万平方公里，海域面积约200万平方公里。

海南岛地处北纬18°10′～20°10′，东经108°37′～111°03′，面积3.39万平方公里。海南岛地处热带北缘，属热带季风气候，这里长夏无冬，年平均气温22～27℃，年光照为1750～2650小时，全年无霜冻，冬季温暖。雨量充沛，年降水量在1000mm～2600mm，年平均降水量为1639mm。

海南岛四周低平，中间高耸，以五指山、鹦哥岭为隆起核心，向外围逐级下降。山地、丘陵、台地、平原构成环形层状地貌，梯级结构明显。山脉多数在500～800m之间，五指山位于海南岛中部，主峰海拔1867.1m，是海南岛最高的山峰。

西沙群岛和中沙群岛在海南岛东南面约300海里的南海海面上。中沙群岛大部分淹没于水下，仅黄岩岛露出水面。西沙群岛有岛屿22座，陆地面积8平方公里，其中永兴岛最大（2.13平方公里）。南沙群岛位于南海的南部，是分布最广和暗礁、暗沙、暗滩最多的一组群岛，陆地面积仅2平方公里，其中曾母暗沙是中国最南端的领土。

4. 港澳地区自然地理概况

香港和澳门两地位于中国大陆东南端，与广东省邻接，处于广东省珠江口东西两岸，总面积约1125平方公里，有漫长的海岸和沿海岛屿，多丘陵和山地而少平地。香港由香港岛、九龙半岛、新界内陆地区以及262个大小岛屿（离岛）组成，地形主要为丘陵，最高点为海拔958m的大帽山。澳门包括澳门半岛、氹仔和路环两个离岛，地貌由低丘陵和平地组成，地势南高北低，最高点为路环岛塔石塘山（海拔172.4m）。港澳两地气候属亚热带海洋气候，天气潮湿，雨量充沛。

二、野生药用植物资源概况

1. 广东省及海南省药用植物资源概况

根据中国科学院华南植物研究所1973年的统计，加上近年来的资料，广东（包括海南）的种子植物和蕨类植物共有6600多种，隶属于377科1697属。其中蕨类植物45科、131属、550多种。种子植物中有裸子植物9科，18属，55种；被子植物有228科1558属，6000多种。在这些种类中，属于热带植物种类的，总计有4800多种，约占总数的73%，其中药用植物2500种，隶属于255科1175属。

广东及海南植物地理区域可分为热带植被带和亚热带植被带。亚热带植被带又分为两个亚带，即华南南亚热带常绿季雨林亚带和南岭山地亚热带常绿阔叶林亚带。

亚热带植被带主要为南岭以南，雷州半岛以北。从中亚热带向南亚热带交汇过渡分布的药用植物种类繁多，代表性药用植物有钩藤 *Uncaria rhynchophylla* (Miq.)Miq. ex Havil.、红大戟 *Knoxia roxburghii* (Sprengel) M.A.Rau、走马胎 *Ardisia gigantifolia* Stapf、多花黄精 *Polygonatum cyrtonema* Hua、三尖杉 *Cephalotaxus fortunei* Hooker、金毛狗脊 *Cibotium barometz* (L.) J. Sm.、巴戟天 *Morinda officinalis* How、华漏芦 *Rhaponticum chinense* (S.Moore) L.Martins & Hidalgo、山姜 *Alpinia japonica* (Thunb.)Miq.、灵香草 *Lysimachia foenum-graecum* Hance 和毛唇芋兰 *Nervilia fordii* (Hance) Schltr. 等。此外，还有桫椤 *Alsophila spinulosa* (Wall. ex Hook.) R.M. Tryon、金耳环 *Asarum insigne* Diels、青牛胆 *Tinospora sagittata* (Oliv.) Gagnep.、中华青牛胆 *Tinospora sinensis* (Lour.)Merr.、锦地罗 *Drosera burmanni* Vahl、常山 *Dichroa febrifuga* Lour.、毛冬青 *Ilex pubescens* Hook. et Arn.、桃金娘 *Rhodomyrtus tomentosa* (Ait.) Hassk.、地菍 *Melastoma dodecandrum* Lour.、半枫荷 *Semiliquidambar cathayensis* Chang、广金钱草 *Desmodium styracifolium* (Osb.)Merr.、越南槐 *Sophora tonkinensis* Gagnep.、杜茎山 *Maesa japonica* (Thunb.)Moritzi. ex Zoll.、密花豆 *Spatholobus suberectus* Dunn、两面针 *Zanthoxylum nitidum* (Roxb.) DC.、巴豆 *Croton tiglium* L.、使君子 *Quisqualis indica* L.、铁包金 *Berchemia lineata* (L.) DC.、了哥王 *Wikstroemia indica* (L.) C. A.Mey.、鹅掌柴 *Schefflera heptaphylla* (Linnaeus)Frodin、华南龙胆 *Gentiana loureiroi* (G. Don) Grisebach、马蓝 *Baphicacanthus cusia* (Nees) Bremek.、罗汉果 *Siraitia grosvenorii* (Swingle) C. Jeffrey ex A.M. Lu et Z. Y. Zhang、海芋 *Alocasia odora* (Roxburgh) K. Koch、薯莨 *Dioscorea cirrhosa* Lour.、石仙桃 *Pholidota chinensis* Lindl.、吊石苣苔 *Lysionotus pauciflorus* Maxim.、石柑子 *Pothos chinensis* (Raf.)Merr. 等。在南亚热带常绿叶林中分布有栀子 *Gardenia jasminoides* Ellis、石斛 *Dendrobium nobile* Lindl.、何首乌 *Polygonum multiflorum* Thunb.、红芽大戟 *Knoxia sumatrensis* (Retzius) Candolle、通脱木 *Tetrapanax papyrifer* (Hook.) K. Koch、背蛇生 *Aristolochia tuberosa* C. F. Liang et S.M. Hwang 等；这一区域内山高林密，气候凉爽，为菌类药材提供了极为有利的环境，如银耳 *Tremella fuciformis* Berk.、雷丸 *Omphalia lapidescens* Schroet. 均生长良好。

热带植被带包括南海诸岛、海南岛全部和雷州半岛。本地区主要为北热带雨林、季雨林，分布的药用植物主要有槟榔 *Areca catechu* L.、益智 *Alpinia oxyphylla* Miq.、巴戟天 *Morinda officinalis* How、芦荟 *Aloe vera* var. *chinensis* (Haw.) Berg.、胡椒 *Piper nigrum* L.、荜茇 *Piper longum* L.、粗榧 *Cephalotaxus sinensis* (Rehder et

E. H. Wilson) H. L. Li、阳春砂 *Amomum villosum* Lour.、高良姜 *Alpinia officinarum* Hance、毛唇芋兰 *Nervilia fordii* (Hance) Schltr.、苏木 *Caesalpinia sappan* L.、海南地不容 *Stephania hainanensis* Lo et Y. Tsoong、儿茶 *Acacia catechu* (L. f.) Willd. 等。海滩则有锦地罗 *Drosera burmanni* Vahl、补血草 *Limonium sinense* (Girard) Kuntze、厚藤 *Ipomoea pes-caprae* (L.) R. Brown、老鼠簕 *Acanthus ilicifolius* L. Sp.、龙船花 *Ixora chinensis* Lam.、草海桐 *Scaevola taccada* (Gaertner) Roxburgh、长梗黄花稔 *Sida cordata* (Burm. F.) Borss. 等。

2. 广西壮族自治区药用植物资源概况

广西有高等植物 8000 多种，居全国第三位。据第 3 次全国中药资源普查公布，广西药用植物 4064 种，占全国药用植物资源（11146 种）三分之一还多，种数为全国第二，仅次于云南。其中藻类 12 科 12 属 15 种，真菌类 28 科 49 属 85 种，地衣类 5 科 7 属 10 种，苔藓类 12 科 13 属 15 种，蕨类 46 科 89 属 225 种，裸子植物 9 科 17 属 34 种，双子叶植物 179 科 1101 属 3095 种，单子叶植物 33 科 225 属 585 种。属于广西特有药用植物的有 112 种。

根据广西中药资源普查的数据，广西的野生中药主要分布在桂西的山地、丘陵和东北山区，蕴藏量较大的有百色市、桂林市和河池市。

根据资源调查结果，由于广西地理气候的多样性，其药用资源的分布也呈现出明显的地理差异。以气候来说，广西可大致划分为北热带、南亚热带和中亚热带南缘 3 个气候带，不同气候带的野生药用植物资源的分布有明显的差异。除了气候条件的差异，土壤条件的差异也影响了广西的药用植物的分布。广西北部山地为典型的喀斯特地貌，石多土少，生长的药用植物主要以喜钙和适钙的类型为主。广西南部的土壤则多呈酸性，适合一些适宜在酸性土壤中生长的药用植物。广西南部靠海的海岸潮间带滩涂则适宜盐生植物的生长。

桂东北为北部地带常绿阔叶林，主要分布有罗汉果 *Siraitia grosvenorii* (Swingle)

C. Jeffrey ex A.M. Lu et Z. Y. Zhang、厚朴 *Magnolia officinalis* Rehd. et Wils.、黄皮树 *Phellodendron chinense* Schneid.、杜仲 *Eucommia ulmoides* Oliv. 等；中部地带为季风常绿阔叶林区，主要分布有桂东的灵香草 *Lysimachia foenum-graecum* Hance、薯蓣 *Dioscorea opposita* Thunb.、栝楼 *Trichosanthes kirilowii* Maxim.、肉桂 *Cinnamomum cassia* Presl，桂中的忍冬 *Lonicera japonica* Thunb.、竹叶柴胡 *Bupleurum marginatum* Wall. ex DC.、栀子 *Gardenia jasminoides* Ellis；桂中北的艾纳香 *Blumea balsamifera* (L.) DC.、忍冬 *Lonicera japonica* Thunb.、地枫皮 *Illicium difengpi* K.I.B.et K.I.M.、石斛 *Dendrobium nobile* Lindl.；桂西北的吴茱萸 *Euodia rutaecarpa* (Juss.) Benth.、川楝 *Melia toosendan* Sieb. et Zucc.、薏米 *Coix lacryma-jobi* L.var. *ma-yuen* (Roman.) Stapf、石斛 *Dendrobium nobile* Lindl. 等；南部地带为常绿季雨林区，主要分布有桂东南的肉桂 *Cinnamomum cassia* Presl、八角茴香 *Illicium verum* Hook. f.、阳春砂 *Amomum villosum* Lour.、巴戟天 *Morinda officinalis* How、蔓荆 *Vitex trifolia* L.、薯蓣 *Dioscorea opposita* Thunb.、温郁金 *Curcuma wenyujin* Y.H. Chen et C. Ling，该地区是广西南药的主要生产基地。另外还分布有桂西南的龙血树 *Dracaena draco* (L.) L.、八角茴香 *Illicium verum* Hook. f.、阳春砂 *Amomum villosum* Lour.，桂西的千年健 *Homalomena occulta* (Lour.) Schott、草果 *Amomum tsaoko* Crevost et Lemarie、多花黄精 *Polygonatum cyrtonema* Hua 等。

3. 港澳地区药用资源概况

港澳地区处于珠江河口东西口岸，和深圳和珠海接邻，地理上和广东一脉，药用资源和相邻的广东沿海地区类似。野生药用资源保护较好，种类较多，极少有栽培，动物和矿物类中药资源较少。由于区域面积小，蕴藏量较少，缺少大宗药材。2004 年版《香港植物名录》收载了 3164 种植物。澳门有维管植物 1508 种，可供药用的植物约有 1600 余种，《香港中草药》和《澳门中草药》中记载了港澳地区常见中草药 800 种（783 种及 17 变种），包括菌类植物 4 科 4 种、蕨类植物 18 科 33 种、裸子植物 6 科 6 种和被子植物 136 科 740 种 17 变种。

三、中药资源利用概况

华南地区的广东、广西和海南是传统上的“南药”或“广药”产区。本区气候兼有热带及亚热带，雨量充沛，地形复杂，地貌多样，海洋、陆地兼有，适合各种动、植物生长繁育，因而中药资源不仅品种多、分布广、产量大，而且还有很多质量上乘的道地药材或地产药材，驰名中外。2018 年底农业农村部印发的《全国道地药材生产基地建设规划（2018—2025 年）》规定了华南道地药材产区（即传统上的“南药”产区）的优势道地药材品种，主要有阳春砂、广陈皮（新会陈皮）、化橘红、高良姜、广佛手、巴戟天、广藿香、广金钱草、罗汉果、广郁金、肉桂、何首乌、益智仁等。其中槟榔、砂仁、巴戟天、益智仁是我国著名的“四大南药”。

1. 广东省及海南省中药资源利用概况

（1）道地药材和大宗药材概况　广东省是“广药”的重要产区。1988 年海南从广东省中划出，传统意义上的“广药”区域亦包括海南省。广东及海南中药资源丰富，开发利用历史悠久，使用中医药氛围浓厚，习惯用中药来防病、强身，沿海地区人民喜饮药酒，珠江三角洲一带居民还喜饮消暑清热祛湿的凉茶，喜用药材烹调药膳。加以广东毗连港澳，水陆交通发达，对外交往活跃，历史上很多外来药物即是通过本省各港口进入。广东地跨南亚热带和热带，既有丰富的地域性药用资源，又有海洋性资源。因而广东除作为地域性中药材产地外，同时也是全国药材的集散地之一，又为药材进出口的重要通商口岸。

广东历史上所形成的道地药材主要有广陈皮、广藿香、阳春砂、巴戟天、沉香、高良姜、广佛手、广地龙、金钱白花蛇、化橘红等品种。

由于广东历史上与南亚、东南亚各国贸易来往密切，广藿香即是历史上引种成功并形成道地药材的典型。近代广东在进口国外药材的同时积极进行引种驯化工作，现已有白豆蔻、丁香、肉桂、马钱子、大风子、檀香、印度藤黄等30多个品种引种成功；此外，诃子、云木香、安息香、千年健等品种也引种或野生变家种成功，种植面积不断扩大。在此过程中逐步形成了近现代的道地药材品种，如肉桂、广郁金等。2016年广东立法保护岭南中药材首批8种，均为道地药材，分别是化橘红、广陈皮、阳春砂、广藿香、巴戟天、沉香、广佛手和何首乌。

动物药材和海产药材资源有鹿茸、猴膏、牛黄、海龙、海马、海蛇、琥珀、珍珠、海参、珊瑚、蛤壳、牡蛎、石决明、鱼翅和海龟板等近50种。

（2）**地产药材概况**　地产药材是本地生产，民间应用广泛，疗效确切的中药材。广东地产药材如三角草、三叉苦、蛇泡簕、蛇鳞草、火炭母等。与道地药材相比，地产药材多为民间用药，研究水平低下，省外应用很少，其生产历史不及道地药材悠久，栽培加工技术不及道地药材精细。但是不少地产药材在治疗地方多发病、常见病方面有其独特的疗效而值得开发和研究。

广东地产药材以其独有的特性越来越受到人们的青睐，如知名凉茶“王老吉”中的布渣叶，溪黄草冲剂中的溪黄草，三九胃泰中的三叉苦和九里香，鼻炎清颗粒中的蛇泡簕，抗癌平丸中的肿节风和白花蛇舌草等。其他如清热解毒的火炭母、退热的积雪草、治肝炎的三叉苦以及了哥王、山芝麻、鬼针草、溪黄草等草药都在广泛应用。布渣叶、鸡骨草、五指毛桃、木棉花等也成为广大百姓煲汤的食材及凉茶的原料。

海南省最原始的居民黎族形成了颇具特色的民族医药。从20世纪70年代，黎族医药经挖掘整理研究，一些民族药物被收载入《中国药典》。包括海南大风子 *Hydnocarpus hainanensis* (Merr.) Sleum.、海南龙血树 *Dracaena cambodiana*

Pierre ex Gagnep. 在内的多种进口药物的国产资源，以及特效药和新药资源，如西双版纳粗榧 *Cephalotaxus mannii* Hook. f.、嘉兰 *Gloriosa superba* L.、海南地不容 *Stephania hainanensis* Lo et Y. Tsoong 等。

（3）**中药栽培概况** 广东主要栽培地位于湛江、茂名、阳江、梅州、云浮、肇庆、清远等多个地区，栽培品种 30 多个，栽培面积 100 多万亩。大宗产品主要有阳春砂、广陈皮、何首乌、高良姜、巴戟天、广藿香、广金钱草、金毛狗脊等。近年，广东建立了阳春砂、巴戟天、广藿香、广佛手、穿心莲、高良姜、山银花、五指毛桃、溪黄草、化橘红、广地龙、沉香等多个中药材基地以发展大宗及道地药材。海南省的南药人工栽培品种有 50 多个，累计栽培面积超过 100 万亩。

广东及海南主要栽培的中药材可分为五大产区，如下。

珠三角地区：广陈皮、沉香、肉桂、广佛手、巴戟天、何首乌、广藿香、凉粉草、岗梅根、素馨花、芡实、五指毛桃、土茯苓、两面针、芦荟、粉葛、葵树子。

粤东地区：牛大力、五指毛桃、溪黄草、山豆根、两面针。

粤西地区：化橘红、广佛手、阳春砂、穿心莲、肉桂、广金钱草、广藿香、高良姜、何首乌、巴戟天、牛大力、檀香、草豆蔻、益智仁、山柰、山银花、栀子、使君子、蔓荆子、泽泻、水半夏、香附、芦荟、紫苏叶、布渣叶、桑叶、八角茴香、地龙、三叉苦、五指毛桃、广山药、猫须草、龙眼肉、金毛狗脊、海金沙、两面针、鸦胆子、凉粉草、龙脷叶、胡椒、小叶榕、香橼、走马胎、独脚金。

粤北地区：溪黄草、灵芝、玉竹、黄精、牛大力、千斤拔、黑老虎、田基黄、肿节风、钩藤、岗梅根、土茯苓、石斛、红豆杉、荜澄茄、木通、淡竹叶、骨碎补、两面针、火炭母、佩兰、独脚金、金樱子、鸡血藤、仙鹤草、路路通、地榆、山银花、五指毛桃、山海螺。

海南省：胡椒、益智仁、槟榔、草豆蔻、沉香、砂仁、降香、地龙、裸花紫珠、布渣叶、海藻、香附、鸦胆子等。海南从国内外引进的药用植物品种有近百种，其中种植成功的药用植物品种约有 50 多种，主要有白豆蔻、儿茶、肉豆蔻、锡兰肉桂、印度马钱、胖大海、大风子、催吐萝芙木、丁香、金鸡纳、安息香、檀香等。

2. 广西壮族自治区中药资源概况

（1）**大宗产品及道地药材概况** 广西在药材区划上亦属“广药”范畴。大宗药材主要有：天冬、郁金、鸡血藤、肉桂、广藿香、香附、穿心莲、泽泻、广金钱草、牛大力、五指毛桃、厚朴、吴茱萸、沉香、杜仲、鸡骨草、百部、罗汉果、桂花、山豆根、金毛狗脊、佛手、紫苏、鸦胆子、珍珠、金樱子、地龙、虎杖、岗梅根、淡竹叶、苦木、三叉苦、莪术、紫苏等。

（2）**民族药及地产药材概况** 广西是我国最大的少数民族壮族的聚集地，亦是多民族聚集地。民间和民族药物众多，其中以壮药最为出名。壮族特有的药用植物有：广西马兜铃、千斤拔、龙船花、闭鞘姜、阳桃、两面针、半边莲、鸡蛋花、刺芋、金锦香、南蛇簕、薯莨等。药用动物主要有：马鬃蛇、褐家鼠、蟒蛇等。

广西开发的新药原料及疗效好的民间药或地产药材主要有：绞股蓝、儿茶、无患子、黄花夹竹桃、苦丁茶冬青（大叶冬青）、七叶莲、苦玄参、马蓝、芦荟、紫金牛、地不容、金果榄、黄毛豆腐柴、安息香、龙血树、朱砂莲、通城虎、黄花倒水莲、萝芙木、三叶青藤、红鱼眼（小果叶下珠）等。

（3）**中药栽培概况** 广西栽培的中药材超过 70 种。其中种植面积 100 公顷左右或以上的药材有三七、肉桂、八角茴香、山药、天花粉、葛根、罗汉果、水半夏、栀子、水栀子、广郁金、山银花、使君子、麦冬、杜仲、茯苓、泽泻、枳壳、砂仁等。在桂北建立银杏、罗汉果、薄荷、白术、白芍、黄连、广佛手、丹皮等的生产基地；在桂西建立三七、山银花、吴茱萸、使君子、草果等的生产基地；在桂东南建立八角茴香、肉桂、砂仁、天冬、蔓荆子、鸡骨草、郁金、栀子、水半夏、诃子、苏木、益智仁等的生产基地；在桂中建立穿心莲、水栀子、桔梗、苦草等的生产基地。

3. 港澳地区中药资源概况

港澳地区由于资源量少，无大宗药材，中药资源主要依靠内地提供。但由于地理和气候的特殊性，具有一些本地特色的地方习用药材。由于特殊的地理和历史原因，北方药材难以运达港澳地区，当地中医多采用土产草药代替，如以鸦胆子、马齿苋代替黄连，五指毛桃代替黄芪，牛大力、千斤拔代替杜仲等。这样形成了一些特殊的地方习用品，如冠以“土”字的土人参、土甘草、土防风、土杜仲等。另一方面，港澳两地位于亚热带沿海地区，有较多的地域性药材，如阴香、鸡骨草、龙脷叶、狗肝菜、救必应、鸭脚木、岗梅、水翁花、香港大沙叶等。

港澳地区常见中药材主要有五指毛桃、鸦胆子、鸭脚木、鸡骨草、救必应、阴香、草珊瑚、两面针、葫芦茶、韩信草、火炭母、牛大力、罗勒、香港大沙叶、鹅不食草、狗肝菜、龙脷叶、马缨丹、水翁花、桃金娘等。

【参考文献】

[1] 徐祥浩．广东植物生态及地理 [M]．广州：广东科技出版社，1981．
[2] 廖文波，苏志尧，金建华，等．广东地质发展简史及植物区系溯源 [J]．华南农业大学学报，1997（01）：48-54．
[3] 廖文波，张宏达，仲铭锦．广东植物区系的分区 [J]．广西植物，1995（01）：26-35．
[4] 廖文波，周云龙，张宏达．广东植物区系学研究——Ⅰ．自然地理条件和植被的主要优势种 [J]．中山大学学报论丛，1995（01）：1-7．
[5] 武艳芳，张琳，易绮斐，等．粤北山区重点药用植物资源调查 [J]．安徽农业科学，2008（29）：12731-12733．
[6] 徐新春，吴朋光，刘军民．广东中药资源现状与开发前景 [J]．时珍国医国药，2000（02）：95-96．

[7] 王宏，陈建南．广东中医药产业发展的南药资源战略研究 [J]．中国医药导报，2010，7（01）：139−140．

[8] 林有润，张桂才，王学文，等．广东省药用植物的种类、分布特点及药材生产中值得注意的若干问题 [J]．广西植物，1987（04）：305−311．

[9] 张晓纯，黄柳芳．南药资源的研究现状及展望 [J]．嘉应学院学报，2018，36（05）：45−51．

[10] 徐鸿华，丁平，刘军民．南药资源开发利用研究的回顾与展望 [J]．广州中医药大学学报，2004（05）：349−351+355．

[11] 梅全喜，范文昌，曾聪彦．论广东地产药材的研究与开发 [J]．今日药学，2009，19（12）：14−17．

[12] 梅全喜．广东地产药材研究 [M]．广州：广东科技出版社，2011．

[13] 余丽莹．广西药用植物资源保护概况 [A]．中国生物多样性保护基金会、北京市科学技术委员会、北京市科学技术协会、中国国际贸易促进委员会北京分会、中国医学科学院药用植物研究所．第三届生物多样性保护与利用高新科学技术国际研讨会论文集 [C]．中国生物多样性保护基金会、北京市科学技术委员会、北京市科学技术协会、中国国际贸易促进委员会北京分会、中国医学科学院药用植物研究所：中国生物多样性保护基金会，2003：4．

[14] 黎颖菁．广西药用植物资源现状与产业发展对策 [A]．中国植物学会药用植物及植物药专业委员会．第八届全国药用植物及植物药学术研讨会论文集 [C]．中国植物学会药用植物及植物药专业委员会：中国植物学会，2009：1．

[15] 王添敏，陈虎彪，康廷国，等．港澳地区中草药资源特色及现状 [J]．时珍国医国药，2010，21（12）：3375−3377．

[16] 胡荣锁，杨劲松，徐飞，等．海南南药的概况及对策 [J]．河北农业科学，2008（10）：63−65．

[17] 温中林，苏杰南，秦秀华．广西中药材产业发展现状与思考 [J]．科技咨询导报，2007（28）：136−137．

[18] 陈伟平．海南省南药资源概况 [J]．热带林业，2004（03）：8−11．

[19] 吴忠发，余丽莹．广西中草药的资源分布情况及种类 [J]．重庆中草药研究，1999（02）：25−27．

[20] 广西中药原料质量监测技术服务中心．广西中药资源发展报告 2016[M]．南宁：广西科学技术出版社，2017：06．

[21] 林诗泉．海南黎族医药 [J]．中华医史杂志，1991，21（2）：105−106．

各论

南方红豆杉

来　　源　南方红豆杉 *Taxus wallichiana* var. *mairei* (Lemee et H. Lév.) L. K. Fu et Nan Li，红豆杉科乔木。

性　　状　种子呈倒卵形，微扁或圆，上部渐窄，长 6～7mm，宽约 6mm。表面金黄色至黄棕色；种脐近圆形或椭圆形，稀三角状圆形。

药用部位　种子。

功　　效　驱虫。

采集时间　2018.10

采 集 地　广东省梅州市

鉴 定 人　吴健梅

1cm
2mm

丝穗金粟兰

来　源　丝穗金粟兰 *Chloranthus fortunei* (A. Gray) Solms-Laub，金粟兰科多年生草本。

性　状　果核呈球形，直径2.6～3mm。表面黄白色或深褐色，具凸起纵条纹；顶端具圆锥形胶质乳突。

药用部位　根、全草。

功　效　祛风理气，活血散瘀。

采集时间　2019.6

采 集 地　广东省广州市

鉴 定 人　周良云

2mm
1mm

草珊瑚

来　　源　草珊瑚 *Sarcandra glabra* (Thunb.) Nakai，金粟兰科常绿半灌木。

性　　状　果核呈球形，直径 3～4mm。表面为白色和棕色相间的斑纹，具突起细网纹；一端圆形，微突起，另一端具小的乳突。

药用部位　全株。

功　　效　清热凉血，活血消斑，祛风通络。

采集时间　2018.10

采 集 地　广东省广州市

鉴 定 人　周良云

2mm
1mm

化香树

来　源 化香树*Platycarya strobilacea* Sieb. et Zucc.，胡桃科落叶小乔木。

性　状 种子呈不规则扇形，宽约4mm。表面黄褐色，种皮膜质，向外延展呈翅状；背面中央略鼓起，可见有2条纵脊；腹面中央略凹陷或平坦，也有2条纵脊，基部可见白色凹缺。

药用部位 叶。

功　效 消肿解毒，理气，杀虫。

采集时间 2019.5

采 集 地 广东省广州市

鉴 定 人 周良云

2mm
1mm

藤构

来　源　藤构 *Broussonetia kaempferi* Sieb. var. *australis* Suzuki，桑科木质藤本。

性　状　瘦果形状不规则，长约 1.6mm，宽约 1.3mm。表面呈黄棕色，具乳突；果实一侧具两条棱。

药用部位　全株、根、根皮、叶、树汁。

功　效　全株、根或根皮：清热利尿，活血消肿；叶：清热解毒，祛风止痒，敛疮止血；树汁：祛风止痒，清热解毒。

采集时间　2019.4

采 集 地　广东省云浮市

鉴 定 人　周良云

1mm

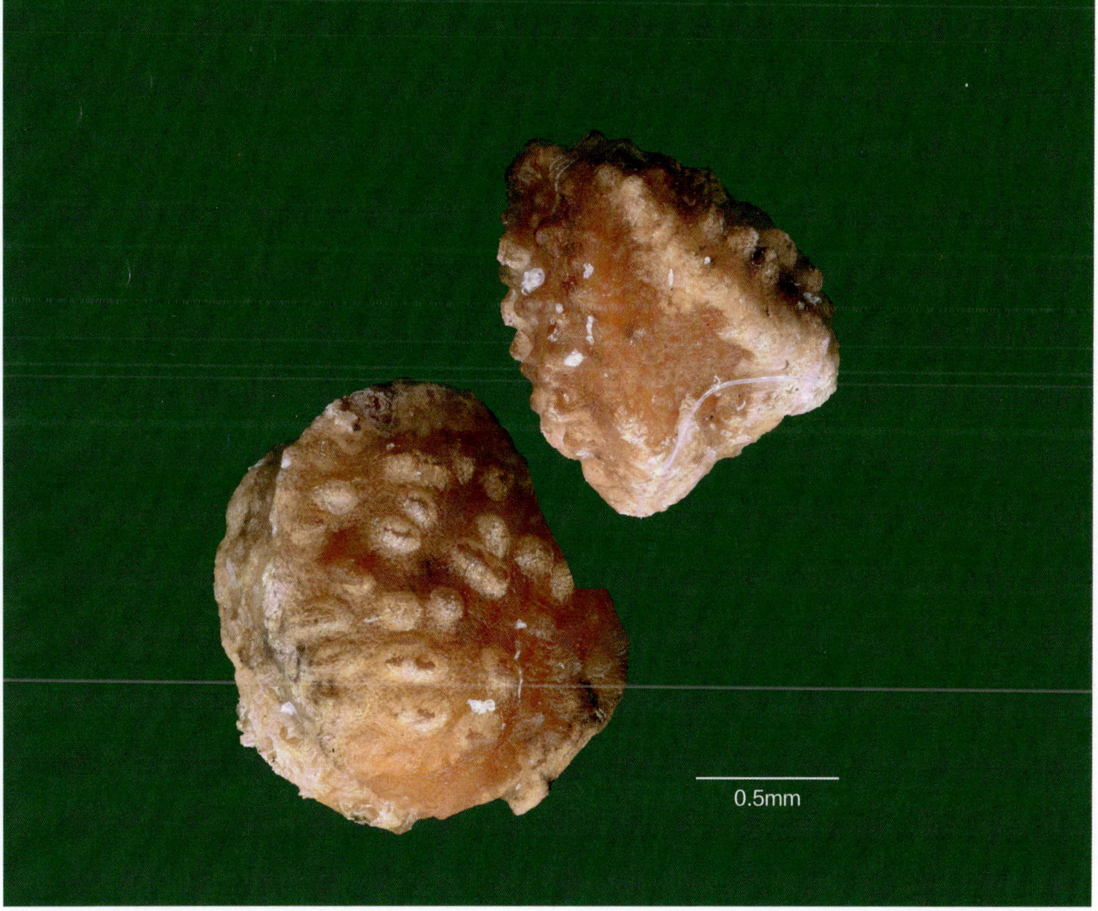
0.5mm

构树

来　　源 构树 *Broussonetia papyrifera* (L.) Vent.，桑科乔木。

性　　状 瘦果呈卵球形，直径约 1.8mm。表面红棕色，可见瘤状凸起；一侧有棱，一侧有凹沟。

药用部位 果实。

功　　效 补肾清肝，明目，利尿。

采集时间 2018.10

采 集 地 广东省广州市

鉴 定 人 周良云

1mm

构棘

来　源 构棘 *Maclura cochinchinensis* (Lour.) Corner，桑科直立或攀援状灌木。

性　状 果核呈三角状卵形，长约5mm，宽约4mm。表面有交错的乳白色、灰黑色斑纹，边缘可见一凹陷的沟纹。

药用部位 根。

功　效 补气血，舒筋活络。

采集时间 2016.12

采 集 地 广东省惠州市

鉴 定 人 吴健梅

5mm
2mm

大果榕

来　　源 大果榕 *Ficus auriculata* Lour.，桑科乔木或小乔木。

性　　状 瘦果近肾形，双凸透镜状，长约 1.2mm，宽约 0.8mm。表面棕色至红褐色，粗糙；背部弓曲；腹部一侧有短喙状突起。

药用部位 果实。

功　　效 祛风宣肺，补肾益精。

采集时间 2016.7

采 集 地 广西壮族自治区百色市

鉴 定 人 张建行

1mm
0.5mm

粗叶榕

来　源　粗叶榕 *Ficus hirta* Vahl，桑科灌木或小乔木。

性　状　瘦果呈不规则橘瓣状，长 1～1.2mm，宽 0.7～1mm。表面黄棕色，具瘤状突起，被有细网纹。

药用部位　根、果实。

功　效　根：健脾补肺，行气利湿，舒筋活络；果实：滋润生津，通便，催乳。

采集时间　2018.12

采 集 地　广东省广州市

鉴 定 人　周良云

1mm
0.5mm

珍珠莲

来　源　珍珠莲 *Ficus sarmentosa* var. *henryi* (King et Oliv.) Corner，桑科攀援状灌木。

性　状　瘦果呈不规则纺锤形，长 1.1～2mm，宽 0.8～1mm。表面米白色至黄白色，光滑。背部弓曲；腹部稍平。

药用部位　藤、根、花托。

功　效　藤、根：祛风除湿，消肿解毒，杀虫；花托：用于睾丸偏坠，内痔，便血。

采集时间　2020.11

采 集 地　广东省韶关市

鉴 定 人　张建行

1mm
0.5mm

爬藤榕

来　　源 爬藤榕 *Ficus sarmentosa* var. *impressa* (Champ.) Corner，桑科藤状匍匐灌木。

性　　状 瘦果呈不规则长椭圆形，长 1～2mm，宽约 0.7mm。表面淡黄色至黄棕色，可见细密的纵纹。

药用部位 根、茎叶。

功　　效 根：祛风湿，舒气血，消肿止痛；茎叶：用于风眼，眼痒发红。

采集时间 2020.11

采 集 地 广东省韶关市

鉴 定 人 张建行

1mm
0.5mm

白背爬藤榕

来　　源　白背爬藤榕 *Ficus sarmentosa* var. *nipponica* (Fr.et Sav.) Corner，桑科灌木。

性　　状　瘦果呈长椭圆形，长约 1.5mm，最宽处约 0.6mm。表面黄白色，可见细密网状纹理。

药用部位　根。

功　　效　祛风除湿，行气活血，消肿止痛。

采集时间　2020.11

采 集 地　广东省韶关市

鉴 定 人　张建行

1mm
0.5mm

野线麻

来　源　野线麻 *Boehmeria japonica* (Linnaeus f.) Miquel，荨麻科亚灌木或多年生草本。

性　状　瘦果呈卵形，中央鼓起，边缘扁平，长2～3mm，宽1～1.5mm。表面棕黄色至棕绿色，有纵向细纹，可见白色刺状毛，有时脱落；顶部渐尖；基部略呈鸟喙状，色深。

药用部位　叶。

功　效　清热解毒，消肿。

采集时间　2018.1

采 集 地　广东省广州市

鉴 定 人　周良云

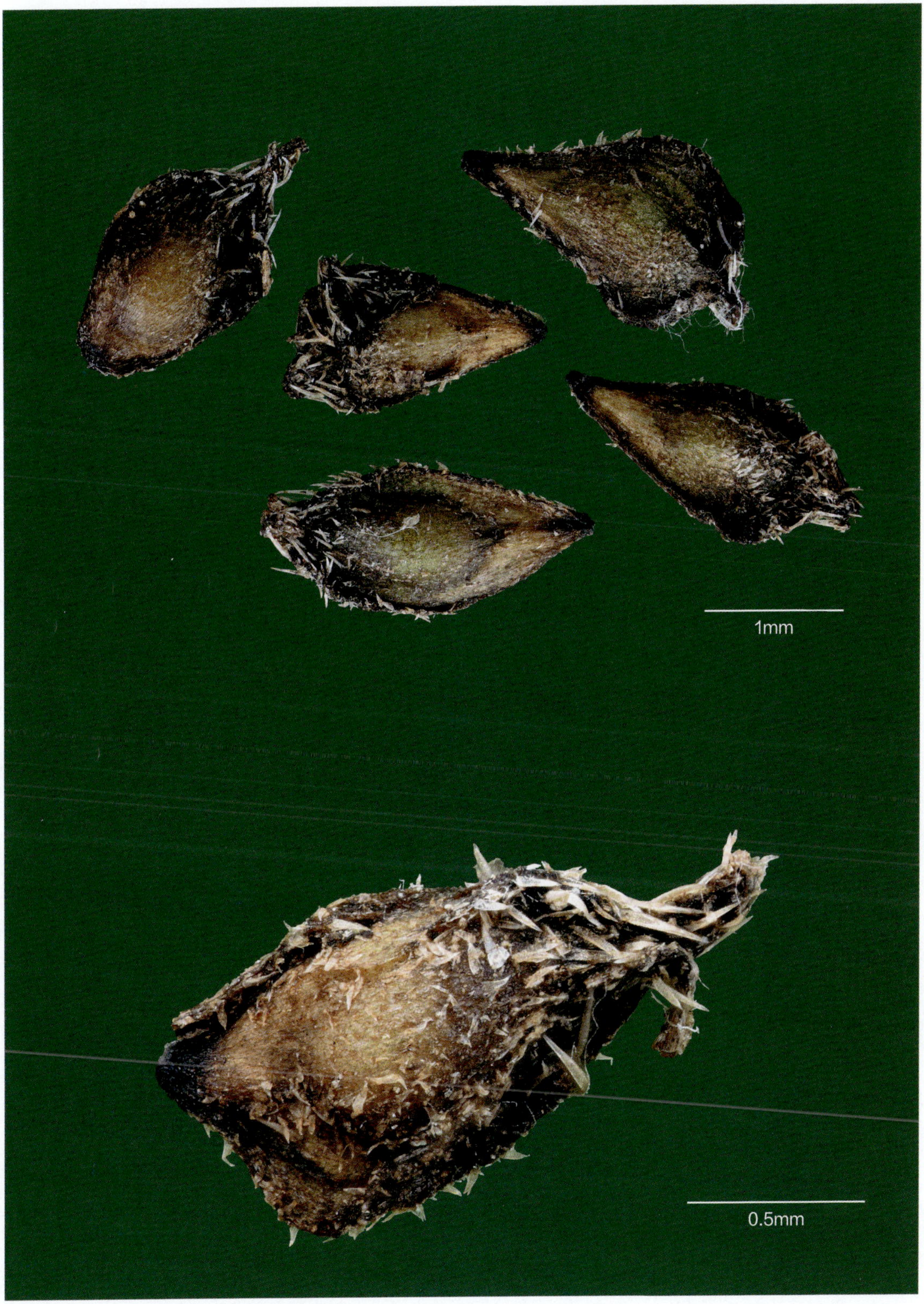
1mm
0.5mm

苎麻

来　源　苎麻 *Boehmeria nivea* (L.) Gaudich.，荨麻科亚灌木或灌木。

性　状　瘦果呈倒卵形，中央鼓起，边缘扁平，长 0.7～1.5mm，宽 0.5～0.7mm。表面棕黄色至棕褐色，被银白色刺毛；花柱宿存，有时脱落。

药用部位　根、茎皮、叶、花。

功　效　根：凉血止血，清热安胎，利尿，解毒；茎皮：清热凉血，散瘀止血，解毒利尿，安胎回乳；叶：凉血止血，散瘀消肿，解毒；花：清心除烦，凉血透疹。

采集时间　2018.11

采 集 地　广东省肇庆市

鉴 定 人　周良云

1mm
0.5mm

紫麻

来　源　紫麻 *Oreocnide frutescens* (Thunb.) Miq.，荨麻科灌木稀小乔木。

性　状　瘦果呈近卵圆形，长0.8～1.5mm，宽0.7～0.8mm。内果皮稍骨质，表面浅黄棕色，粗糙；顶部尖；基部钝圆。

药用部位　全株。

功　效　清热解毒，行气活血，透疹。

采集时间　2018.11

采 集 地　广东省韶关市

鉴 定 人　张建行

1mm
0.5mm

透茎冷水花

来　　源　透茎冷水花 *Pilea pumila* (L.) A. Gray，荨麻科一年生草本。

性　　状　瘦果呈三角状卵形，长约 1.5mm，宽约 1mm。表面米黄色，密生小洼凹，洼凹在中心处直径稍大；基部颜色较深，呈墨绿色。

药用部位　全草或根茎。

功　　效　解热，利尿，安胎。

采集时间　2018.11

采 集 地　广东省肇庆市

鉴 定 人　周良云

1mm
0.5mm

雾水葛

来　　源　雾水葛 *Pouzolzia zeylanica* (L.) Benn.，荨麻科多年生草本。

性　　状　瘦果呈卵形，长约1.5mm，宽约1mm。表面棕褐色，每面具3～5条纵肋纹，肋间生横皱纹；顶端渐尖，上半部生稀疏白色硬毛，下半部常无毛，基部平整。

药用部位　全草。

功　　效　解毒消肿，消肿排脓，利水通淋。

采集时间　2018.11

采 集 地　广东省广州市

鉴 定 人　周良云

1mm
0.5mm

檀香

来　　源　檀香 *Santalum album* L.，檀香科常绿小乔木。

性　　状　果核呈球形，直径约 7mm。表面灰白色至黄棕色，具不规则浅凹纹及散在黄白色短线纹；顶端具十字短棱。

药用部位　心材。

功　　效　行气温中，开胃止痛。

采集时间　2018.3

采 集 地　广东省江门市

鉴 定 人　周良云

5mm
2mm
2mm

广寄生

来　　源　广寄生 *Taxillus chinensis* (DC.) Danser，桑寄生科灌木。

性　　状　种子呈椭圆形，长约 4mm。表面红褐色，一端包裹有白色附属物，白色附属物分 4 瓣反卷，从另一端沿长轴看其投影图似柿蒂。

药用部位　枝、叶。

功　　效　祛风湿，强筋骨，清热。

采集时间　2019.2

采 集 地　广东省广州市

鉴 定 人　周良云

2mm
1mm

金线草

来　　源　金线草 *Antenoron filiforme* (Thunb.) Rob. et Vaut.，蓼科多年生草本。

性　　状　瘦果呈椭圆形，长约 4mm，最宽处约 2.5mm。表面红棕色，有光泽；顶端稍尖；基部可见残留果柄。

药用部位　全草。

功　　效　凉血止血，祛瘀止痛。

采集时间　2019.2

采 集 地　广东省广州市

鉴 定 人　周良云

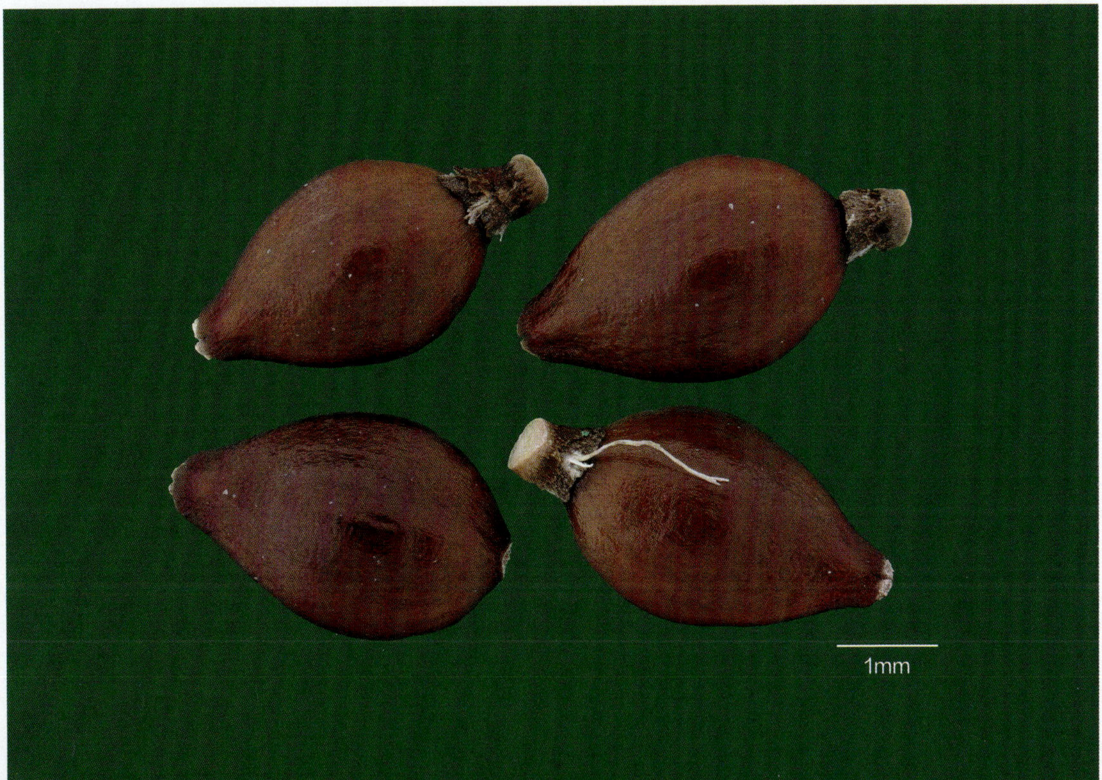
1mm

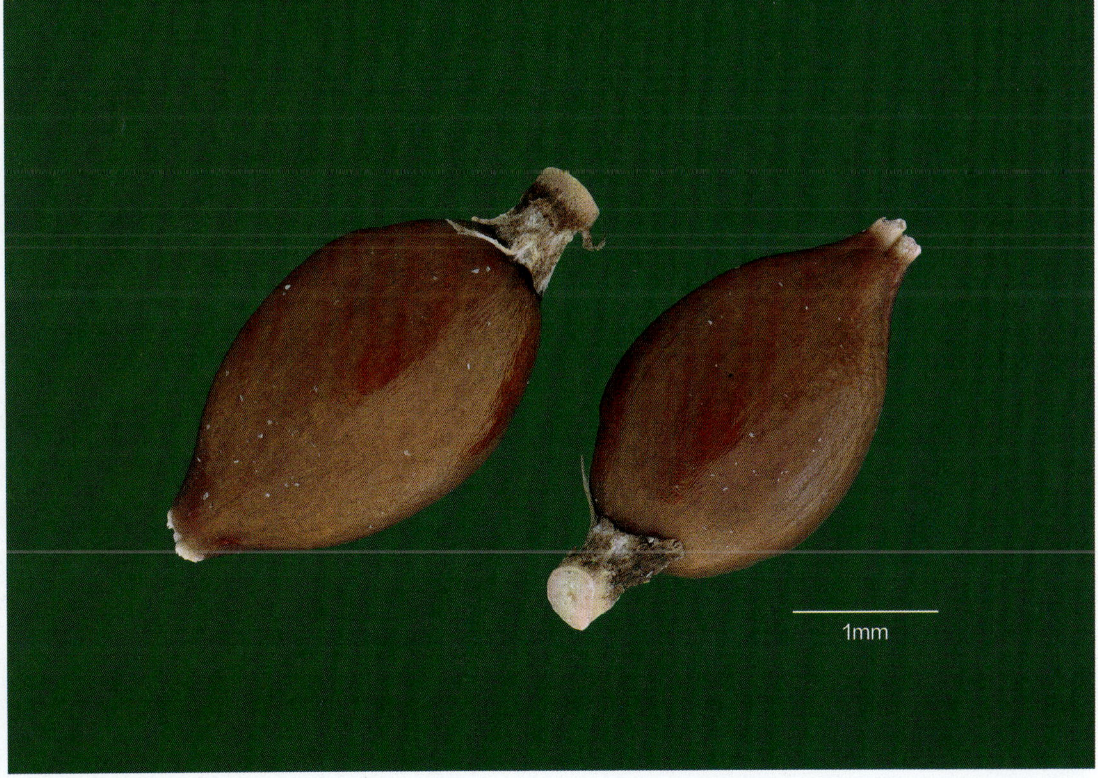
1mm

荞麦

来　　源 荞麦 *Fagopyrum esculentum* Moench，蓼科一年生草本。

性　　状 瘦果三角状卵形，具三锐棱，长约4.5mm，宽约3.5mm。表面浅黄棕色，具细密波状纹理；果柄痕位于凹陷的基部，颜色较深，呈红褐色。

药用部位 种子、茎叶。

功　　效 种子：健脾消积，下气宽肠，解毒敛疮；茎叶：下气消积，清热解毒，止血，降压。

采集时间 2017.12

采 集 地 广东省惠州市

鉴 定 人 吴健梅

2mm
1mm

火炭母

来　　源　火炭母 *Polygonum chinense* L.，蓼科多年生草本。

性　　状　瘦果呈宽卵状三棱形，长约 3.5mm，宽约 2.4mm。表面黑褐色，具明显洼点，常残留花被；顶端尖锐；基部残留果柄痕。

药用部位　地上部分、根。

功　　效　地上部分：清热利湿，凉血解毒，平肝明目，活血舒筋；根：补益脾肾，平降肝阳，清热解毒，活血消肿。

采集时间　2018.12

采 集 地　广东省广州市

鉴 定 人　周良云

2mm
1mm

水 蓼

来　　源　水蓼*Polygonum hydropiper* L.，蓼科一年生草本。

性　　状　瘦果近卵形，长约 2.5mm，宽约 1.7mm。表面红褐色至棕褐色，粗糙，细砾质，细凹点略呈纵向排列；顶部钝尖，常见短柱状花柱基；基部可见短果柄，果柄脱落可见圆形凹陷的果柄痕。

药用部位　地上部分、果实。

功　　效　地上部分：行滞化湿，散瘀止血，祛风止痒，解毒；果实：化湿利水，破瘀散结，解毒。

采集时间　2018.7

采 集 地　广东省肇庆市

鉴 定 人　周良云

1mm
0.5mm

红蓼

来　　源　红蓼 *Polygonum orientale* L.，蓼科一年生草本。

性　　状　瘦果扁圆形，直径 2～3.5mm，厚 1～1.5mm。表面红棕色至棕黑色，密生浅洼点，有光泽；两面微凹，中部略有纵向隆起。顶端有突起的柱基，基部有浅棕色略突起的果梗痕，有的膜质花被残留。

药用部位　茎叶、果实、根。

功　　效　茎叶：祛风除湿，清热解毒，活血，截疟；果实：活血消积，健脾利湿，清热解毒，明目；根：清热解毒，除湿通络，生肌敛疮。

采集时间　广东省广州市

采 集 地　2018.10

鉴 定 人　周良云

2mm
1mm

土牛膝

来　　源　土牛膝 *Achyranthes aspera* L.，苋科多年生草本。

性　　状　胞果呈短圆柱形，长约 2.6mm，宽约 1.2mm。表面棕褐色，半透明状，颜色在顶端常较深，具纵向贯穿条纹；顶部宿存细柱状花柱，基部残存果柄。外被宿存的花被，披针形，长约 5mm，淡黄色；外有苞片 1 和小苞片 2。小苞片刺状，长约 3.5mm，顶端弯曲，基部各基部有 2 薄膜质翅。

药用部位　全草。

功　　效　活血化瘀，清热解表，利尿通淋。

采集时间　2019.3

采 集 地　广东省广州市

鉴 定 人　周良云

1mm
2mm

1mm

莲子草

来　　源　莲子草*Alternanthera sessilis* (L.) DC.，苋科多年生草本。

性　　状　胞果心形，长2.5～3mm。表面淡黄褐色，具纵向网状纹理；中央鼓起，边缘稍扁；顶端凹入，内有花柱残基；基部残留果柄痕。

药用部位　全草。

功　　效　清热解毒，消炎止血。

采集时间　2018.10

采 集 地　广东省广州市

鉴 定 人　周良云

2mm
1mm

刺苋

来　　源　刺苋 *Amaranthus spinosus* L.，苋科一年生草本。

性　　状　种子呈圆形，两面凸起，直径 0.7～0.8mm。表面棕黑色，光滑，网纹在边缘处稍可见，中心处近无；种脐位于边缘凹处。

药用部位　全草、根、茎、叶。

功　　效　清热利湿，解毒消肿，凉血止血。外用于毒蛇咬伤，皮肤湿疹，疖肿脓疡。

采集时间　2019.2

采 集 地　广东省广州市

鉴 定 人　周良云

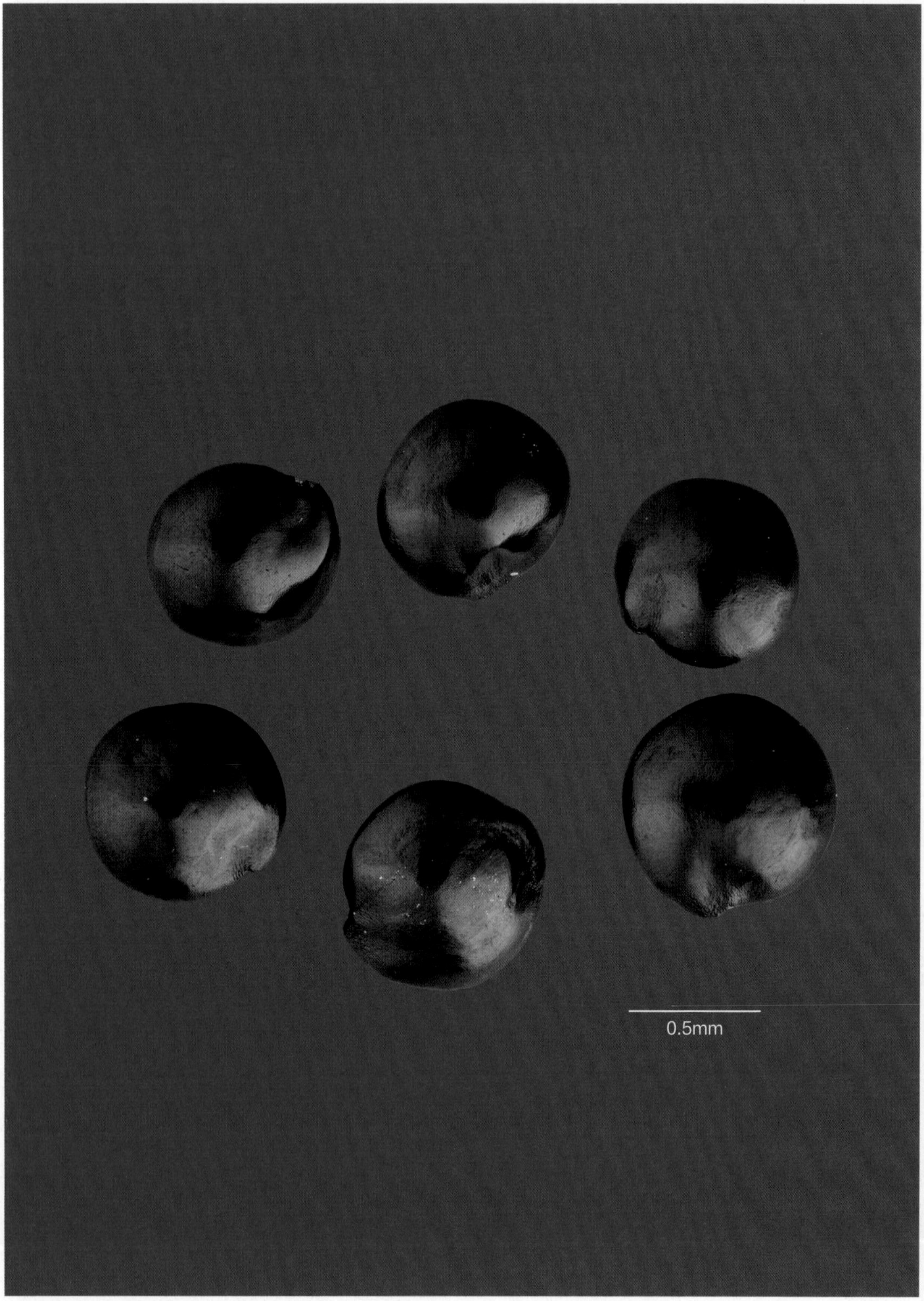
0.5mm

青葙

来　　源　青葙 *Celosia argentea* L.，苋科一年生草本。

性　　状　种子呈扁圆形，少数呈圆肾形，直径 1～1.5mm。表面黑色或红黑色，光亮，具有紧密嵌合的类矩圆形鳞片，呈同心环状排列；种脐明显，位于一边的缺刻内，稍突出。

药用部位　种子。

功　　效　清肝泻火，明目退翳。

采集时间　2018.7

采 集 地　广东省肇庆市

鉴 定 人　周良云

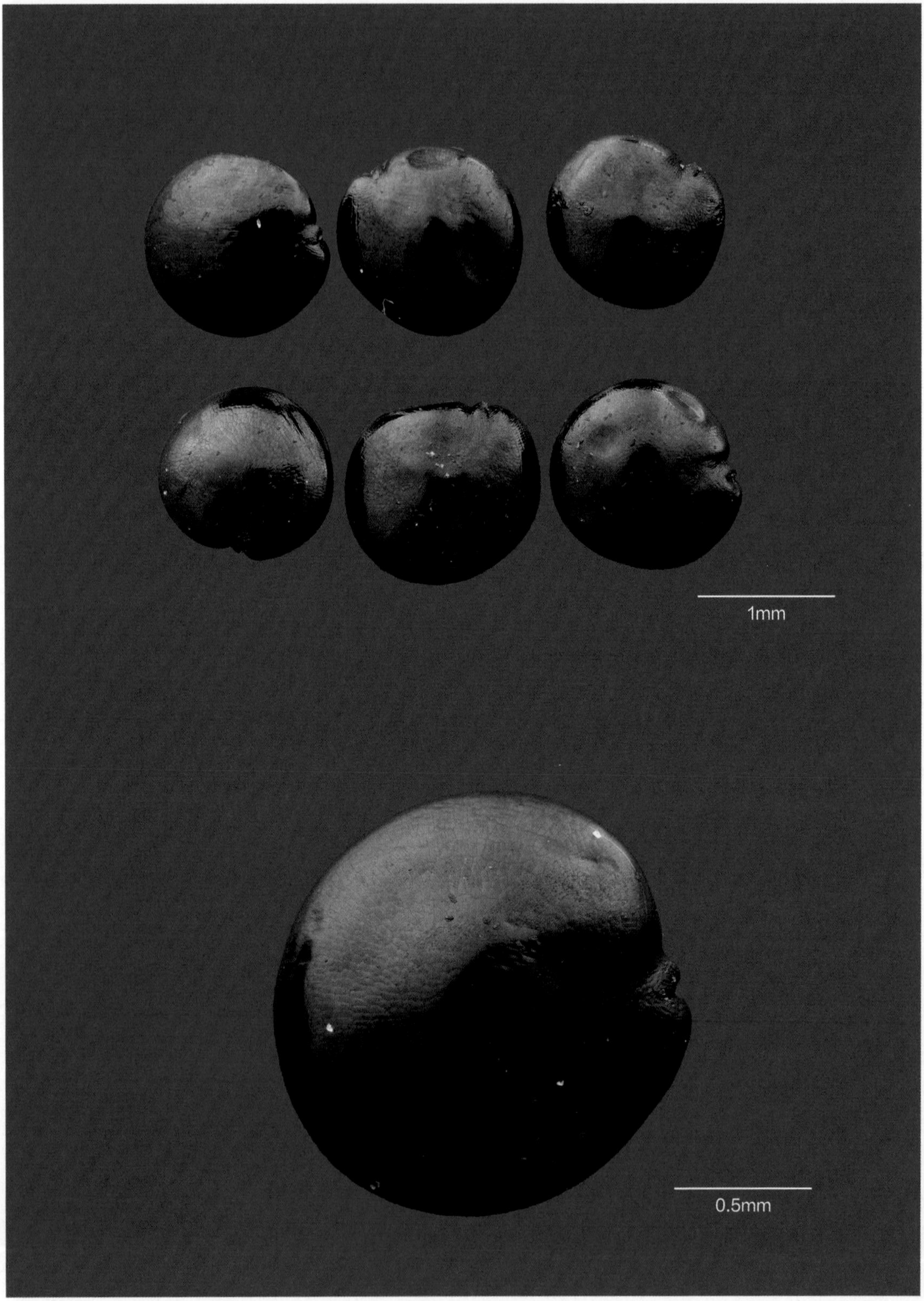
1mm
0.5mm

杯苋

来　　源 杯苋*Cyathula prostrata* (L.) Blume，苋科多年生草本。

性　　状 种子呈宽椭圆形，长约1.6mm，宽约1mm。表面黄棕色，具光泽；腹部一端有缺刻；种脐位于缺刻处，褐色。

药用部位 根、全草。

功　　效 根：清热解毒；全草：消积除痰，消肿止痛。

采集时间 2019.12

采 集 地 广东省广州市

鉴 定 人 周良云

1mm
0.5mm

浆果苋

来　源　浆果苋 *Deeringia amaranthoides* (Lamarck) Merrill，苋科攀援灌木。

性　状　种子呈圆肾形，直径约 0.8mm。表面黑色，有光泽，可见不规则小块紧密排列成同心环样的纹理；种脐位于腹部凹缺内，棕黄色。

药用部位　全草、种子。

功　效　全草：祛风利湿；种子：用于夜盲症。

采集时间　2019.11

采 集 地　广西壮族自治区百色市

鉴 定 人　郑海磊

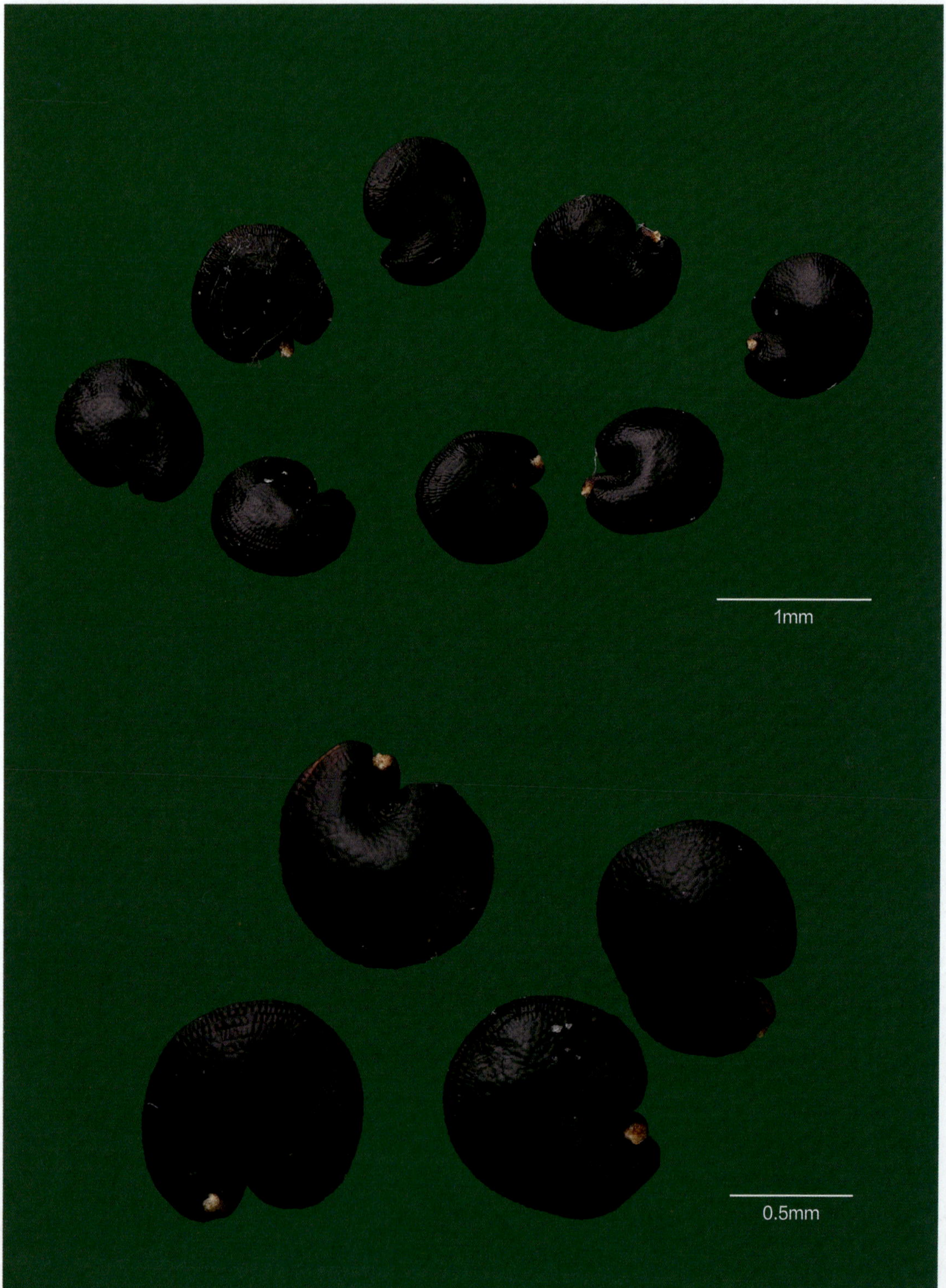
1mm
0.5mm

紫茉莉

来　　源　紫茉莉 *Mirabilis jalapa* L.，紫茉莉科一年生草本。

性　　状　瘦果呈椭圆状球形，长约7mm，宽约5mm。表面棕褐色，有数条纵棱，散在山脊状突起，可见细密的网状纹理，镶嵌的黄色短线状条纹；顶端微突起；基部中央有凹陷。

药用部位　块根、叶。

功　　效　活血调经，清热解毒。

采集时间　2018.11

采 集 地　广东省广州市

鉴 定 人　周良云

5mm
2mm

商陆

来　源　商陆 *Phytolacca acinosa* Roxb.，商陆科多年生草本。

性　状　种子呈肾形，长约3mm，宽约2.6mm。表面黑色，有光泽；种脐位于凹陷处，黄褐色。

药用部位　根。

功　效　逐水消肿，通利二便，外用解毒散结。

采集时间　2016.1

采 集 地　广东省广州市

鉴 定 人　吴健梅

2mm

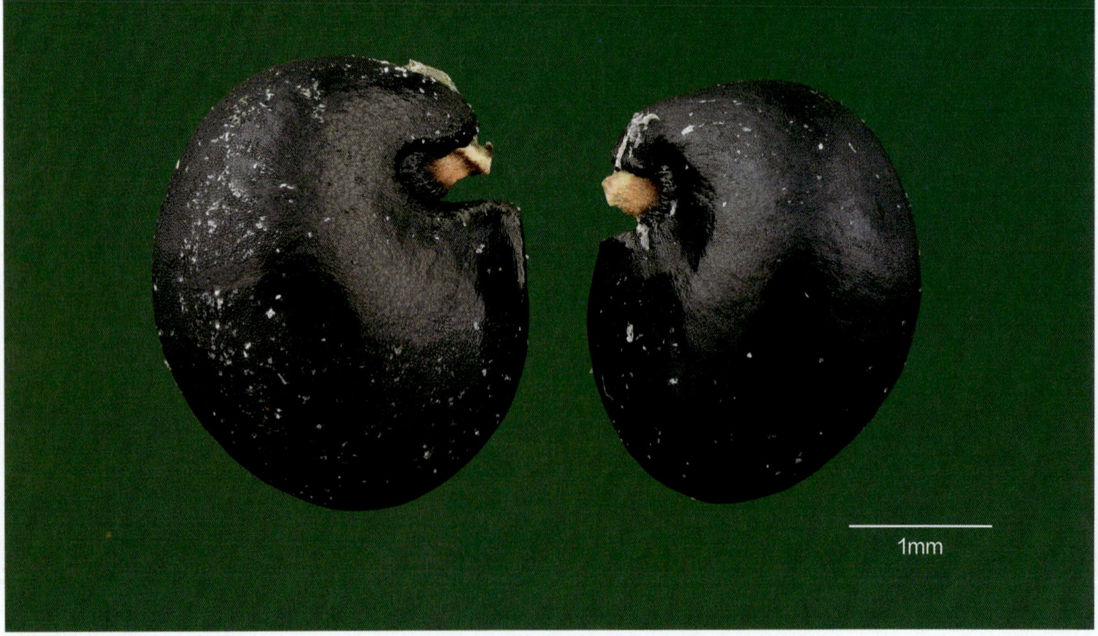
1mm

粟米草

来　源　粟米草 *Mollugo stricta* L.，番杏科铺散一年生草本。

性　状　种子呈偏肾形，长约 0.7mm。表面暗红色，密生水泡状乳突，乳突在边缘处渐小；种脐位于凹陷处，黄褐色。

药用部位　全草。

功　效　清热化湿，解毒消肿。

采集时间　2018.11

采 集 地　广东省惠州市

鉴 定 人　吴健梅

0.5mm
0.2mm

马齿苋

来　源 马齿苋 *Portulaca oleracea* L.，马齿苋科一年生草本。

性　状 种子呈扁圆形或类三角形，径约 0.7mm。表面黑色，少数红棕色，密布细小疣状凸起；种脐位于凹陷处，白色。

药用部位 全草。

功　效 清热，解毒，凉血，消肿。

采集时间 2017.10

采 集 地 广东省肇庆市

鉴 定 人 周良云

0.5mm

落葵

来　源 落葵 *Basella alba* L.，落葵科一年生缠绕草本。

性　状 种子呈球形，直径约 3.5mm。表面黄褐色，密布小麻点；顶端略尖；种脐位于基部，五角形，黄褐色。

药用部位 全草。

功　效 清热解毒，接骨止痛。

采集时间 2020.9

采 集 地 广东省广州市

鉴 定 人 周良云

2mm
1mm

荷莲豆草

来　　源　荷莲豆草 *Drymaria cordata* (L.) Willd. ex Schult.，石竹科一年生草本。

性　　状　种子呈近圆形，扁平，直径0.8～1mm。表面红褐色至黑褐色，密被瘤状凸起，近同心环排列；背部弓曲或三角状；腹部凹陷；种脐位于腹部一侧。

药用部位　全草。

功　　效　清热利湿，活血解毒。

采集时间　2019.4

采 集 地　广东省广州市

鉴 定 人　周良云

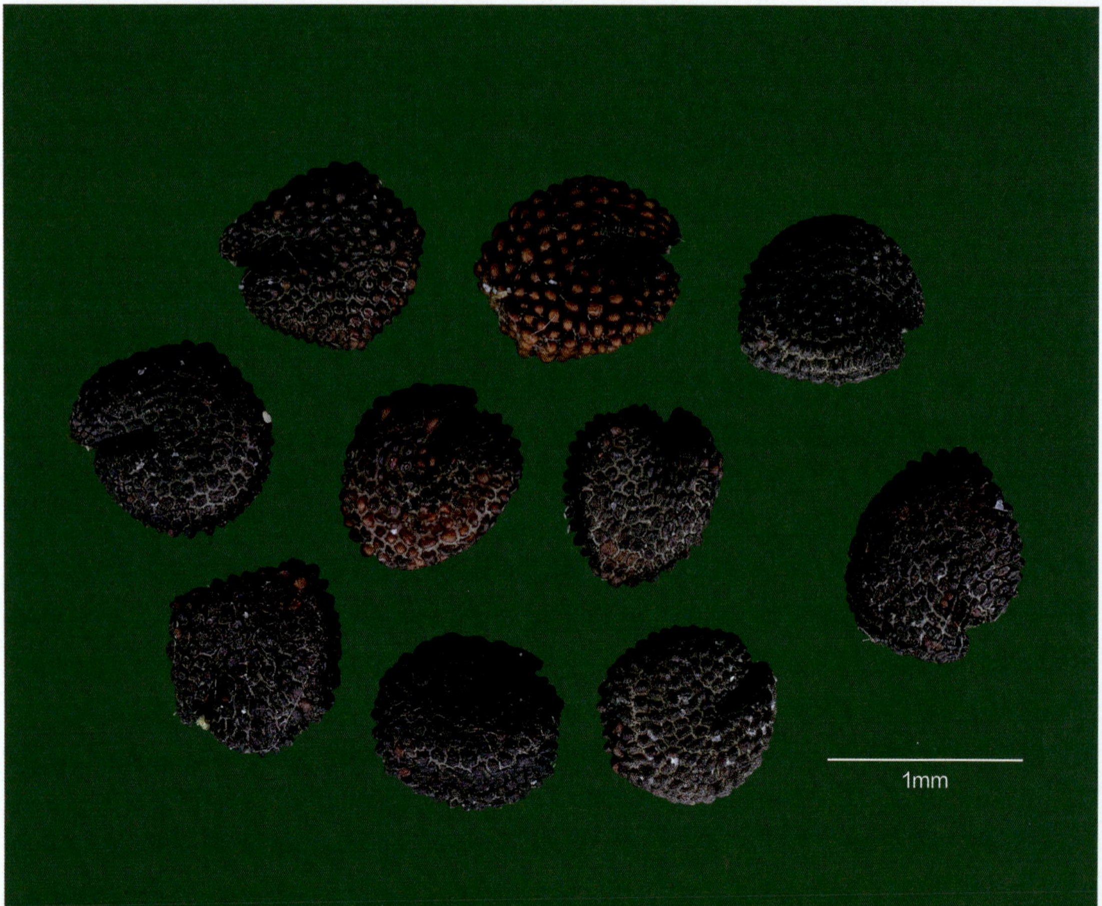
1mm

0.2mm

繁缕

来　源　繁缕 *Stellaria media* (L.) Villars，石竹科一年生或二年生草本。

性　状　种子呈倒卵圆形，直径约 1mm。表面灰棕色，具瘤状物，排列成同心环状，约有 5 环，瘤状物具细小突点；瘤顶部略突起，瘤基部具齿状分支；背部弓曲；种脐位于凹陷处。

药用部位　全草。

功　效　清热解毒，凉血消痈，活血止痛，下乳。

采集时间　2016.5

采 集 地　广东省深圳市

鉴 定 人　吴健梅

1mm

0.5mm

芡

来　源　芡 *Euryale ferox* Salisb.，睡莲科一年生大型水生草本。

性　状　种子类球形，直径约 10mm。表面棕褐色至黑色，可见细密瘤状突起，腹部有两条纵向凹沟；种脐位于腹部基部，灰白色，椭圆形。内种皮棕红色或红褐色，一端黄白色，约占全体 1/3，有凹点状的种脐痕，除去内种皮显白色。

药用部位　种仁。

功　效　益肾固精，补脾止泻，除湿止带。

采集时间　广东省肇庆市

采 集 地　2019.11

鉴 定 人　周良云

5mm
2mm

5mm

2mm

毛柱铁线莲

来　　源 毛柱铁线莲 *Clematis meyeniana* Walp.，毛茛科木质藤本。

性　　状 瘦果斜卵形，稍扁，长4～5mm，宽1～1.5mm。表面红褐色，生有灰白色短柔毛；宿存花柱长达2.5cm，长而弯曲，生有灰白色长柔毛。

药用部位 根及根茎。

功　　效 祛风除湿，通络止痛。

采集时间 2018.11

采 集 地 广东省云浮市

鉴 定 人 周良云

5mm

大血藤

来　　源　大血藤*Sargentodoxa cuneata* (Oliv.) Rehd. et Wils.，木通科落叶木质藤本。

性　　状　种子卵球形，一端截平，长约6mm，宽约5mm。表面亮黑色，光滑；种脐位于基部平截处，棕色至黑褐色，中心处有突起。

药用部位　藤茎。

功　　效　清热解毒，活血，祛风止痛。

采集时间　2019.8

采 集 地　广东省韶关市

鉴 定 人　张建行

5mm
2mm

野木瓜

来　　源　野木瓜 *Stauntonia chinensis* DC.，木通科木质藤本。

性　　状　种子呈扁肾形，长约 8mm，宽约 6mm。表面黑色，光滑有光泽；背部弓曲；腹部中部凹入，具蜡样附属物；种脐位于腹部，黄白色，狭长形。

药用部位　根、全株。

功　　效　祛风止痛，舒筋活络，利尿消肿。

采集时间　2020.11

采 集 地　广东省韶关市

鉴 定 人　张建行

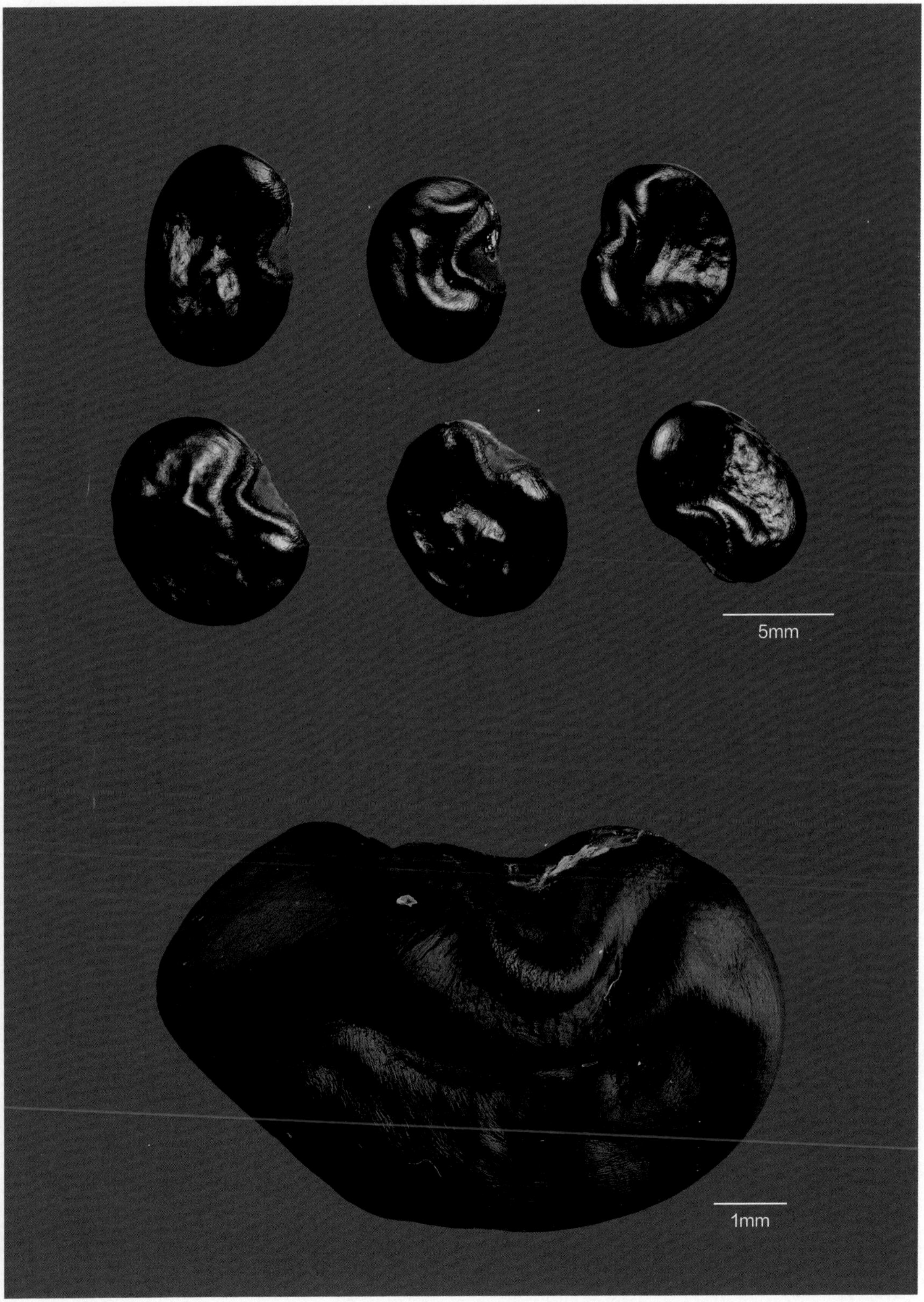
5mm
1mm

细叶十大功劳

来　　源　细叶十大功劳 *Mahonia fortunei* (Lindl.) Fedde，小檗科灌木。

性　　状　种子呈斜倒卵形，长约4.5mm，宽约3.6mm。表面棕色，边缘处颜色略深，具明显褶皱；顶部截面稍倾斜，黑色；种脐位于基部。

药用部位　茎或茎皮、根、叶、果实。

功　　效　茎或茎皮：清热，燥湿，解毒；根：清热，燥湿，解毒，消肿；叶：清虚热，燥湿，解毒；果实：清虚热，补肾，燥湿。

采集时间　2018.12

采 集 地　广东省广州市

鉴 定 人　周良云

2mm
1mm

南天竹

来　　源 南天竹 *Nandina domestica* Thunb.，小檗科常绿小灌木。

性　　状 种子呈扁圆形，直径4～6mm。表面黄白色，具细密的网状突起；一面凹陷，另一面凸起。

药用部位 果实、根、茎枝、叶。

功　　效 果实：敛肺止咳，平喘强；根：清热，止咳，除湿，解毒；茎枝：清湿热，降逆气；叶：清热利湿，泻火解毒。

采集时间 2018.11

采 集 地 广东省广州市

鉴 定 人 周良云

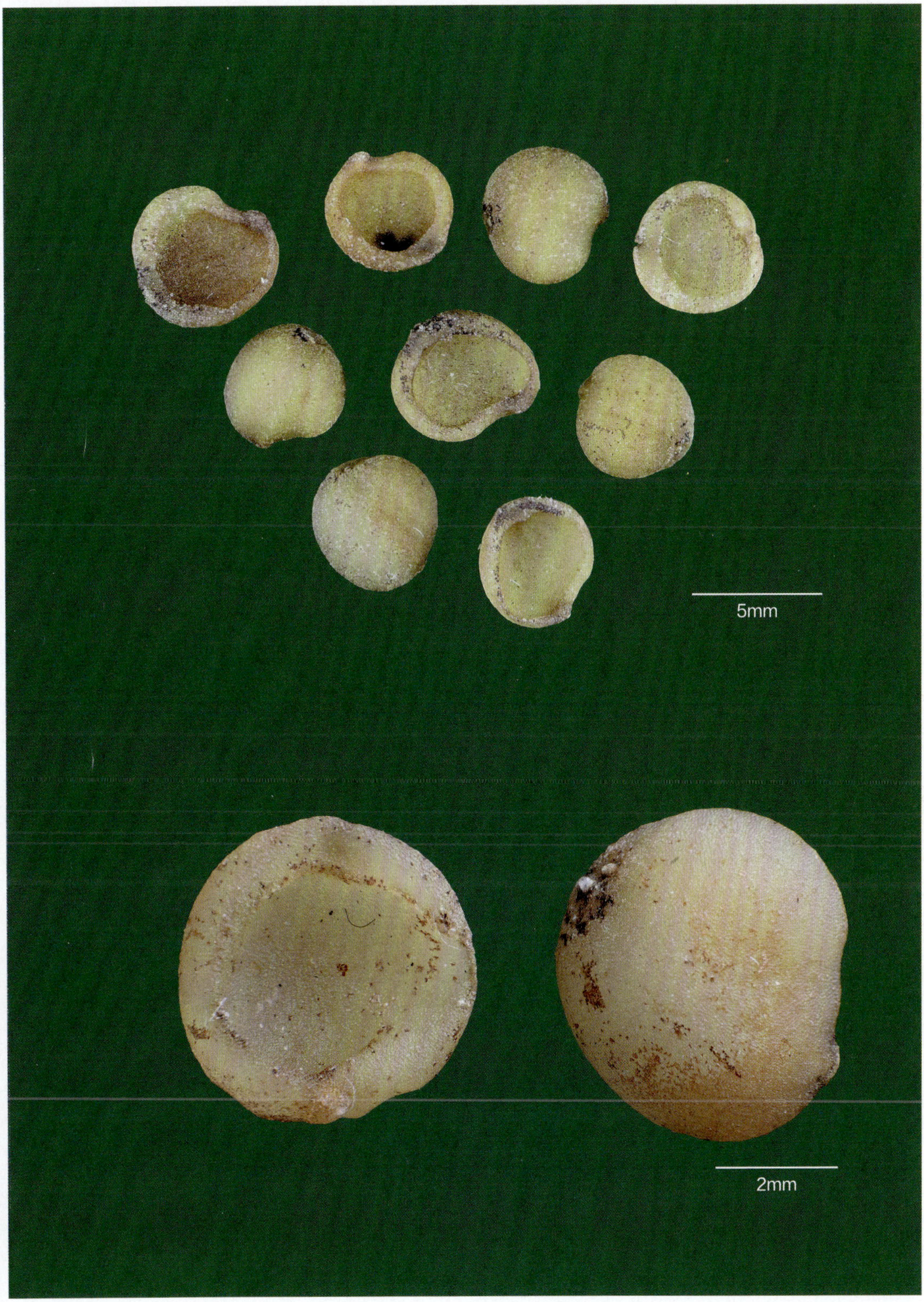
5mm
2mm

木防己

来　源　木防己 *Cocculus orbiculatus* (L.) DC.，防己科木质藤本。

性　状　果核呈近圆形，直径约 4mm。内果皮坚硬，表面黄绿色，山脊状突起呈放射状排列；两面中央稍凹陷，具孔洞，有一条“C”形白线围绕，孔洞直径约 1mm。

药用部位　根、茎、花。

功　效　根：祛风除湿，通经活络，解毒消肿；茎：祛风除湿，调气止痛，利水消肿；花：解毒化痰。

采集时间　2018.10

采 集 地　广东省广州市

鉴 定 人　周良云

2mm
1mm

粉叶轮环藤

来　源　粉叶轮环藤*Cyclea hypoglauca* (Schauer) Diels，防己科木质藤本。

性　状　果核呈近圆形，直径约4mm。内果皮坚硬，表面棕褐色，显绢丝样纹理，圆锥刺状突起较多，排列成“C”形环，约有6环，近顶部圆锥刺大，近中央处的较小；两面中央突起，中间有一条线状沟痕。

药用部位　根、茎。

功　效　清热解毒，祛风止痛，利水通淋。

采集时间　2017.8

采 集 地　广东省河源市

鉴 定 人　吴健梅

2mm

1mm

1mm

秤钩风

来　源 秤钩风 *Diploclisia affinis* (Oliv.) Diels，防己科木质藤本。

性　状 果核呈倒卵形，直径约 8mm。内果皮坚硬，表面灰褐色；背面增厚且增厚部分呈“C”形，有波浪状突起和圆锥状突起；两面中央凹陷且中部有孔洞。

药用部位 根及老茎。

功　效 祛风湿，活血，利尿。

采集时间 2020.11

采 集 地 广东省韶关市

鉴 定 人 张建行

5mm

2mm

苍白秤钩风

来　　源　苍白秤钩风 *Diploclisia glaucescens* (Bl.)Diels，防己科木质藤本。

性　　状　果核呈长马蹄形，长约1.5cm，宽约8mm。表面苍白色，粗糙，具脊柱状突起；一端向内形成一条明显的裂缝，另一端圆滑。

药用部位　藤茎。

功　　效　清热解毒，祛风除湿。

采集时间　2018.7

采 集 地　广东省深圳市

鉴 定 人　吴健梅

5mm

2mm

细圆藤

来　源 细圆藤 *Pericampylus glaucus* (Lam.) Merr.，防己科木质藤本。

性　状 果核呈圆肾形，直径约 5mm。表面黄棕色，常有白色粉被；外侧生有细圆锥状刺突，在背部刺突明显较大，两面内侧各有一马蹄形印痕。

药用部位 茎或叶。

功　效 清热解毒，息风止痉，祛风除湿。

采集时间 2018.11

采 集 地 广东省河源市

鉴 定 人 吴健梅

5mm
2mm

千金藤

来　　源　千金藤 *Stephania japonica* (Thunb.) Miers，防己科木质藤本。

性　　状　果核呈马蹄形，两侧压扁，径约 6mm。表面黄棕色，常有白色粉被；两侧均明显呈马蹄形凹陷；背部具小横肋状雕纹，约 8～10 条，小横肋常断裂。

药用部位　根或茎叶。

功　　效　清热解毒，祛风止痛，利水消肿。

采集时间　2016.10

采 集 地　香港特别行政区

鉴 定 人　吴健梅

5mm
2mm

粪箕笃

来　源　粪箕笃 *Stephania longa* Lour.，防己科草质藤本。

性　状　果核呈倒卵形，长约4.2mm，宽约3.5mm。内果皮坚硬，表面灰褐色；背部增厚且增厚部分呈“C”形，有波浪状突起和圆锥刺状突起；两面中央凹陷且中央有孔洞。

药用部位　全草或根茎及根。

功　效　清热解毒，利湿消肿，祛风活络。

采集时间　2019.2

采 集 地　广东省深圳市

鉴 定 人　吴健梅

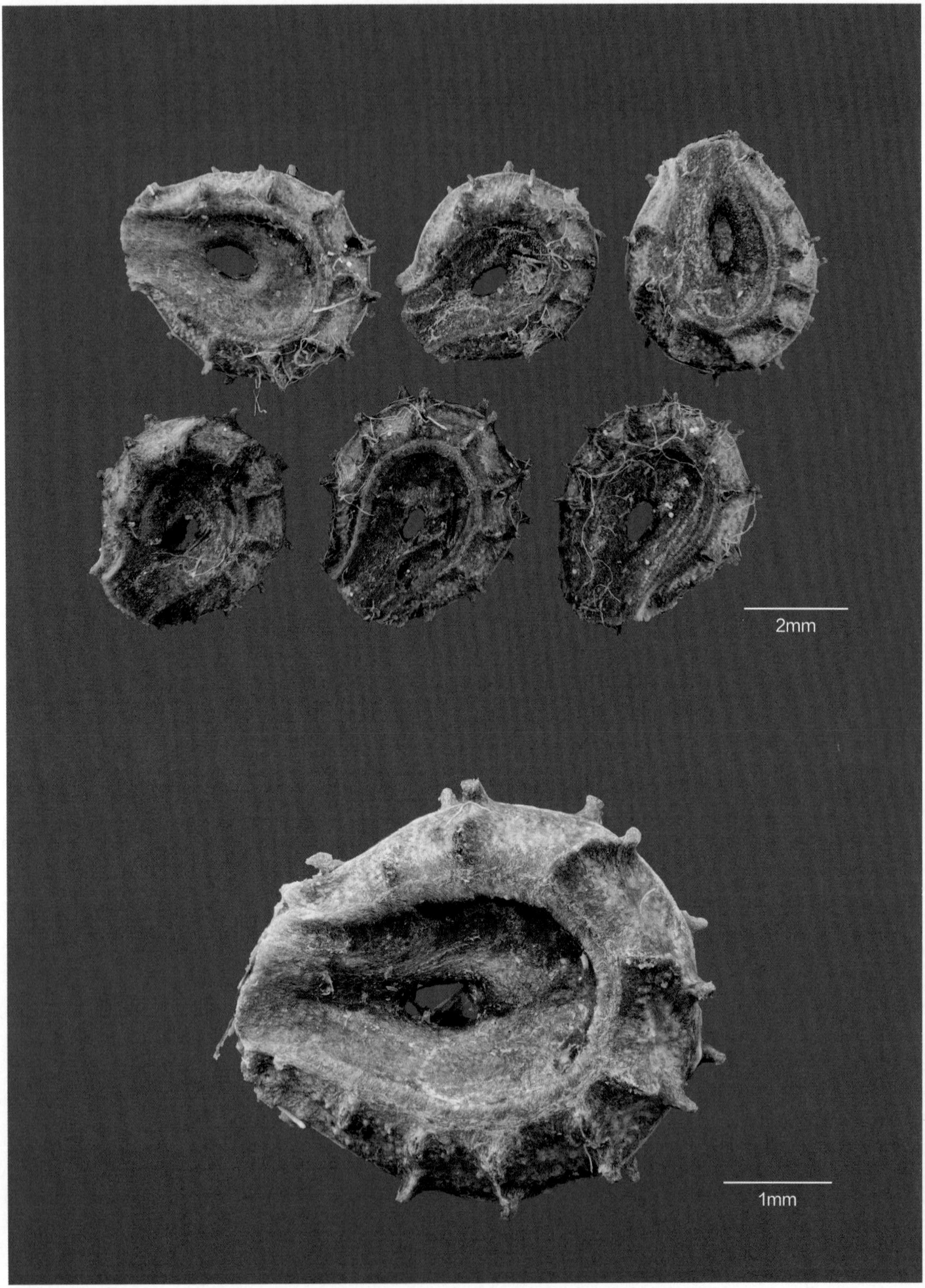
2mm
1mm

八角茴香

来　源 八角茴香 *Illicium verum* Hook. f.，木兰科乔木。

性　状 种子倒卵形，略扁，长约 7mm，宽约 4mm。表面黄棕色，光亮；种脐位于基部，另一端具合点，种脐与合点之间有淡色的狭细种脊。

药用部位 果实。

功　效 温阳散寒，理气止痛。

采集时间 2018.4

采 集 地 广东省广州市

鉴 定 人 周良云

5mm
2mm

黑老虎

来　　源　黑老虎 *Kadsura coccinea* (Lem.) A. C. Smith，木兰科木质藤本。

性　　状　种子心形或卵状心形，径6～7mm。表面灰褐色，散布黑褐色斑点，具细密的网纹；背部弓曲；腹部具深凹槽；种脐位于腹部凹槽内，浅褐色，粗糙，周围具辐射状隆起。

药用部位　根及茎。

功　　效　行气止痛，散瘀通络。

采集时间　2018.10

采 集 地　广东省河源市

鉴 定 人　吴健梅

5mm

2mm

异形南五味子

来　　源 异形南五味子 *Kadsura heteroclita* (Roxb.) Craib，木兰科常绿木质藤本。

性　　状 种子近椭圆形，长6～7mm，宽约6mm。表面黄褐色，具不明显弯曲花纹；背部弓曲；腹部凹陷；种脐位于凹陷处。

药用部位 藤、根。

功　　效 行气止痛，祛风除湿。

采集时间 2017.12

采 集 地 广东省惠州市

鉴 定 人 吴健梅

5mm
2mm

南五味子

来　　源　南五味子 *Kadsura longipedunculata* Finet et Gagnep.，木兰科藤本。

性　　状　种子呈圆肾形，径 4～6mm。表面灰褐色，具细密的乳突；背部弓曲；腹部具深凹槽；种脐位于凹陷处，浅褐色。

药用部位　果实。

功　　效　收敛固涩，益气生津，补肾宁心。

采集时间　2020.11

采 集 地　广东省韶关市

鉴 定 人　张建行

2mm
1mm

含笑花

来　源　含笑花 *Michelia figo* (Lour.) Spreng.，木兰科常绿灌木。

性　状　种子呈类球形，略呈3面体，直径约8mm。表面棕褐色，皱缩，棱明显；顶部略尖，基部稍凸。

药用部位　叶、花蕾。

功　效　叶：用于跌打损伤；花蕾：用于月经不调。

采集时间　2018.9

采 集 地　广东省河源市

鉴 定 人　吴健梅

5mm
2mm

翼梗五味子

来　源 翼梗五味子 *Schisandra henryi* Clarke，木兰科落叶木质藤本。

性　状 种子呈扁球形，长3～5mm，宽3～4mm。表面红褐色，具乳头状凸起，以背部极明显；种脐位于腹部凹陷处，有细小的乳头状突起。

药用部位 茎。

功　效 通经活血，强筋壮骨。

采集时间 2018.10

采 集 地 广东省韶关市

鉴 定 人 吴健梅

5mm

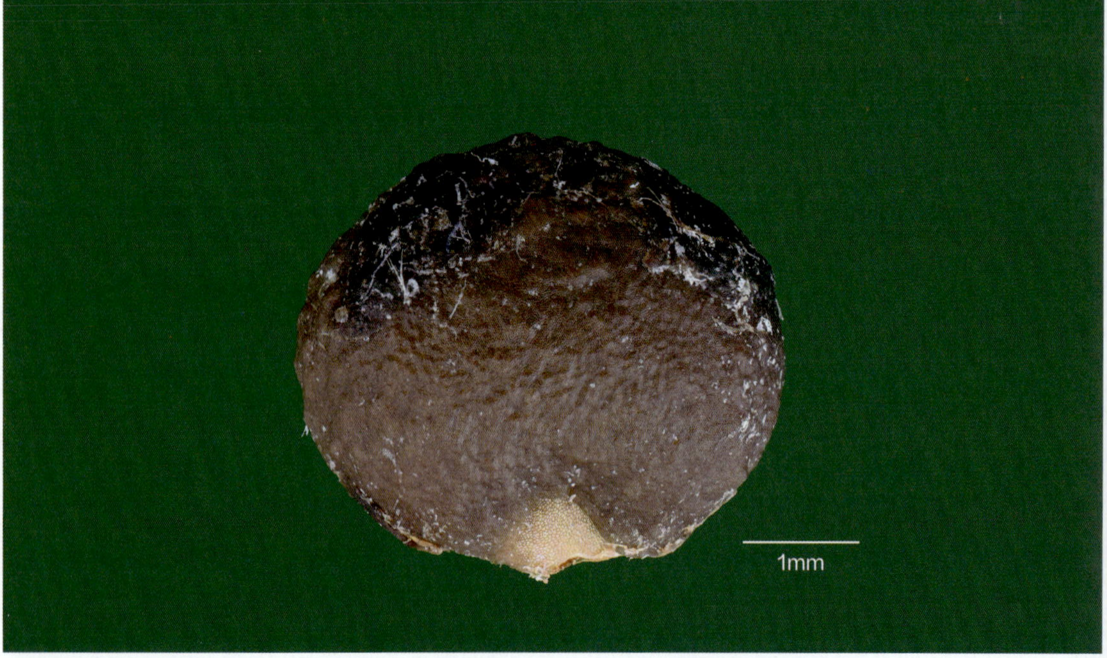
1mm

华中五味子

来　源　华中五味子 *Schisandra sphenanthera* Rehd. et Wits.，木兰科木质藤本。

性　状　种子呈肾形，长约 3.6mm，宽约 3mm。表面红褐色，粗糙，具众多瘤状突起，大小不一，近背部较大，表面由无数疣突紧密贴合排列而成；种脐位于腹部凹陷处，有细小的黄白色乳头状突起。

药用部位　果实。

功　效　收敛固涩，益气生津，补肾宁心。

采集时间　2018.12

采 集 地　广东省广州市

鉴 定 人　周良云

2mm

1mm

假鹰爪

来　源 假鹰爪 *Desmos chinensis* Lour.，番荔枝科木质藤本。

性　状 种子呈橄榄球状，长7～8mm，宽4～6mm。表面土褐色，光滑；顶部有小突尖；种脐位于基部。

药用部位 根。

功　效 祛风止痛，行气化瘀，杀虫止痒。

采集时间 2019.1

采 集 地 香港特别行政区

鉴 定 人 吴健梅

1cm

2mm

瓜馥木

来　源 瓜馥木 *Fissistigma oldhamii* (Hemsl.) Merr.，番荔枝科攀援灌木。

性　状 种子呈椭圆形，长 11～13mm，宽 8～10mm。表面红褐色，略粗糙；两面具辐射状隆起的条纹；边缘处具一圈窄棱；种脐位于基部凹陷处。

药用部位 根。

功　效 祛风活血，镇痛。

采集时间 2016.10

采 集 地 广东省河源市

鉴 定 人 吴健梅

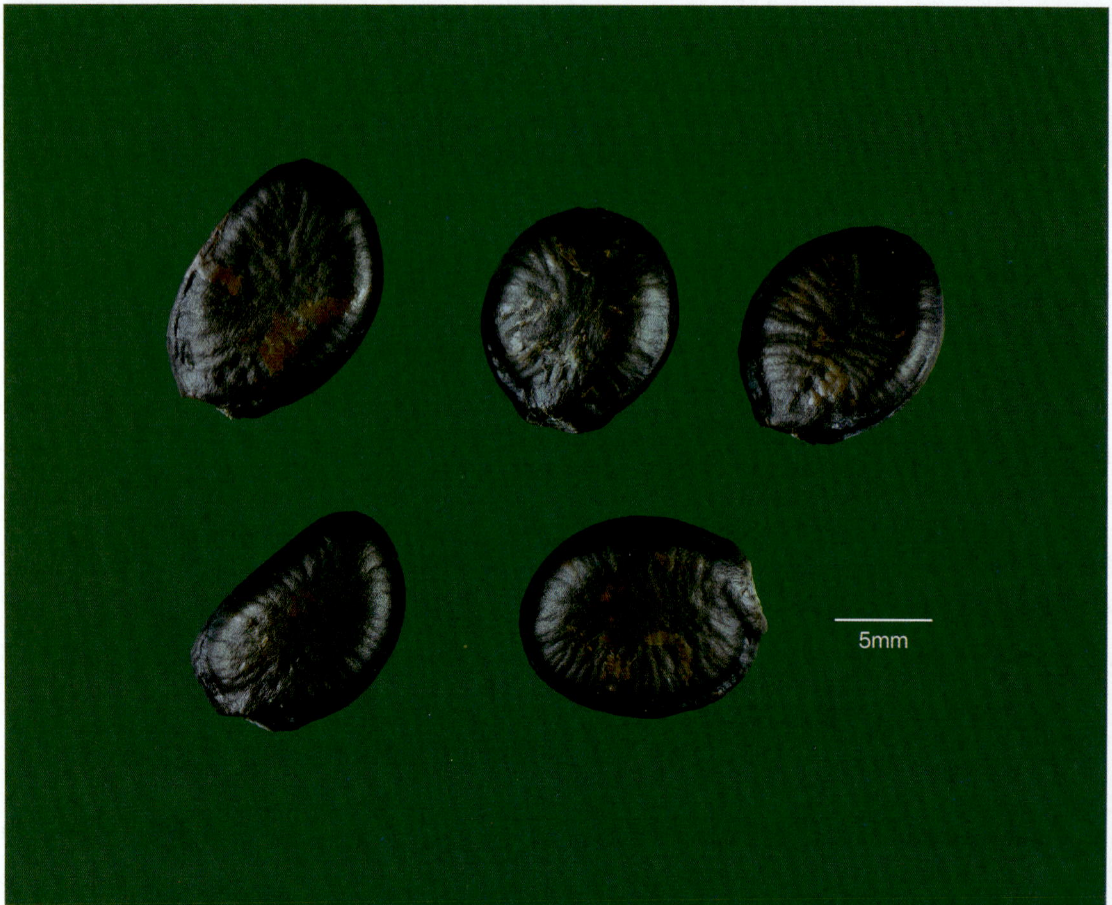
5mm

2mm

紫玉盘

来　源 紫玉盘 *Uvaria macrophylla* Roxb.，番荔枝科直立灌木。

性　状 种子近球形或扁圆形，直径约 8mm。表面棕褐色，具浅横纹；种脐位于基部凹陷处，圆形。

药用部位 根、叶。

功　效 健胃行气，祛风止痛。

采集时间 2016.11

采 集 地 广东省深圳市

鉴 定 人 吴健梅

1cm
2mm

无根藤

来　　源　无根藤 *Cassytha filiformis* L.，樟科寄生缠绕草本。

性　　状　果实呈椭球形，长约 4mm（不含突起），宽约 3.2mm。表面黑褐色，密生波浪状皱纹；基部有一褐色风帽状附属物或脱落而不可见，表面有放射状条纹，中间具短果柄。

药用部位　全草。

功　　效　化湿消肿，通淋利尿。

采集时间　2018.11

采 集 地　广东省河源市

鉴 定 人　吴健梅

2mm

1mm

肉桂

来　源 肉桂 *Cinnamomum cassia* Presl，樟科乔木。

性　状 果实呈椭圆形，长约10mm，宽7～9mm。表面棕色或黑紫色，具皱褶；顶端具小突尖，基部平截。果核与果实同形，具数条浅纵棱；表面棕色，具橙黄色斑点。

药用部位 树皮、嫩枝、果实。

功　效 树皮：补火助阳，引火归元，散寒止痛，温通经脉；嫩枝：发汗解肌，温通经脉，助阳化气，平冲降气；果实：暖胃止痛，治虚寒胃痛。

采集时间 2018.3

采 集 地 广东省云浮市

鉴 定 人 周良云

5mm

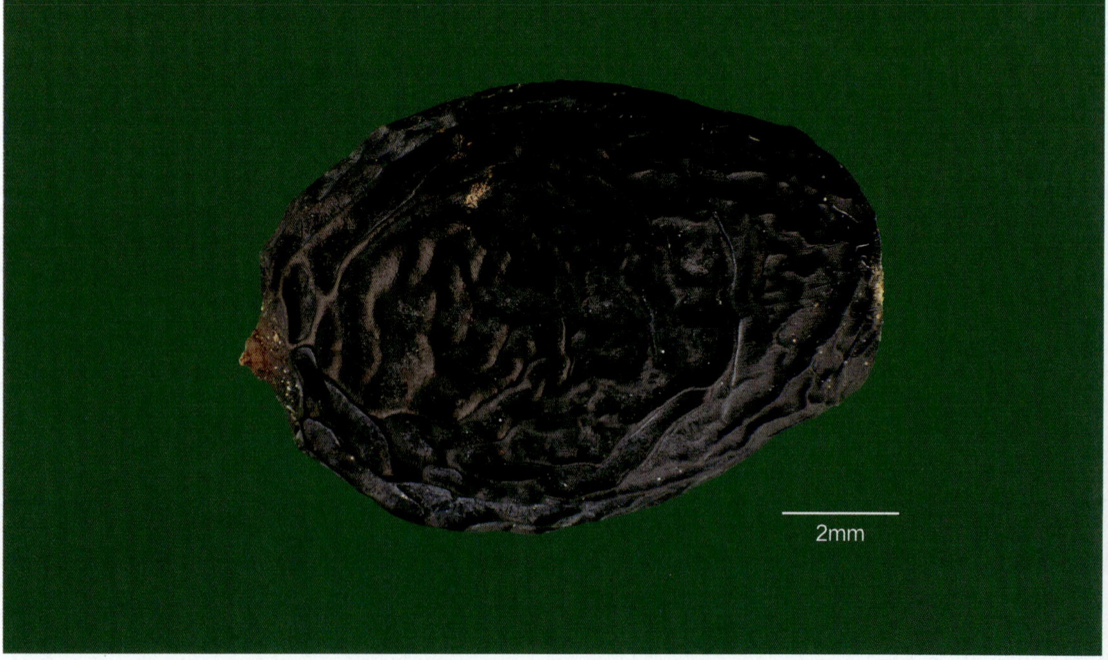
2mm

2mm
2mm

乌药

来　源　乌药 *Lindera aggregata* (Sims) Kosterm.，樟科常绿灌木或小乔木。

性　状　种子呈卵形，长约 7mm，宽约 5mm。表面褐色至深褐色，不均一；顶端突起；种脐位于基部，微平。

药用部位　块根。

功　效　行气止痛，温肾散寒。

采集时间　2019.10

采 集 地　广东省广州市

鉴 定 人　周良云

5mm
2mm

山橿

来　　源 山橿 *Lindera re exa* Hemsl.，樟科落叶灌木或小乔木

性　　状 种子呈球形，直径约 6mm。表面白色，具棕色云片状斑纹；种脐位于基部，微突出，中央凹陷。

药用部位 根。

功　　效 祛风理气，止痛，止血，杀虫。

采集时间 2020.8

采 集 地 广东省韶关市

鉴 定 人 张建行

5mm

2mm

山鸡椒

来　　源　山鸡椒 *Litsea cubeba* (Lour.) Pers.，樟科落叶灌木或小乔木

性　　状　果实呈球形，直径约 5mm，常带长果梗。表面极皱缩，褶皱黄色；果核球形，直径约 4mm。表面黑色或红褐色，光滑，中间具有一条突起的棱，棱中央有一点状凹陷。

药用部位　全草。

功　　效　清热利湿，散瘀止痛。

采集时间　2018.8

采 集 地　广东省云浮市

鉴 定 人　周良云

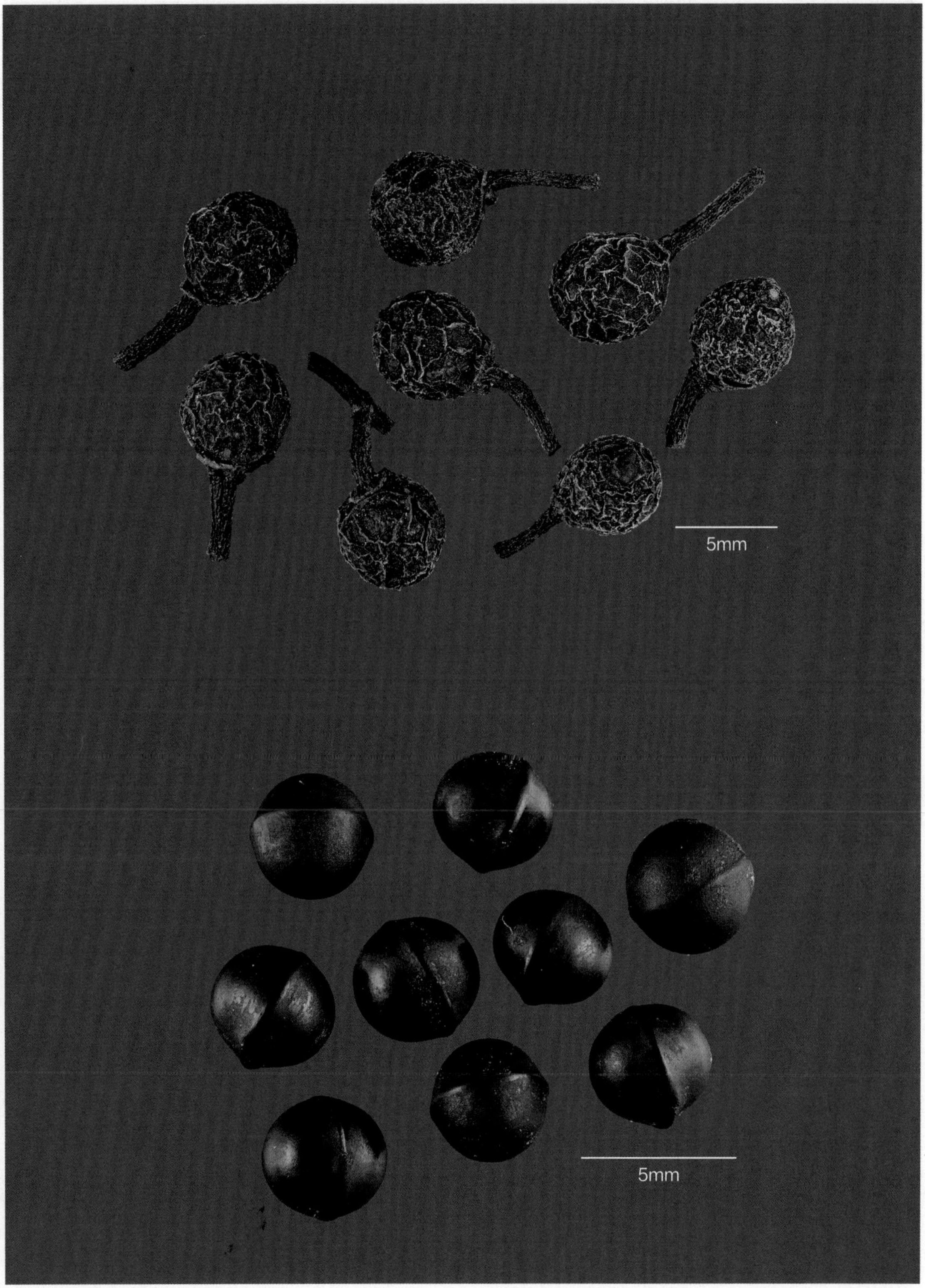
5mm
5mm

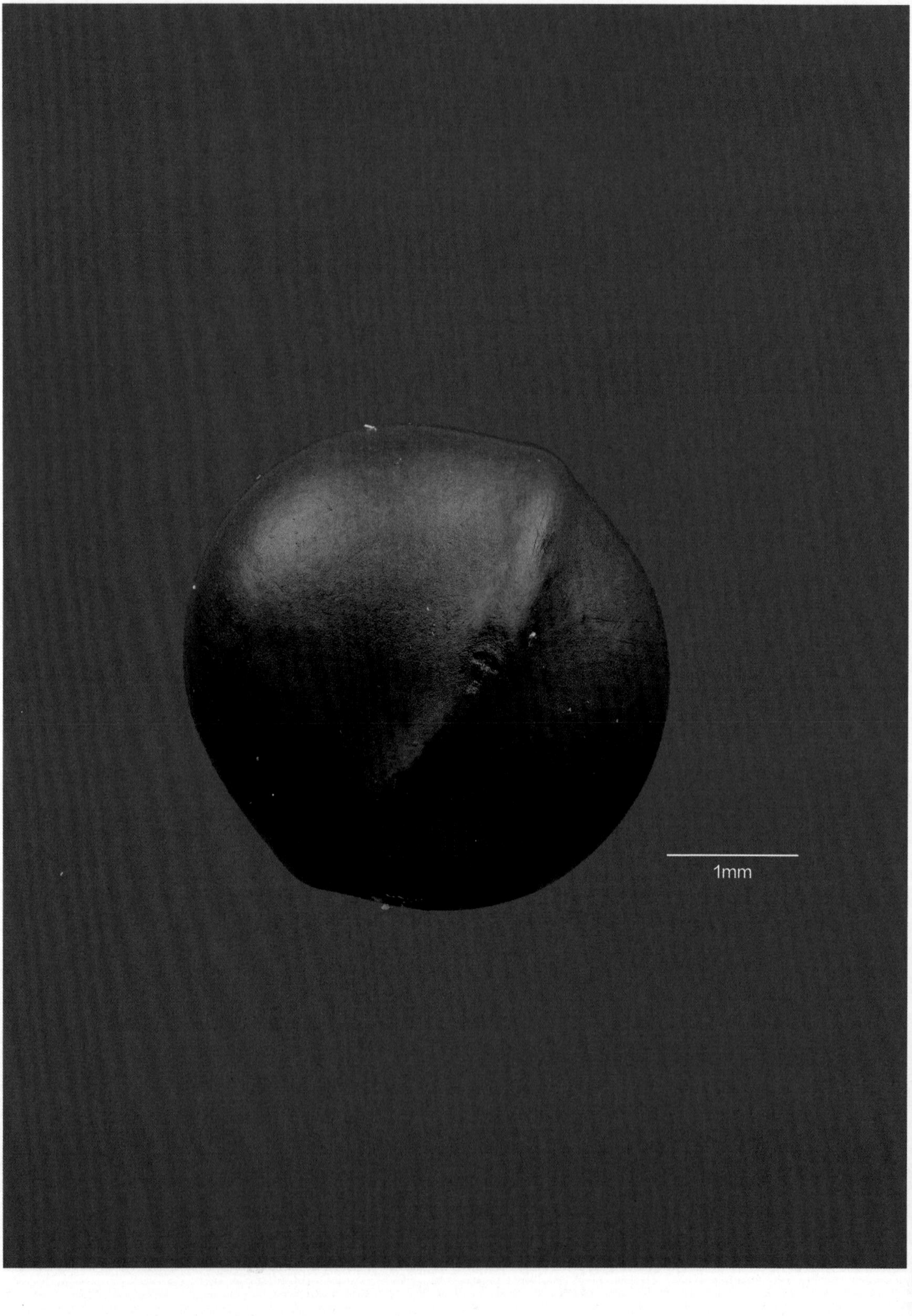
1mm

潺槁木姜子

来　源 潺槁木姜子 *Litsea glutinosa* (Lour.) C. B. Rob.，樟科乔木。

性　状 果实呈球形，直径约 7mm。表面棕黑色，有光泽，干燥后有明显褶皱；果柄痕位于基部，细小，灰白色。

药用部位 根、皮、叶。

功　效 根、皮、叶：清湿热，消肿毒，止血，止痛；根：用于腹泻，跌打损伤，腮腺炎，糖尿病；皮、叶：外用治腮腺炎，疮疖痈肿，乳腺炎初起，跌打损伤，外伤出血。

采集时间 2020.7

采 集 地 广东省肇庆市

鉴 定 人 刘基柱

2mm

蓟罂粟

来　源　蓟罂粟 *Argemone mexicana* L.，罂粟科一年生草本。

性　状　种子呈倒卵形，直径约 1.7mm。表面棕黑色，具明显的网纹；背部网纹规则；腹部网纹皱缩；种脐位于腹部突起短喙处，椭圆形凹陷，灰白色。

药用部位　全株。

功　效　消炎，止痛，利胆，祛痰，止泻。

采集时间　2020.5

采 集 地　广东省广州市

鉴 定 人　周良云

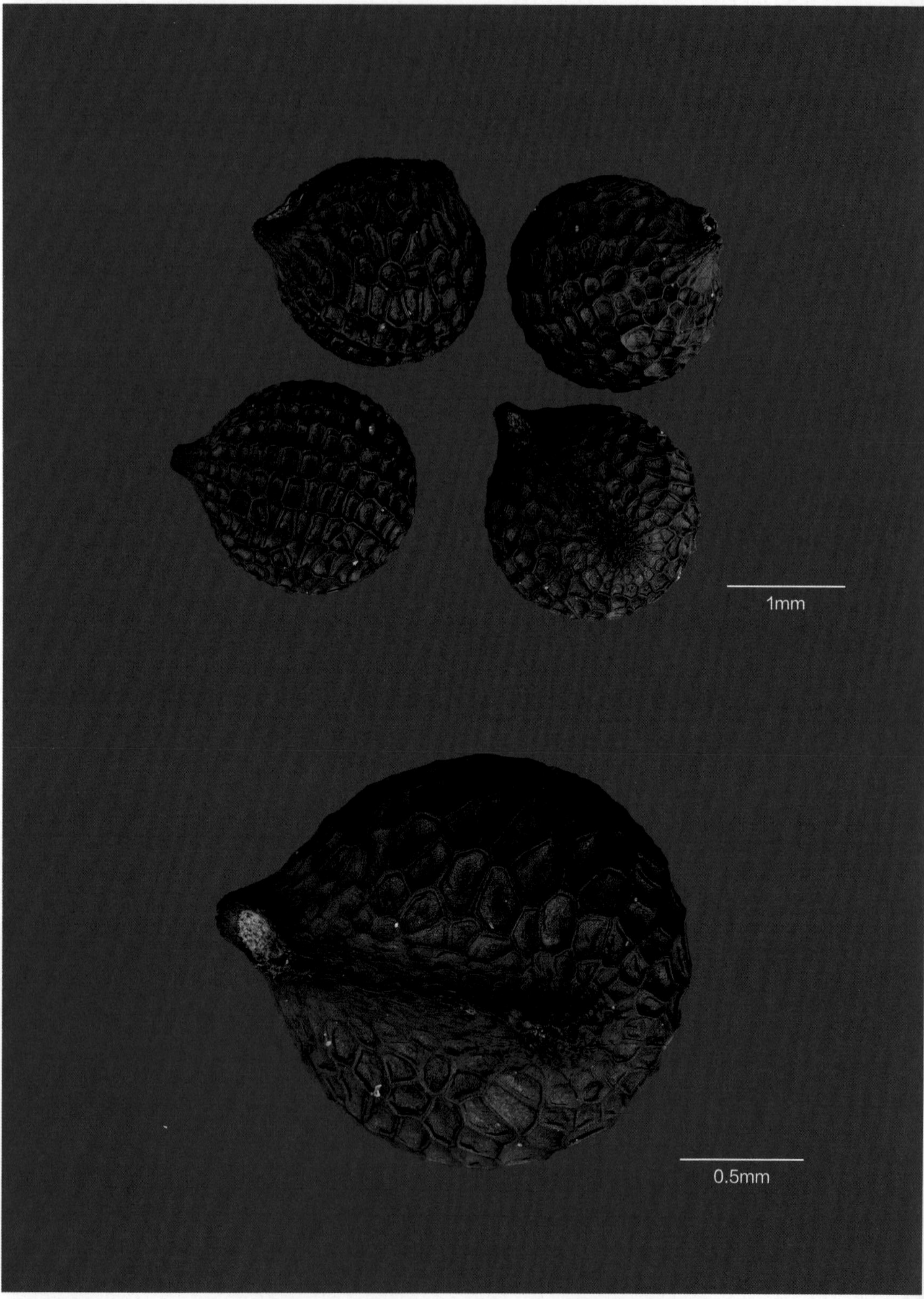
1mm
0.5mm

北越紫堇

来　源 北越紫堇 *Corydalis balansae* Prain，罂粟科一年生或二年生草本。

性　状 种子呈双凸镜状，直径约 1.8mm。表面黑色，有光泽，可见椭圆状洼点排列成同心环样的纹理；种脐位于腹部凹陷处，具鸡冠状种阜。

药用部位 全草。

功　效 清热祛火。

采集时间 2017.4

采 集 地 广东省广州市

鉴 定 人 王晓峰

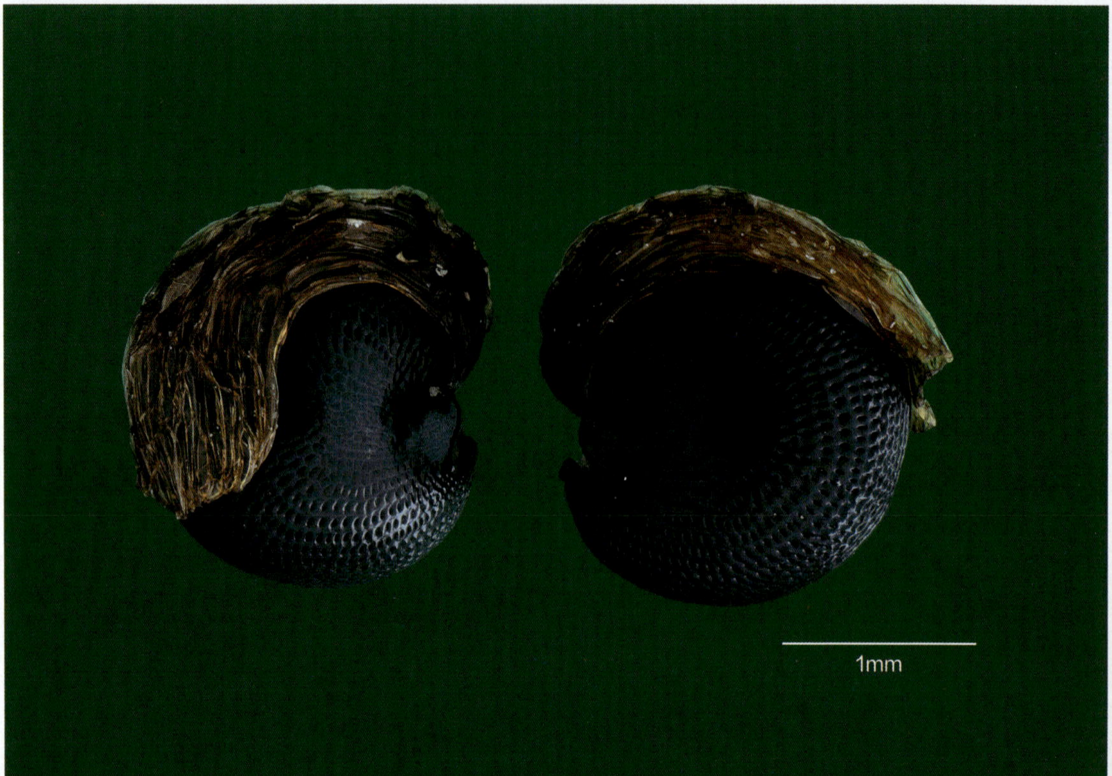
1mm

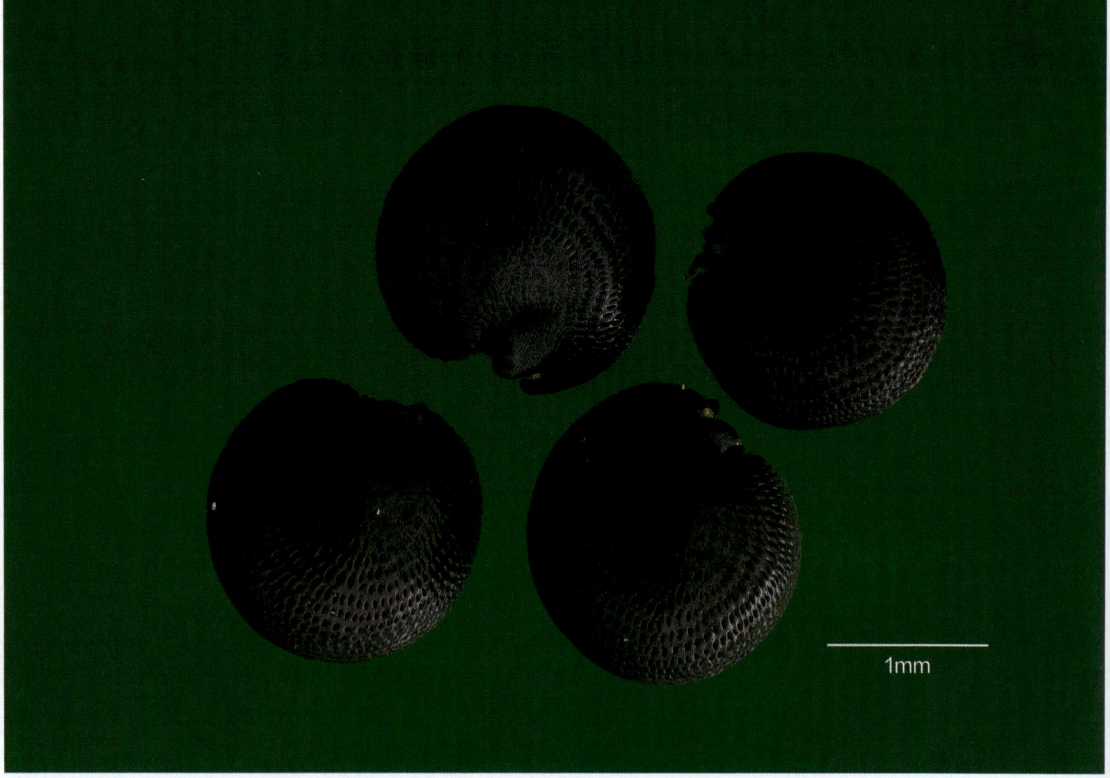
1mm

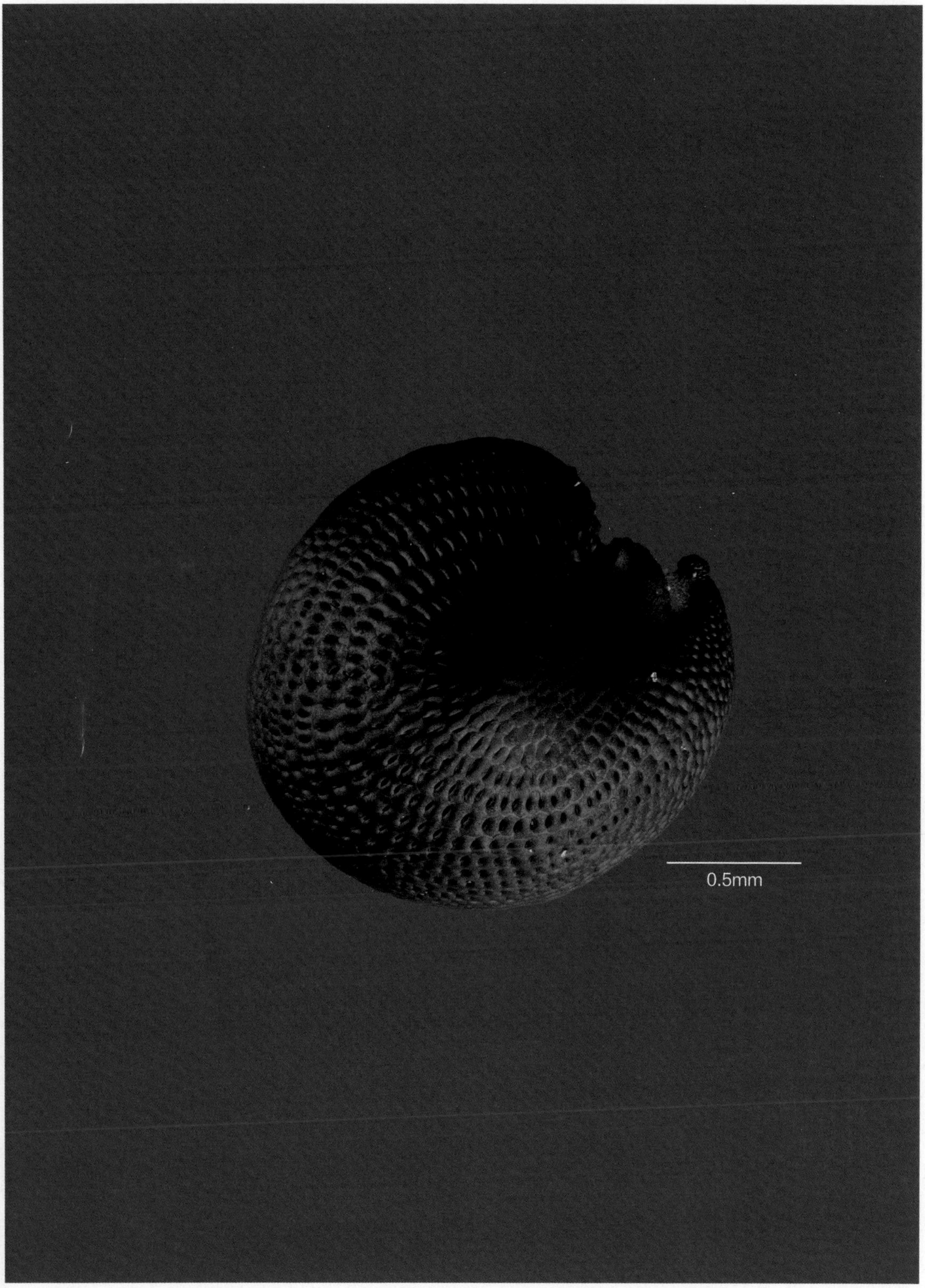
0.5mm

博落回

来　　源　博落回 *Macleaya cordata* (Willd.) R. Br.，罂粟科直立草本。

性　　状　种子呈长椭圆形，长约2mm，宽约1mm。表面棕色至棕褐色，具纵向排列整齐的蜂窝状孔穴；种脐位于基部，种阜米黄色，狭长形，干瘪状。

药用部位　根或全草。

功　　效　散瘀，祛风，解毒，止痛，杀虫。

采集时间　2018.10

采 集 地　广东省韶关市

鉴 定 人　张建行

1mm
0.5mm

醉蝶花

来　　源　醉蝶花 *Tarenaya hassleriana* (Chodat) Iltis，山柑科一年生草本。

性　　状　种子呈肾圆形，直径约 2mm。表面棕褐色，有众多山峰状突起，呈同心圆状排列；背部弓曲；腹部凹陷。

药用部位　全草、种子。

功　　效　散寒止痛，通血脉，解毒，杀虫止痒。

采集时间　2019.5

采 集 地　广东省广州市

鉴 定 人　周良云

1mm
0.5mm

无瓣蔊菜

来　源　无瓣蔊菜 *Rorippa dubia* (Pers.) Hara，十字花科一年生草本。

性　状　种子呈卵形，长约 0.7mm，宽约 0.5mm。表面黄褐色，具网纹；基部一侧内凹而另一侧呈耳形，内凹处颜色呈褐色。

药用部位　全草。

功　效　解表健胃，止咳化痰，平喘，清热解毒，散热消肿。

采集时间　2018.7

采 集 地　广东省肇庆市

鉴 定 人　周良云

0.5mm

大落新妇

来　　源　大落新妇 *Astilbe grandis* Stapf ex Wils.，虎耳草科多年生草本。

性　　状　种子近长梭形，长约 2mm，宽约 0.5mm。表面红褐色至紫褐色，具光泽及细密纵向纹理；两端稍狭长，略扭曲；种脐位于基部。

药用部位　根茎。

功　　效　散瘀止痛，祛风除湿。

采集时间　2020.10

采 集 地　广东省韶关市

鉴 定 人　张建行

1mm
0.5mm

常山

来　　源　常山 *Dichroa febrifuga* Lour.，虎耳草科灌木。

性　　状　种子近倒卵形，长约0.7mm，宽约0.5mm。表面浅红棕色，半透明，生有纵向的粗大网纹，网纹上有细齿；种脐位于基部，黑灰色。

药用部位　根。

功　　效　截疟，劫痰。

采集时间　2020.10

采 集 地　广东省韶关市

鉴 定 人　张建行

0.5mm

海桐

来　源 海桐 *Pittosporum tobira* (Thunb.) Ait.，海桐花科绿灌木或小乔木。

性　状 种子呈不规则棱柱形，长约6mm，宽约3mm。表面暗红色，色泽润透，密生细小凸起；种脐处色较深，稍突起。

药用部位 枝叶。

功　效 解毒，杀虫。

采集时间 2018.11

采 集 地 广东省广州市

鉴 定 人 周良云

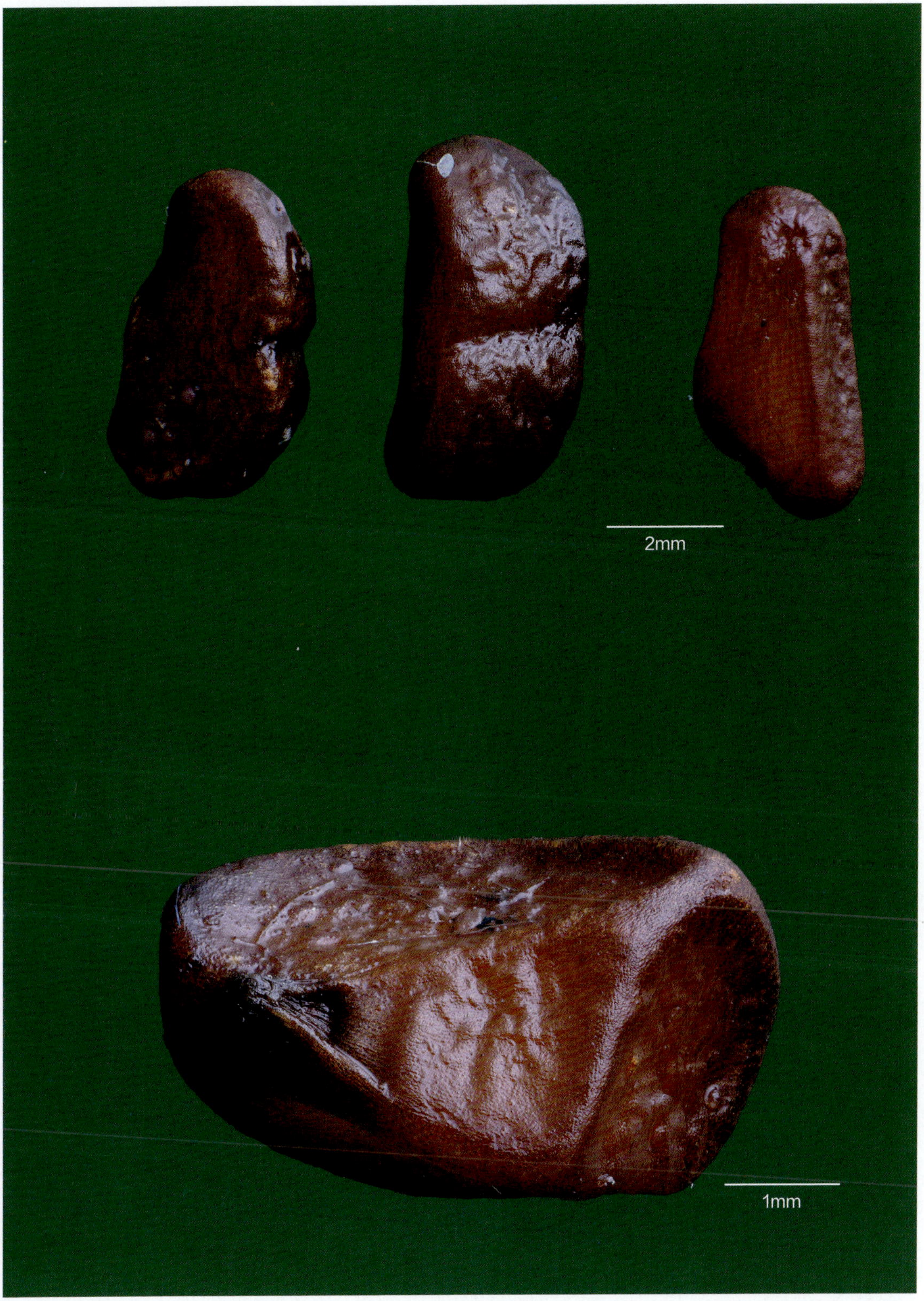
2mm
1mm

枫香树

来　源　枫香树 *Liquidambar formosana* Hance，金缕梅科落叶乔木。

性　状　可育种子呈长椭圆形，具翅，长约 7mm，宽约 2mm。翅黄白色，密生网状纹理，靠近下部可见黑色斑点密集或散在。败育种子呈多角形或有窄翅，长 1.5mm，宽 1mm。表面黄褐色，具半透明网格，如蝉翼；周围棱角较明显。

药用部位　树脂、根、叶、果实。

功　效　树脂：解毒止痛，止血生肌；根、叶、果实：祛风除湿，通络活血。

采集时间　2018.11

采 集 地　广东省河源市

鉴 定 人　吴健梅

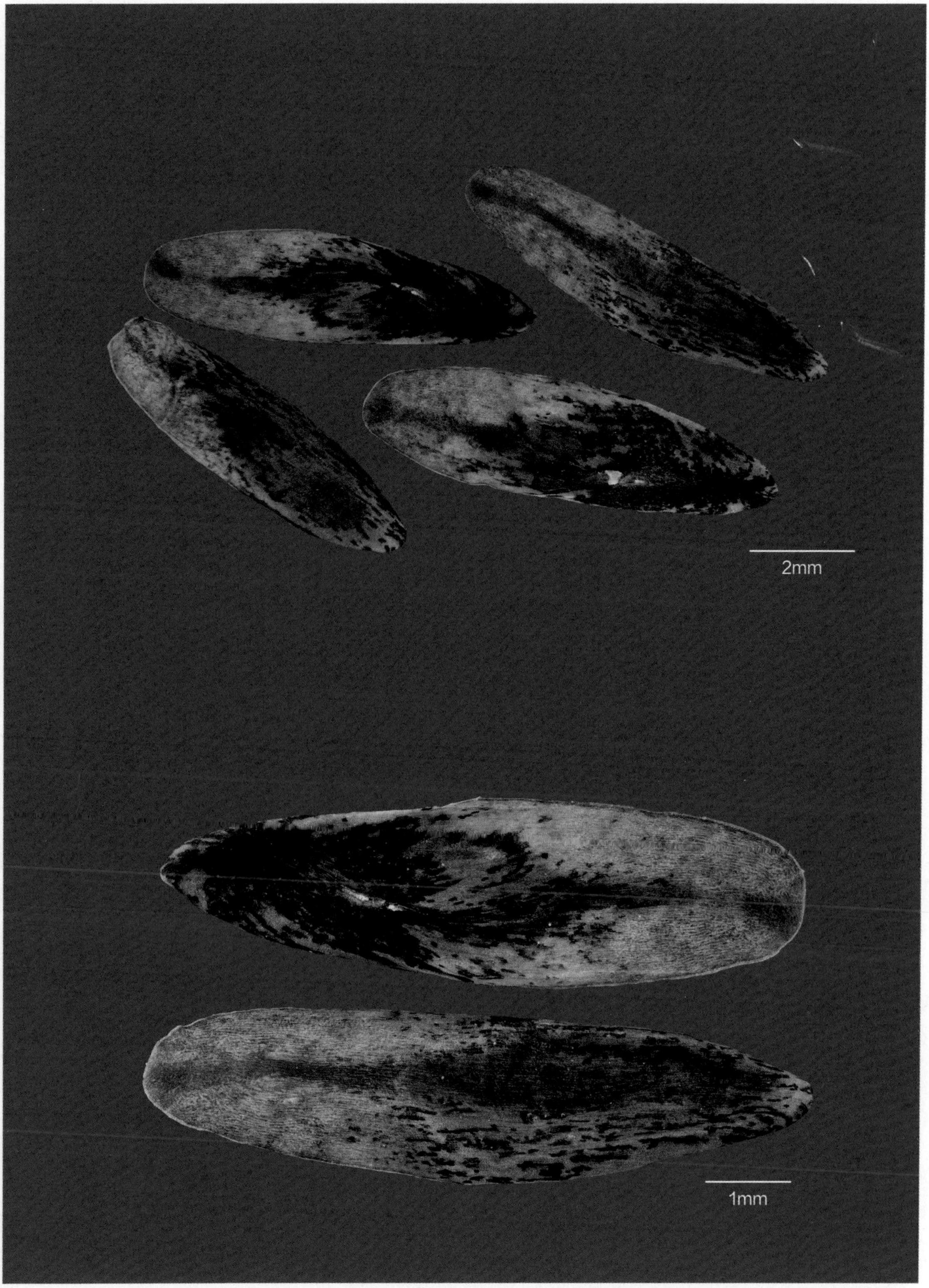
2mm
1mm

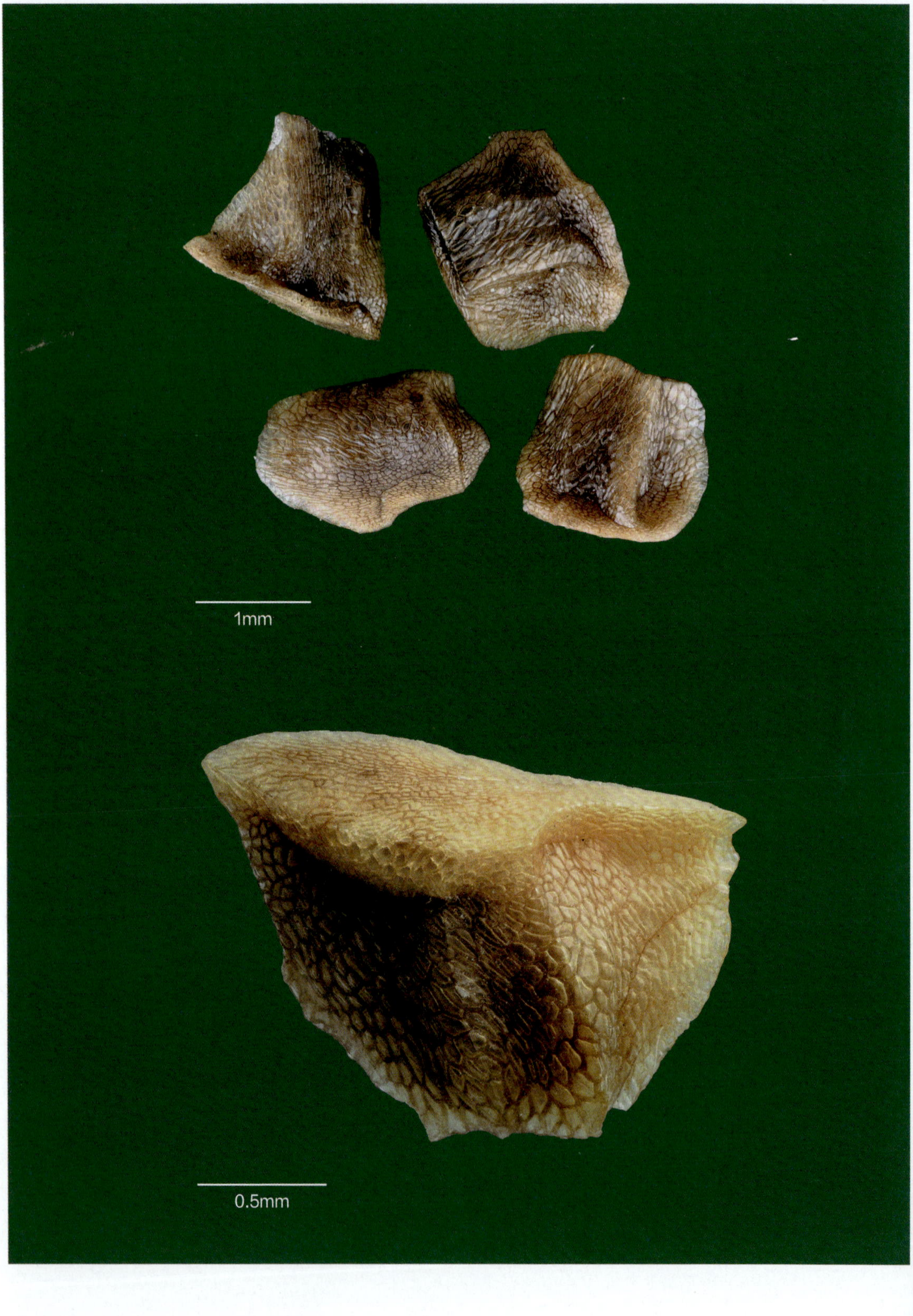
1mm
0.5mm

檵木

来　源　檵木 *Loropetalum chinense* (R. Br.) Oliver，金缕梅科灌木。

性　状　种子呈纺锤形，似橄榄球，长约 5.3mm，宽约 3.3mm。表面黑色，有光泽，具网状纹理；背面稍拱起；腹面略平坦；种脐长条形，凹陷，白色，位于腹面一端。

药用部位　花、根。

功　效　花：清热止咳，收敛止血；根：止血活血，收敛固涩。

采集时间　2018.11

采 集 地　广东省河源市

鉴 定 人　吴健梅

2mm

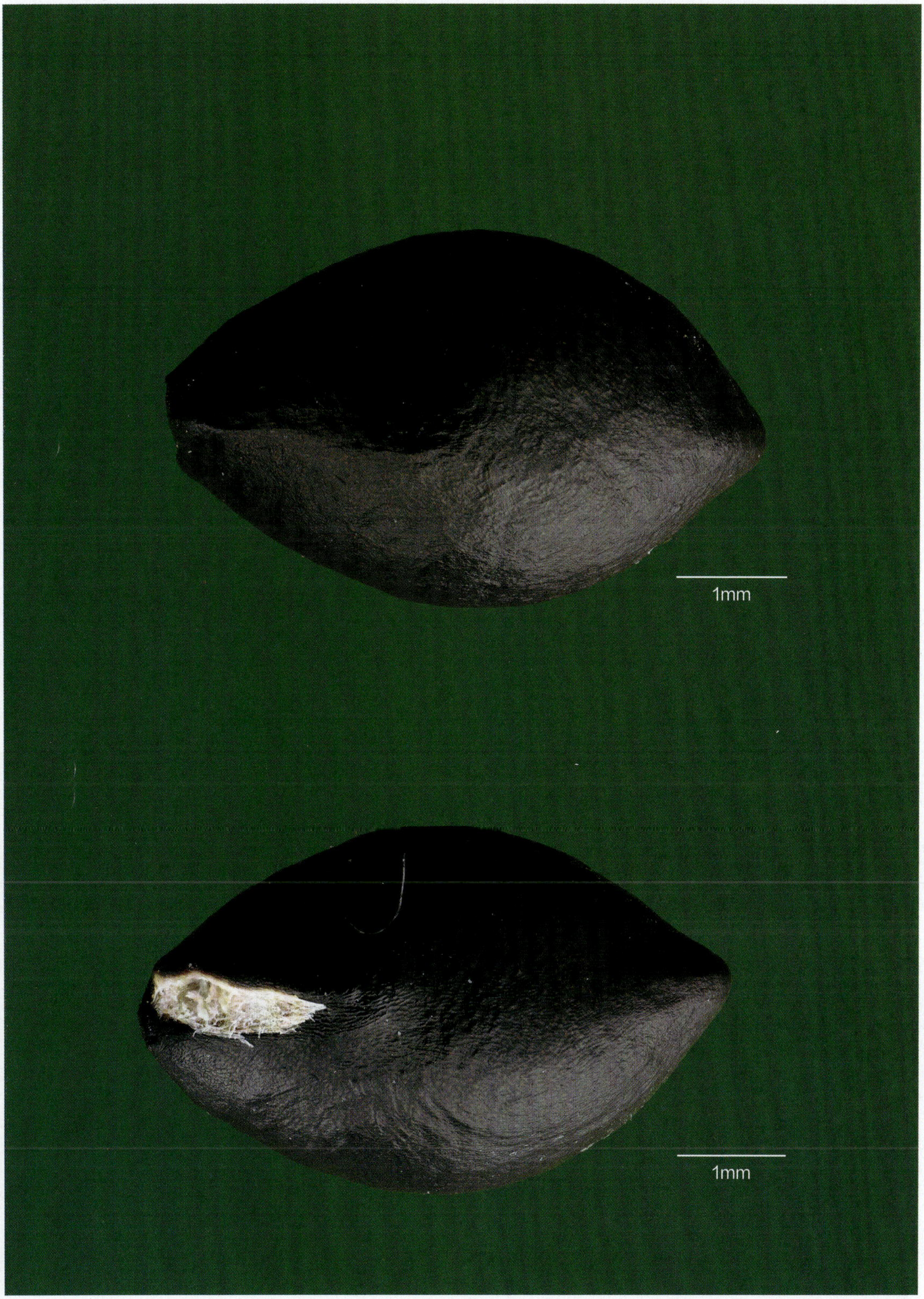
1mm
1mm

半枫荷

来　　源　半枫荷 *Semiliquidambar cathayensis* Chang，金缕梅科常绿乔木。

性　　状　种子呈不规则形，长径约 1.5mm。表面黄褐色，具蛇蜕样纹理。

药用部位　根、枝、叶。

功　　效　祛风湿，舒筋络。

采集时间　2019.5

采 集 地　广东省广州市

鉴 定 人　周良云

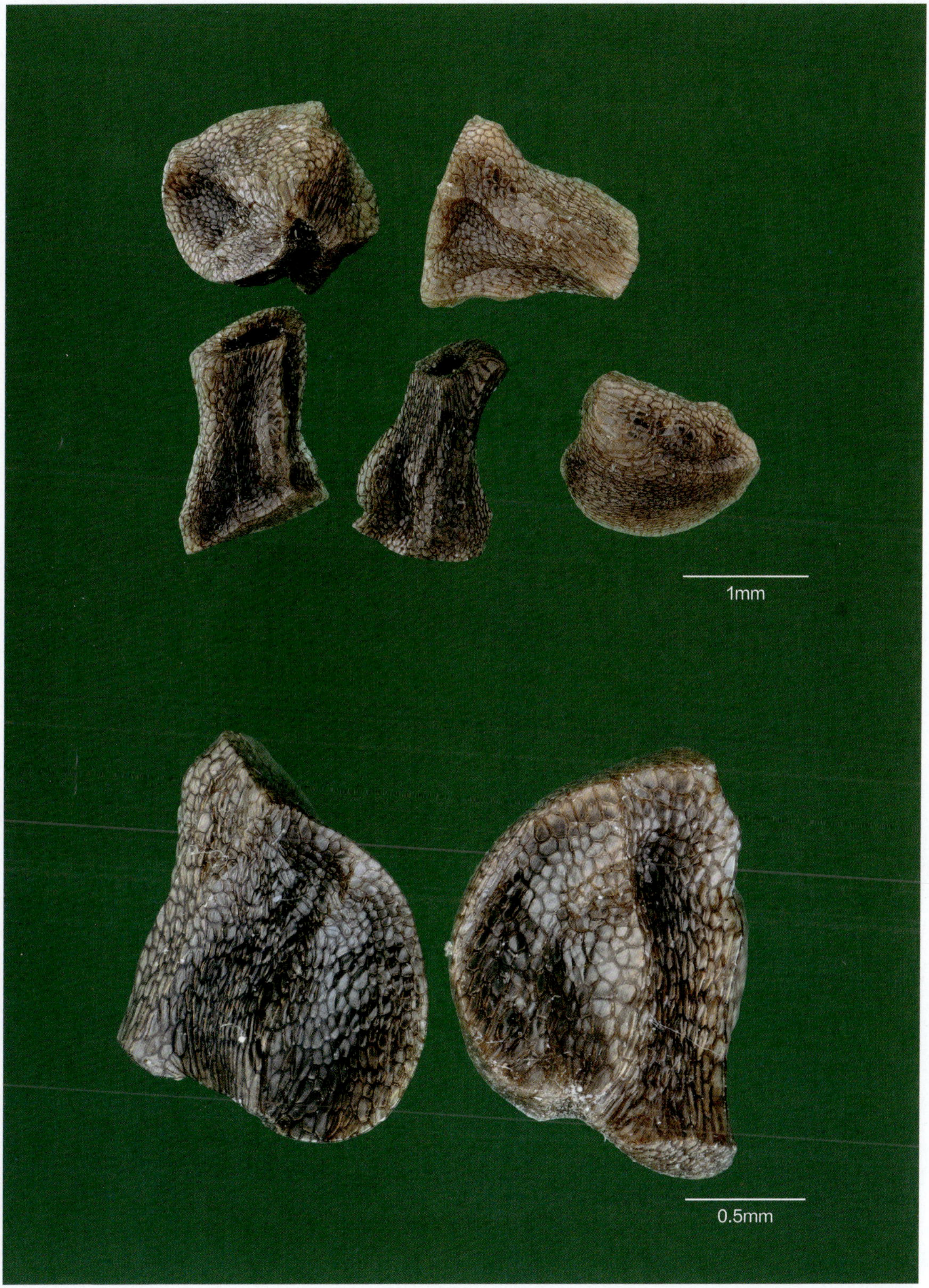
1mm
0.5mm

龙芽草

来　　源　龙芽草 *Agrimonia pilosa* Ledeb.，蔷薇科多年生草本。

性　　状　果实倒卵形，长约 7mm，宽约 3mm。表面黄褐色至棕褐色；被丝托倒圆锥形，具 10 条肋，可见着生白色短毛及黄棕色球状物，被丝托上端有一圈钩刺，钩刺表面有黑色小点状突起；基部具扭曲的短果柄。

药用部位　地上部分。

功　　效　收敛止血，消肿生肌。

采集时间　2018.12

采 集 地　广东省广州市

鉴 定 人　周良云

5mm
1mm

皱果蛇莓

来　　源　皱果蛇莓*Duchesnea chrysantha* (Zoll. et Mor.) Miq.，蔷薇科多年生草本。

性　　状　瘦果呈倒卵形，长约0.8mm，宽约0.6mm。表面紫红色，具白色褶皱，似山脊；基部具白色附属物。

药用部位　全草。

功　　效　疗疮，蛇毒。

采集时间　2018.6

采 集 地　广东省广州市

鉴 定 人　周良云

0.5mm

豆梨

来　　源　豆梨 *Pyrus calleryana* Dcne.，蔷薇科乔木。

性　　状　种子偏斜状倒卵形，长约5mm，宽约3mm。表面黑色，具纵向皱纹；背面弓曲；腹面平；种脐位于基部。

药用部位　果实、叶、根。

功　　效　果实：健胃，止痢；根、叶：润肺止咳，清热解毒。

采集时间　2018.11

采 集 地　广东省深圳市

鉴 定 人　吴健梅

2mm
1mm

梅

来　　源　梅 *Prunus mume* (Sieb.) Sieb.et Zucc.，蔷薇科小乔木。

性　　状　果核椭圆形，骨质，长约2cm，宽约1.6cm。表面骨黄色，具蜂窝状孔穴；顶端圆形，具小尖头；基部渐狭成楔形；果核边缘有一明显纵沟。

药用部位　近成熟果实、花蕾。

功　　效　近成熟果实：敛肺，涩肠，生津，安蛔；花蕾：疏肝和中，化痰散结。

采集时间　2018.5

采 集 地　广东省广州市

鉴 定 人　周良云

5mm

小果蔷薇

来　源　小果蔷薇 *Rosa cymosa* Tratt.，蔷薇科攀援灌木。

性　状　瘦果呈橘瓣状，长约3.7mm，宽约2.6mm。表面土黄色，粗糙；先端有少许红褐色斑点及残留长白毛。

药用部位　根、叶、花、茎、果。

功　效　根：祛风除湿，收敛固脱；叶：解毒消肿，活血散瘀；花：健脾，解暑；茎：止泻，和胃；果：化痰，止咳，明目，固涩。

采集时间　2018.11

采 集 地　广东省广州市

鉴 定 人　周良云

2mm
1mm

金樱子

来　源　金樱子 *Rosa laevigata* Michx.，蔷薇科常绿攀援灌木。

性　状　瘦果呈不规则椭圆形或卵形，长 5～6mm，宽 3.8～4mm。表面淡黄色或黄褐色，光滑，具干缩凹陷的细条纹；顶端具宿存花柱基。

药用部位　果实、根、根皮、叶、花。

功　效　果实：固精缩尿，固崩止带，涩肠止泻；根、根皮：收敛固涩，止血敛疮，祛风活血，止痛，杀虫；叶：清热解毒，活血止血，止带；花：涩肠，固精，缩尿，止带，杀虫。

采集时间　2018.11

采 集 地　广东省广州市

鉴 定 人　周良云

2mm
1mm

高粱泡

来　　源　高粱泡 *Rubus lambertianus* Ser.，蔷薇科半落叶藤状灌木。

性　　状　果核呈不规则倒卵形，长约 2mm，宽约 1mm。表面乳白色至黄棕色，具多条棱脊；棱间被细小的颗粒状突起；背面弓曲；腹面平。

药用部位　根、叶。

功　　效　活血调经，消肿解毒。

采集时间　2018.11

采 集 地　广东省惠州市

鉴 定 人　吴健梅

1mm
0.5mm

茅莓

来　源 茅莓 *Rubus parvifolius* L.，蔷薇科灌木。

性　状 果核呈半圆状卵形，长约 2.5mm，最宽处约 2mm。表面黄白色，具大小不等的凹坑，排列紧密，凹坑边缘棱线白色。

药用部位 全株。

功　效 活血消肿，清热解毒，祛风除湿。

采集时间 2018.4

采集地 广东省广州市

鉴定人 周良云

2mm
1mm

空心泡

来　源　空心泡 *Rubus rosifolius* Smith，蔷薇科直立或攀援灌木。

性　状　果核呈长卵状肾形，长约 1.4mm，宽约 1mm。表面乳白色至黄白色，具大小不等的凹坑，凹坑内部有明显皱纹；背部弓曲；腹部略平整。

药用部位　根或嫩枝及叶。

功　效　清热止咳，收敛止血，解毒，接骨。

采集时间　2019.4

采 集 地　广东省云浮市

鉴 定 人　周良云

1mm
0.5mm

红腺悬钩子

来　　源　红腺悬钩子 *Rubus sumatranus* Miq.，蔷薇科直立或攀援灌木。

性　　状　果核呈长肾形，长 1.5～2mm，宽 0.7～0.9mm。表面骨白色，两端浅黄棕色，可见明显网纹，网壁和网孔具不规则蜂窝状纹理；背面弓曲；腹面平直，有纵棱。

药用部位　匍匐枝的细根或块根。

功　　效　用于妇女产后寒热，腹痛，食欲不振。

采集时间　2020.7

采 集 地　广东省韶关市

鉴 定 人　张建行

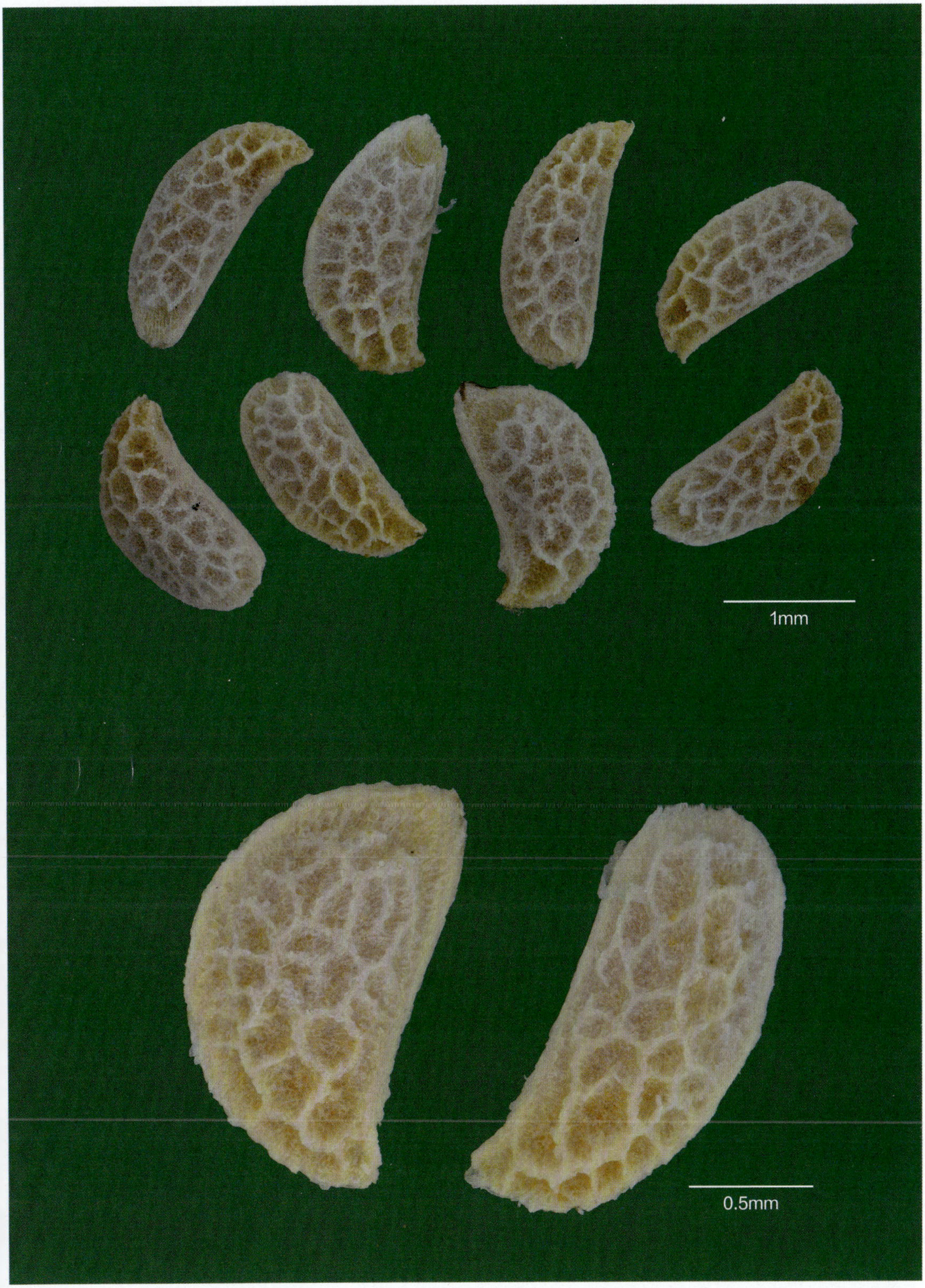
1mm
0.5mm

猴耳环

来　　源 猴耳环 *Archidendron clypearia* (Jack) I.C. Nielsen，豆科乔木。

性　　状 种子呈宽椭圆形，长约10mm，宽约8mm。表面黑色，久置种皮皱缩，具数条弧形沟纹；种脐位于基部凹陷处，淡黄色。

药用部位 全株。

功　　效 清热解毒，祛湿敛疮。

采集时间 2018.7

采 集 地 广东省广州市

鉴 定 人 周良云

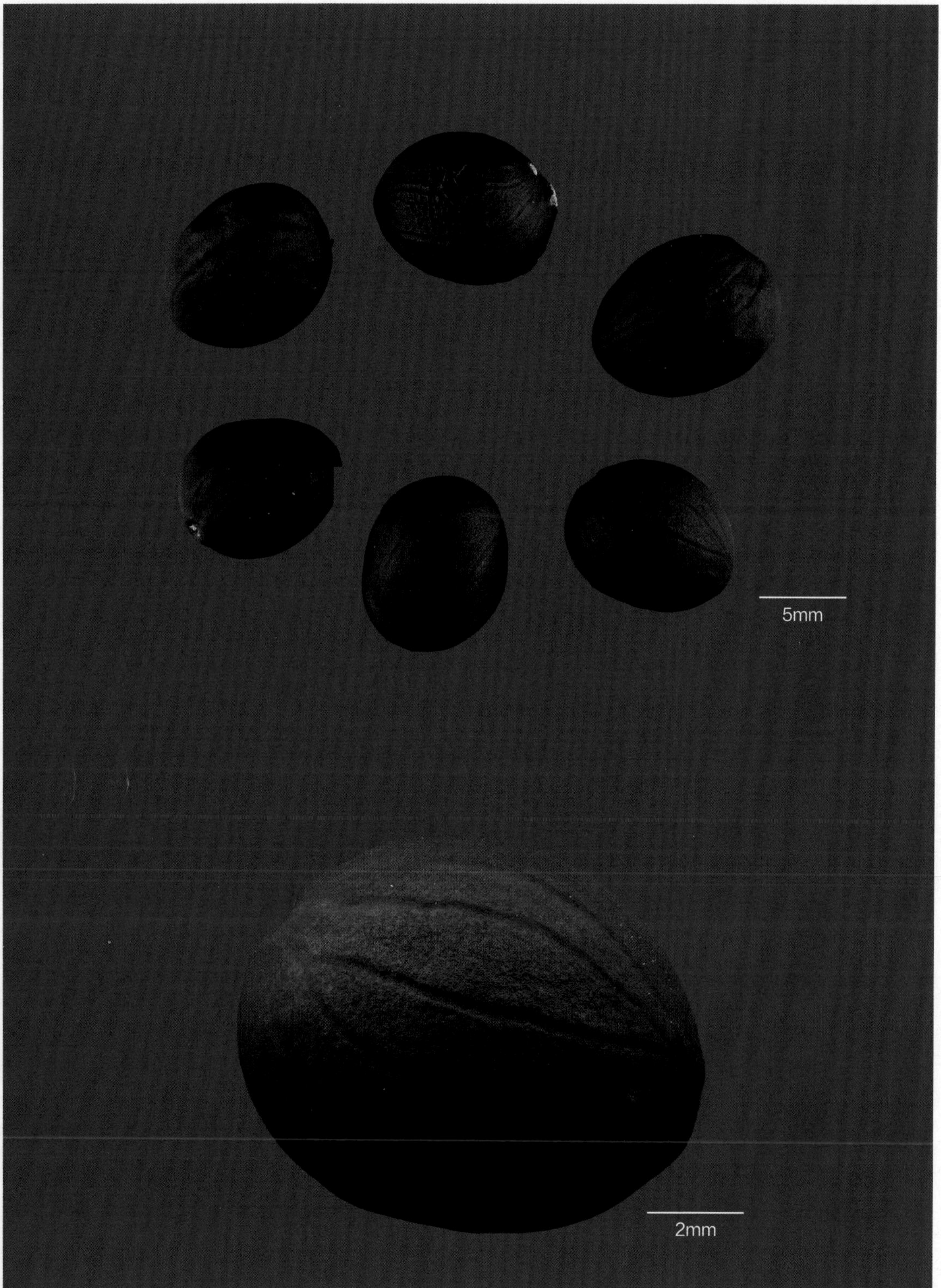
5mm
2mm

广州相思子

来　　源　广州相思子 *Abrus cantoniensis* Hance，豆科攀援灌木。

性　　状　种子呈矩圆形，长 5～6mm，宽 3.5～4mm。表面黑褐色，光滑，有光泽，具零星的点状突起；种脐位于腹部一侧，蜡黄色。

药用部位　全株。

功　　效　清热解毒，舒肝止痛。

采集时间　2019.1

采 集 地　广东省广州市

鉴 定 人　周良云

2mm

相思子

来　　源 相思子 *Abrus precatorius* Linn.，豆科藤本。

性　　状 种子呈椭圆形，长 5～6mm，宽约 4.5mm。表面顶部约 2/3 红色，基部约 1/3 黑色；种脐位于腹部黑色部分，白色。

药用部位 种子、根。

功　　效 种子：清热解毒，祛痰，杀虫；根：清热解毒，利尿。

采集时间 2019.3

采 集 地 广东省广州市

鉴 定 人 周良云

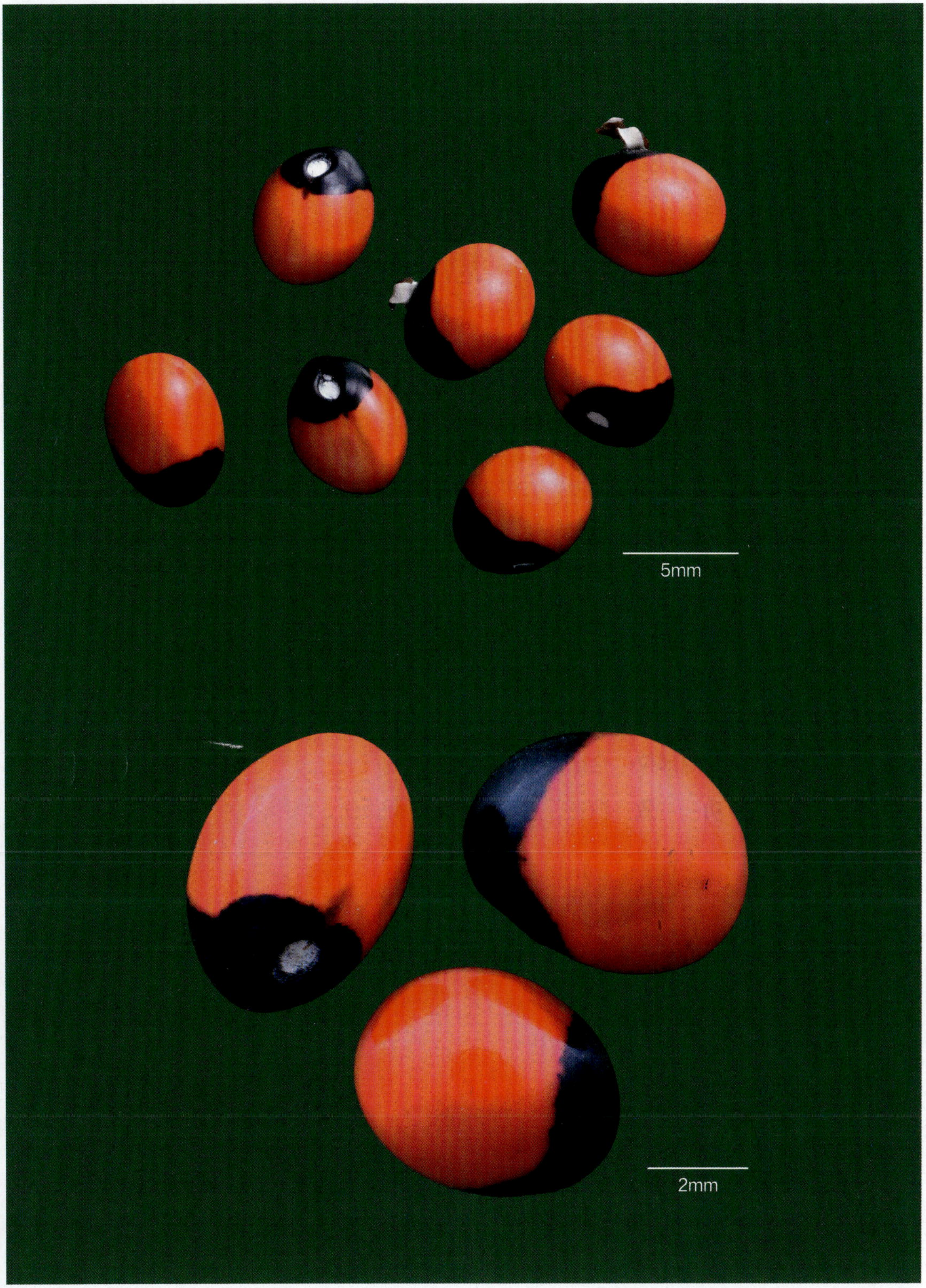
5mm
2mm

毛相思子

来　　源　毛相思子 *Abrus pulchellus* subsp. *mollis* (Hance) Verdc.，豆科藤本。

性　　状　种子呈肾形，长 4.4～4.8mm，宽 3.6～4mm。表面暗褐色，有黑色斑块；种脐位于腹部一侧，长椭圆形。

药用部位　全株。

功　　效　消炎，解毒。外用于烧烫伤，疮疖。

采集时间　2020.11

采 集 地　广东省广州市

鉴 定 人　周良云

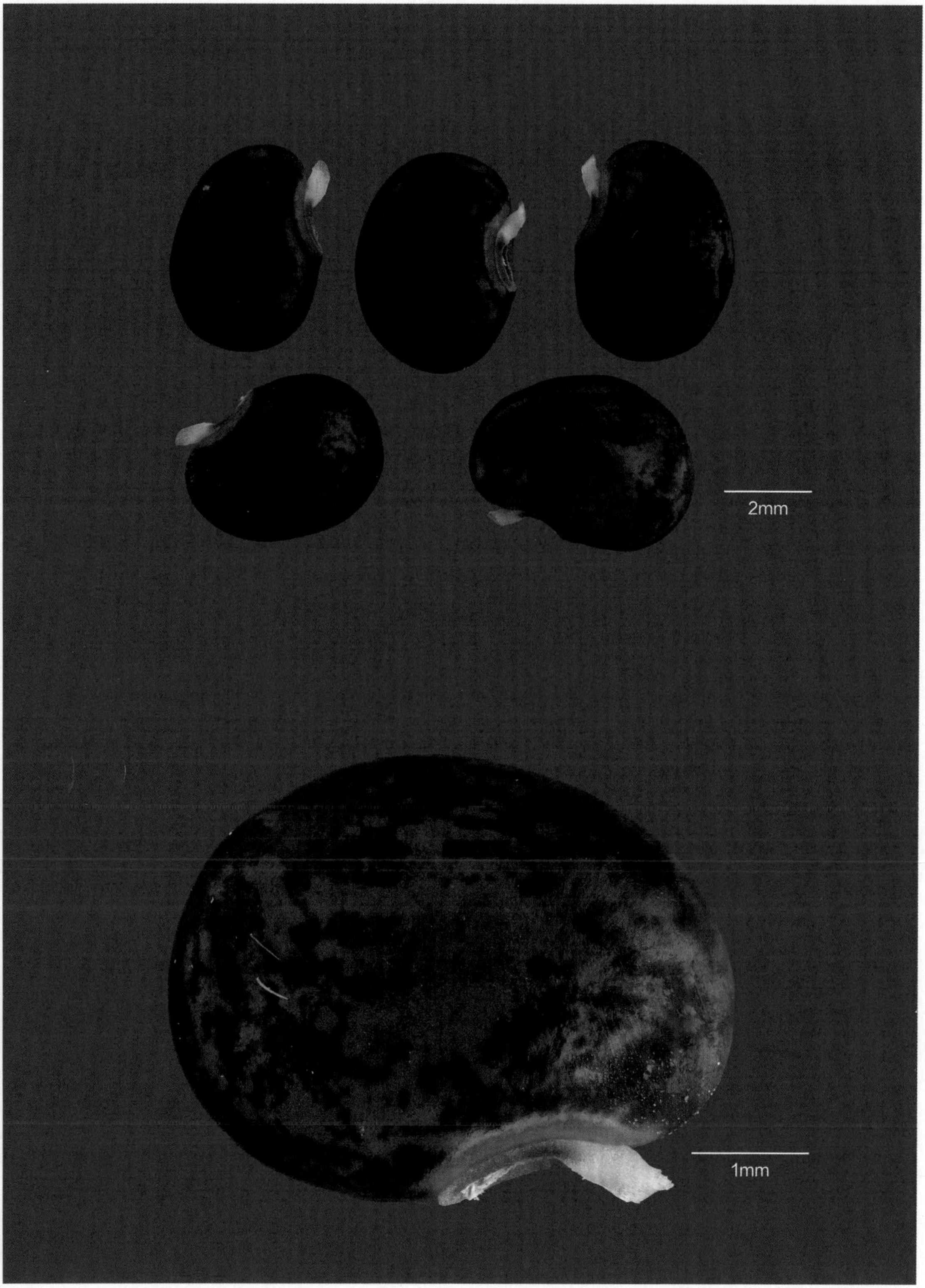
2mm
1mm

海红豆

来　源 海红豆 *Adenanthera microsperma* Teijsmann & Binnendijk，豆科落叶乔木。

性　状 种子呈倒卵形，直径约 8mm。表面红棕色，光滑，有光泽，靠近边缘有一圈略突起的线条。

药用部位 种子、叶。

功　效 种子：人黑皮鼾，头面游风，花癣，外用于加速疮疖化脓；叶：用于痛风，肠及尿道出血。

采集时间 2019.5

采 集 地 广东省江门市

鉴 定 人 吴健梅

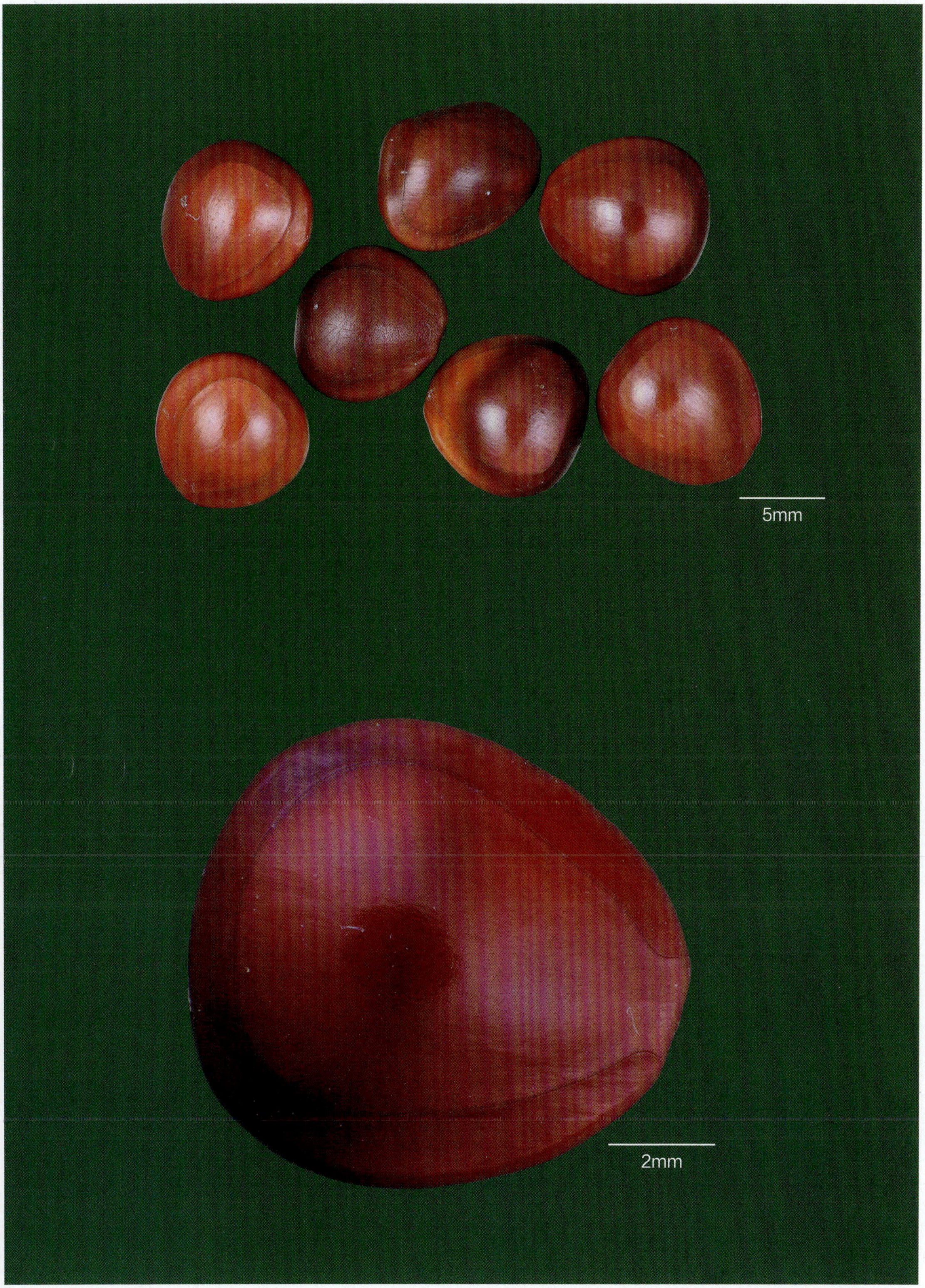
5mm
2mm

藤槐

来　　源　藤槐 *Bowringia callicarpa* Camp. ex Benth.，豆科攀援灌木。

性　　状　种子近卵圆形，边缘稍不规则，长约 1.2cm，宽约 1cm。表面深红棕色，光滑，一侧有浅凹；种脐位于中心处，有灰白色矩圆形附属物，边缘撕裂。

药用部位　根、叶。

功　　效　清热解毒。

采集时间　2019.9

采 集 地　广东省肇庆市

鉴 定 人　周良云

5mm
2mm

刺果苏木

来　　源 刺果苏木*Caesalpinia bonduc* (Linn.) Roxb.，豆科有刺藤本。

性　　状 种子呈卵球形，直径1.5～2cm。表面铅灰色，光滑，具横向细纹，一侧有圆形凹陷；种脐处圆形，微突出。

药用部位 叶。

功　　效 祛瘀止痛，清热解毒。

采集时间 2017.11

采 集 地 广东省深圳市

鉴 定 人 吴健梅

1cm

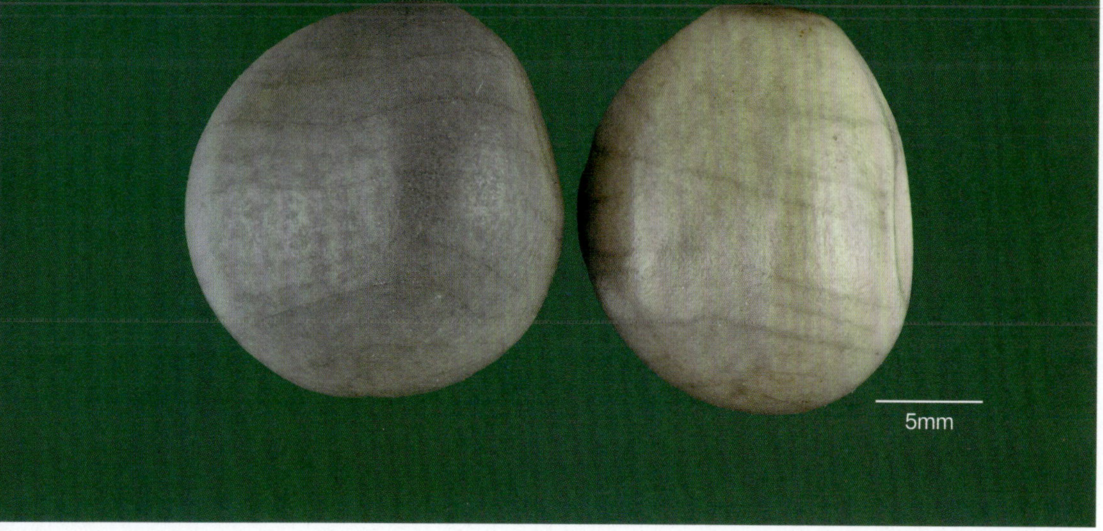
5mm

云实

来　源 云实 *Caesalpinia decapetala* (Roth) Alston，豆科藤本。

性　状 种子呈椭圆形，两端圆，长约 1.1cm，宽约 6mm。表面棕黑色，光滑，一侧有椭圆形凹陷；种脐位于基部，种柄短，宿存。

药用部位 种子、根、茎皮、叶。

功　效 种子：止痢，驱虫；根：发表散寒，祛风活络；茎皮：外用于酒糟鼻；叶：用于小儿口疮，跌打损伤，产后恶露不尽。

采集时间 2019.8

采 集 地 广东省广州市

鉴 定 人 周良云

5mm
2mm

洋金凤

来　　源　洋金凤 *Caesalpinia pulcherrima* (L.) Sw.，豆科大灌木或小乔木。

性　　状　种子呈三角状倒卵形，长9～11mm，宽8～9mm。表面土棕色至棕褐色，具横向条纹；顶部平截或稍凹；种脐位于三角形基部，微凸起。

药用部位　花、叶、树皮、根。

功　　效　花：止咳，解热，驱虫；叶：解热，通经，泻下；树皮：止泻，通经；根：用于小儿惊风。

采集时间　2019.8

采 集 地　广东省深圳市

鉴 定 人　吴健梅

5mm
2mm

苏木

来 源 苏木 *Caesalpinia sappan* L.，豆科小乔木。

性 状 种子呈矩圆形，长约1.5cm，宽5～8mm。表面绿褐色，有横纹；顶端钝圆；基部稍尖；种脐位于基部，种柄短，白色。

药用部位 心材。

功 效 活血祛瘀，消肿止痛。

采集时间 2018.4

采 集 地 广东省广州市

鉴 定 人 周良云

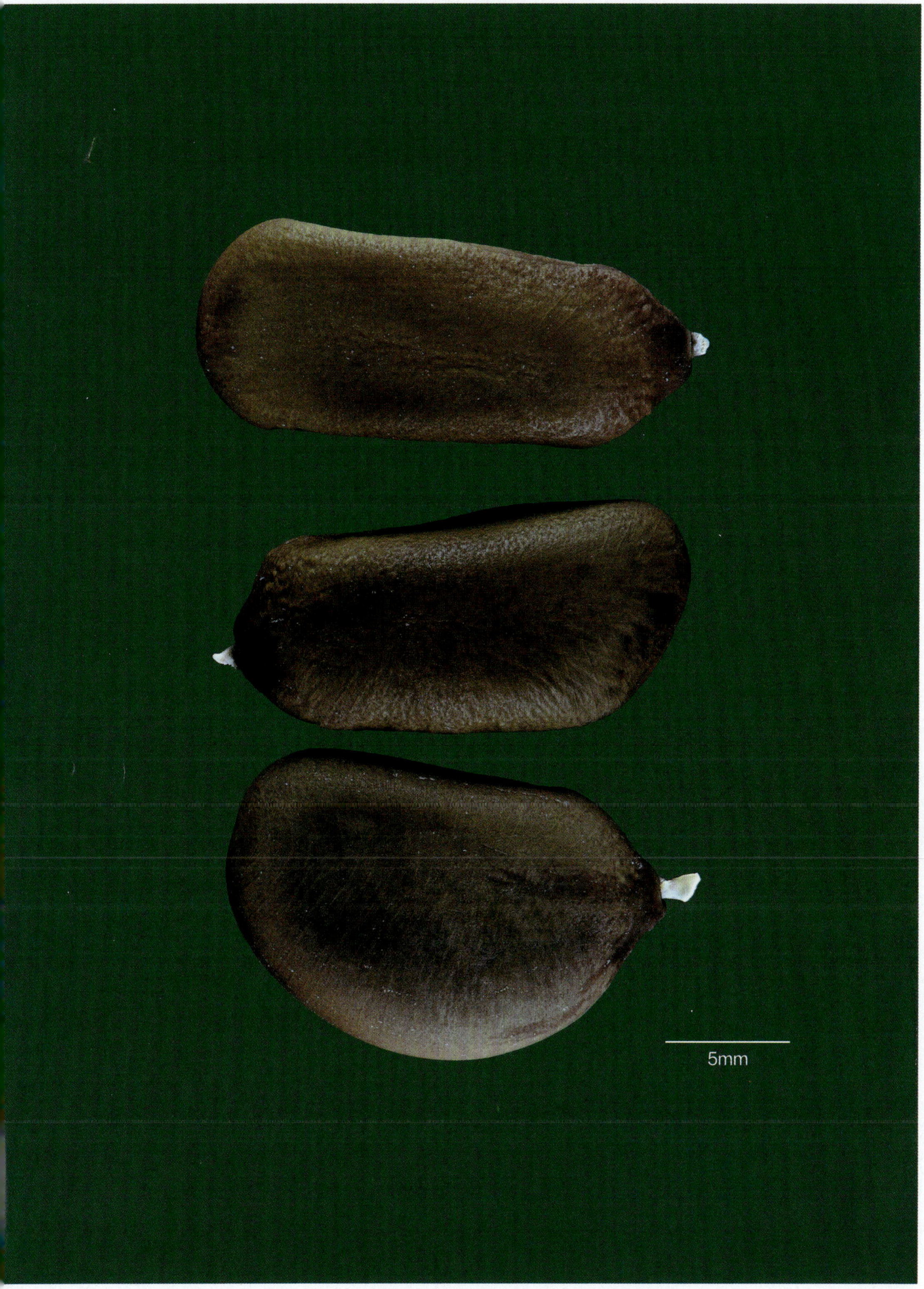
5mm

木豆

来　源 木豆 *Cajanus cajan* (Linn.) Millsp.，豆科直立灌木。

性　状 种子呈近球形，略扁，直径约 5mm。表面黄棕色，光滑；顶端圆；基部稍平坦；种脐位于基部，浅黄白色。

药用部位 种子、根、茎叶。

功　效 种子：利湿，消肿，散瘀，止血；根：清热解毒，利湿，止血；茎叶：解毒消肿。

采集时间 2021.1

采 集 地 广东省云浮市

鉴 定 人 纪瑞锋

5mm

2mm

海刀豆

来　　源 海刀豆 *Canavalia rosea* (Sw.) DC.，豆科草质藤本。

性　　状 种子呈肾状椭圆形，长约 1.8cm，宽约 1.2cm。表面黄绿色至黑褐色，略有光泽，两侧面靠近中央的部位颜色更深；种脐位于腹部，长条形，约占总长的 3/4，周围有一圈黑色线条，中央灰白色。

药用部位 全株、果仁。

功　　效 祛风止痒。

采集时间 2018.12

采 集 地 广东省深圳市

鉴 定 人 吴健梅

5mm

腊肠树

来　　源 腊肠树 *Cassia fistula* Linn.，豆科落叶小乔木或中等乔木。

性　　状 种子呈倒卵状椭圆形，长约8mm，宽约6mm。表面浅黄棕色，两侧具横纹；背面光滑；腹面中央有一条纵向沟纹。

药用部位 果实、叶。

功　　效 果实：清热通便，化滞止痛；叶：祛风通络，解毒杀虫。

采集时间 2017.8

采 集 地 广东省深圳市

鉴 定 人 吴健梅

5mm

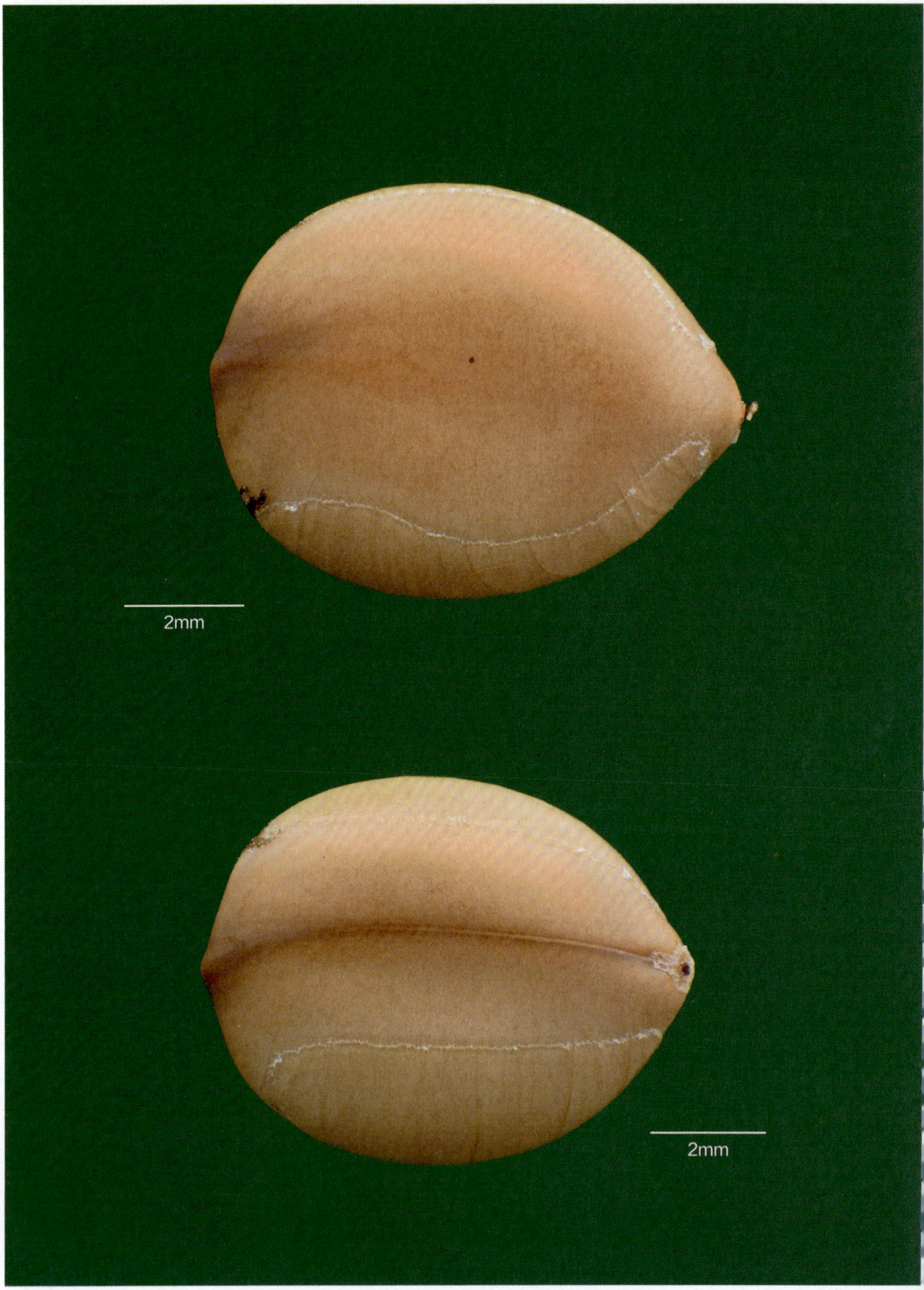
2mm
2mm

钝叶决明

来　源 钝叶决明 *Cassia obtusifolia* L.，豆科一年生亚灌木状草本。

性　状 种子呈圆柱形，长 4～5mm，宽 1.5～2mm。表面暗绿色至浅红褐色，有光泽，放大可见极细密的深色斑点；种子两侧各有一条斜向对称而色较浅的线形凹纹；腹部具龙骨；顶端和基部均斜截；种脐位于基部，稍突起呈喙状，色深。

药用部位 种子。

功　效 清热明目，润肠通便。

采集时间 2020.11

采 集 地 广东省广州市

鉴 定 人 周良云

2mm
1mm

蝶豆

来　源 蝶豆 *Clitoria ternatea* Linn.，豆科攀援状草质藤本。

性　状 种子呈矩圆形，长6～7mm，宽4～5mm。表面黑棕色至黑色，粗糙，边缘密被小穴孔，中央处光滑；种脐位于腹侧凹入处，白色。

药用部位 根、种子。

功　效 根：缓泻，利尿；种子：泻下，驱虫。

采集时间 2020.12

采 集 地 广东省佛山市

鉴 定 人 周良云

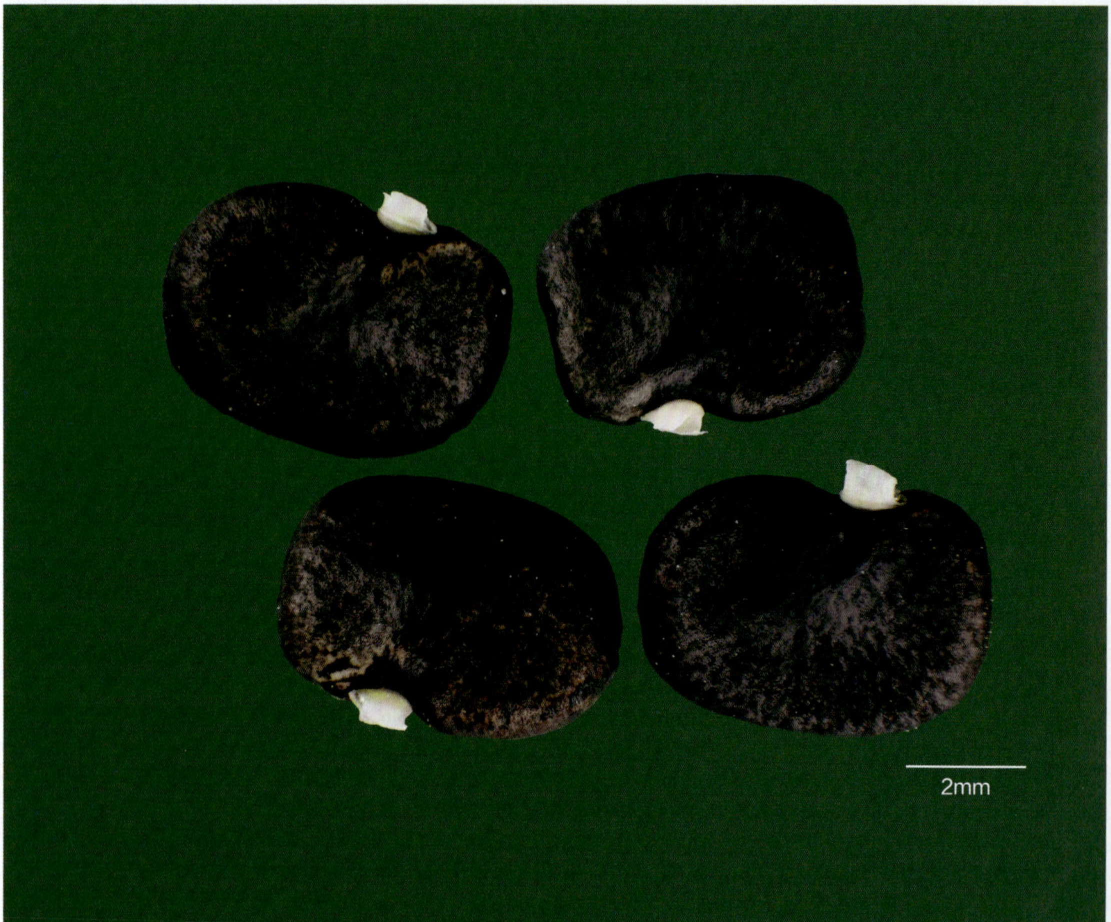
2mm

1mm

大猪屎豆

来　　源 大猪屎豆 *Crotalaria assamica* Benth.，豆科直立高大草本。

性　　状 种子轮廓呈卵状三角形，一侧明显突起内弯呈喙状，长约 4.5mm，宽约 4mm。表面深棕色，具光泽，光滑无毛，喙处一侧略生同心状浅皱纹；种脐生于喙内弯处，有白色附属物，种脐上方可见有突起的黄棕色半透明状附属物。

药用部位 种子。

功　　效 止血，驱虫。

采集时间 2019.3

采 集 地 广东省广州市

鉴 定 人 周良云

2mm
1mm

假地蓝

来　　源　假地蓝 *Crotalaria ferruginea* Grah. ex Benth.，豆科草本。

性　　状　种子呈斜肾形，径约 2mm。表面褐色，有灰色至黑色的斑点，斑点在近腹部上方处颜色较深，通体生有极细密的小乳突；腹部斜向下凹陷；种脐位于腹部凹陷处，有短圆柱形残余物。

药用部位　全草、根。

功　　效　养肝滋肾，止咳平喘，调经。外用于疖疮。

采集时间　2019.12

采 集 地　广东省广州市

鉴 定 人　周良云

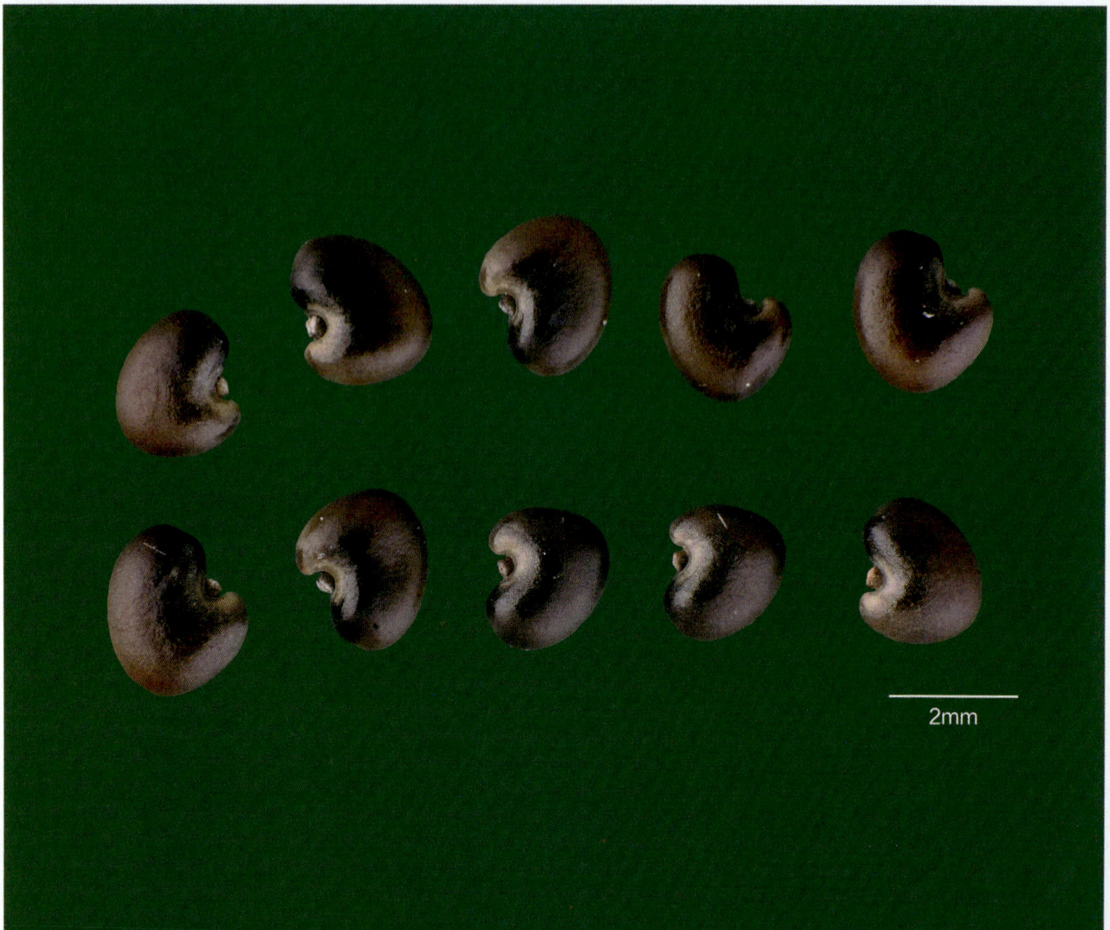
2mm

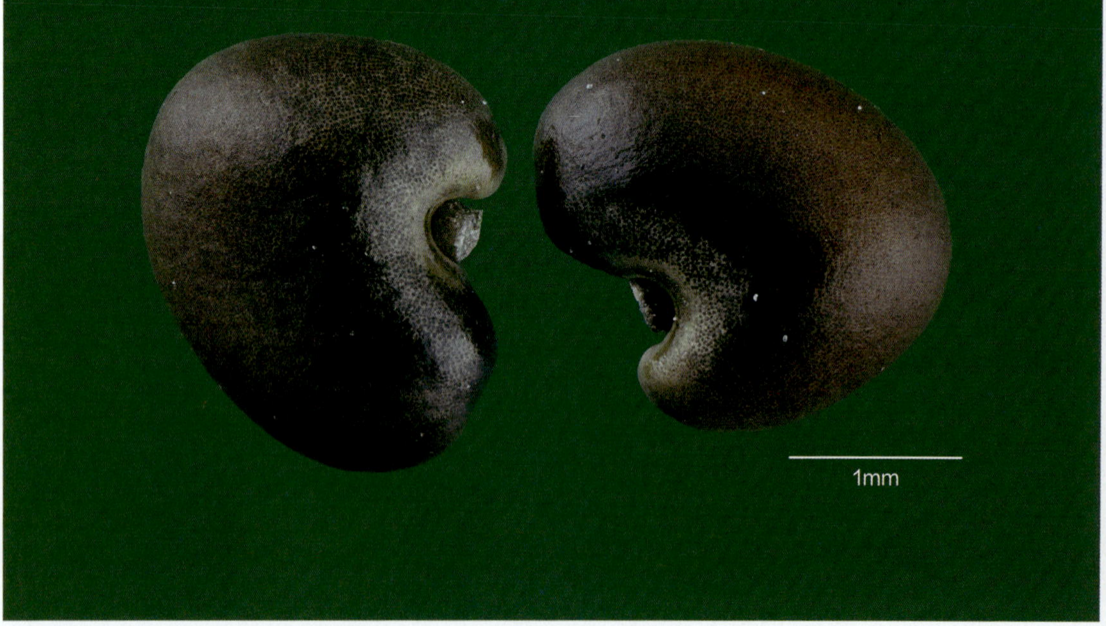
1mm

猪屎豆

来　源 猪屎豆 *Crotalaria pallida* Ait.，豆科多年生草本。

性　状 种子呈钩状肾形，略扁，长约 3mm，宽约 2mm。表面黄色至黄绿色，光滑，有光泽，具墨绿色不规则斑纹；背部稍弓曲；腹部中部具钩状凹缺；种脐位于凹缺内，淡褐色。

药用部位 全草、种子。

功　效 全草：清热利湿，解毒散结；种子：明目，去眼膜，强壮。

采集时间 2019.1

采 集 地 广东省广州市

鉴 定 人 周良云

2mm
1mm

降香檀

来　　源　降香檀 *Dalbergia odorifera* T. Chen，豆科乔木。

性　　状　种子呈矩圆状肾形，长 1.2～1.3cm，宽 7～8mm。表面黄褐色至红棕色，具微细皱纹，中央略鼓起，边缘稍薄；种脐位于腹部偏一端凹陷处。

药用部位　树干和根的干燥心材。

功　　效　行气活血，止痛，止血。

采集时间　2018.4

采 集 地　广东省广州市

鉴 定 人　周良云

5mm

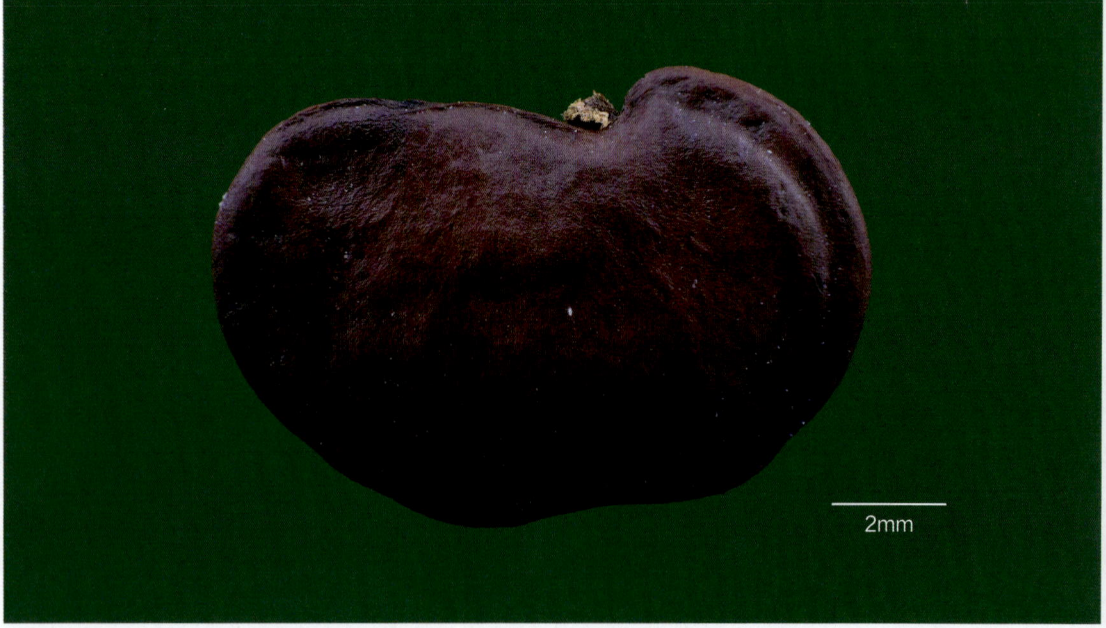
2mm

凤凰木

来　　源　凤凰木 *Delonix regia* (Boj.) Raf.，豆科高大落叶乔木。

性　　状　种子呈长圆形，长 1.5～2cm，宽 6～8mm。表面黄色，具褐斑，如玳瑁纹理；种脐处微凹，不明显。

药用部位　树皮。

功　　效　平肝潜阳。

采集时间　2017.11

采 集 地　广东省深圳市

鉴 定 人　吴健梅

5mm

2mm

广金钱草

来　　源　广金钱草 *Desmodium styracifolium* (Osb.) Merr.，豆科直立亚灌木状草本。

性　　状　种子呈肾形，扁平，长 1.8～2mm，宽 1～1.5mm。表面黄褐色，光滑；种脐位于腹部中央，凹陷，黑色。

药用部位　地上部分。

功　　效　清热除湿，利尿通淋。

采集时间　2018.10

采 集 地　广东省广州市

鉴 定 人　周良云

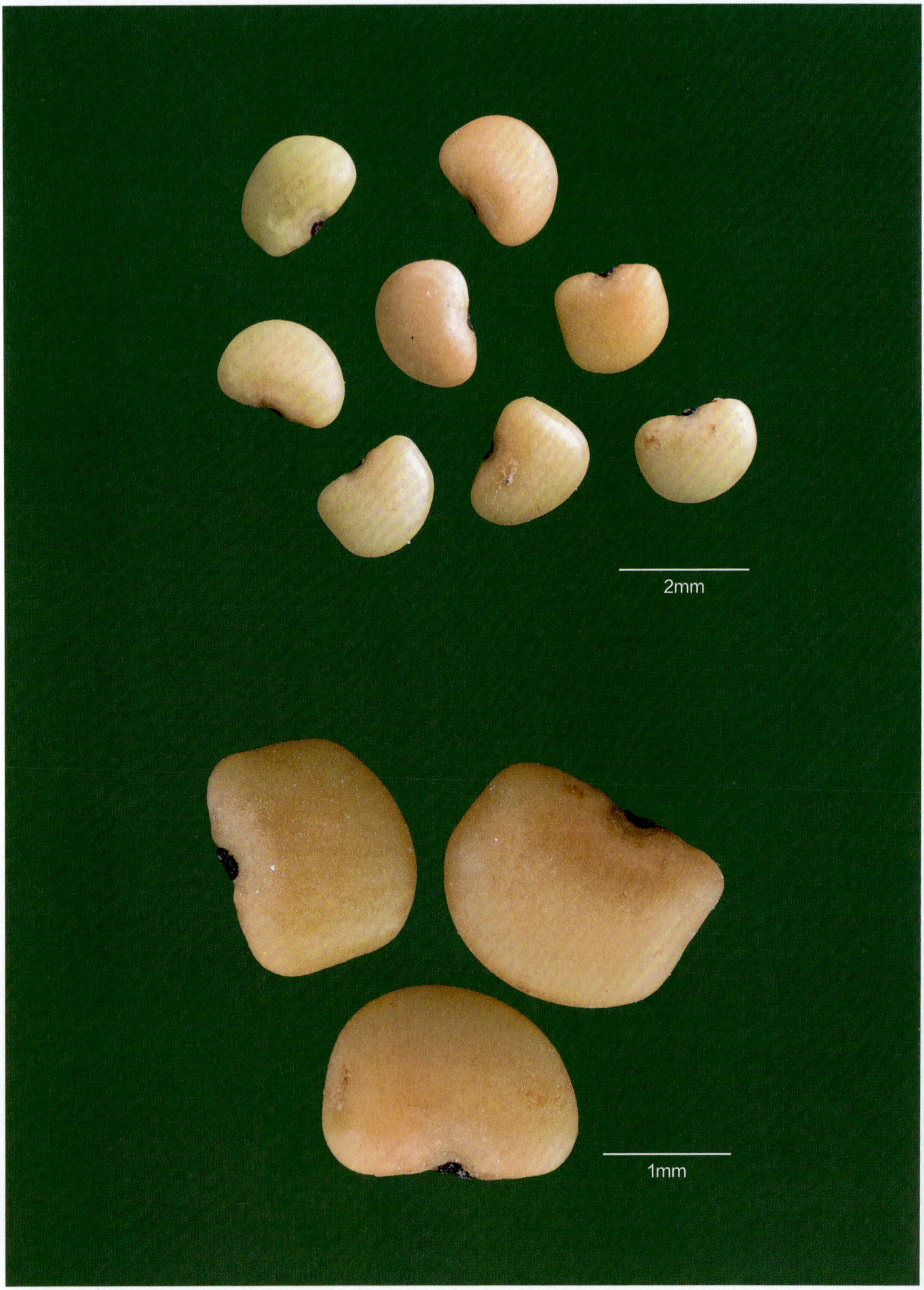
2mm
1mm

葫芦茶

来　源　葫芦茶 *Tadehagi triquetrum* (L.) Ohashi，豆科灌木或亚灌木。

性　状　种子呈椭圆状肾形，稍扁，长 2～3mm，宽 1.6～2.2mm。表面光滑，成熟时浅黄绿色至褐色；种脐位于腹部中央处，圆形，中间凹陷。

药用部位　全草。

功　效　清热，利湿，消滞，杀虫。

采集时间　2018.1

采 集 地　广东省广州市

鉴 定 人　周良云

2mm

1mm

大叶千斤拔

来　　源　大叶千斤拔 *Flemingia macrophylla* (Willd.) Prain，豆科直立灌木。

性　　状　种子类球形，直径约 2mm。表面黑色，光滑，略有光泽；种脐位于基部，突起，黄褐色。

药用部位　根。

功　　效　祛风湿，益脾肾，强筋骨。

采集时间　2018.12

采 集 地　广东省广州市

鉴 定 人　赵维波

2mm
1mm

鸡眼草

来　源　鸡眼草 *Kummerowia striata* (Thunb.) Schindl.，豆科一年生草本。

性　状　种子呈卵圆形，长 2～2.5mm，宽 1.5～1.8mm。表面紫黑色，有白色云斑，具细密的网状纹理；背部弓曲；腹部种脐处微凹。

药用部位　全草。

功　效　利尿通淋，解热止痢。

采集时间　2017.11

采 集 地　广东省深圳市

鉴 定 人　周良云

1mm
0.5mm

含羞草

来　　源　含羞草 *Mimosa pudica* L.，豆科亚灌木状草本。

性　　状　种子呈双凸透镜形，边缘较薄，直径约2.5mm。表面棕褐色，粗糙，两面各有一圈椭圆形隆起棱。

药用部位　全草。

功　　效　清热，安神，消积，解毒。

采集时间　2018.11

采 集 地　广东省广州市

鉴 定 人　周良云

2mm

1mm

毛排钱树

来　　源 毛排钱树 *Phyllodium elegans* (Lour.) Desv.，豆科灌木。

性　　状 荚果密被银灰色绒毛。种子近肾形，长2.4～2.6mm，宽1.8～2mm。表面米黄色；种脐位于腹面中央，椭圆形，边缘黄棕色。

药用部位 根、地上部分。

功　　效 散瘀消肿，祛湿滞风热。

采集时间 2021.1

采 集 地 广东省云浮市

鉴 定 人 纪瑞锋

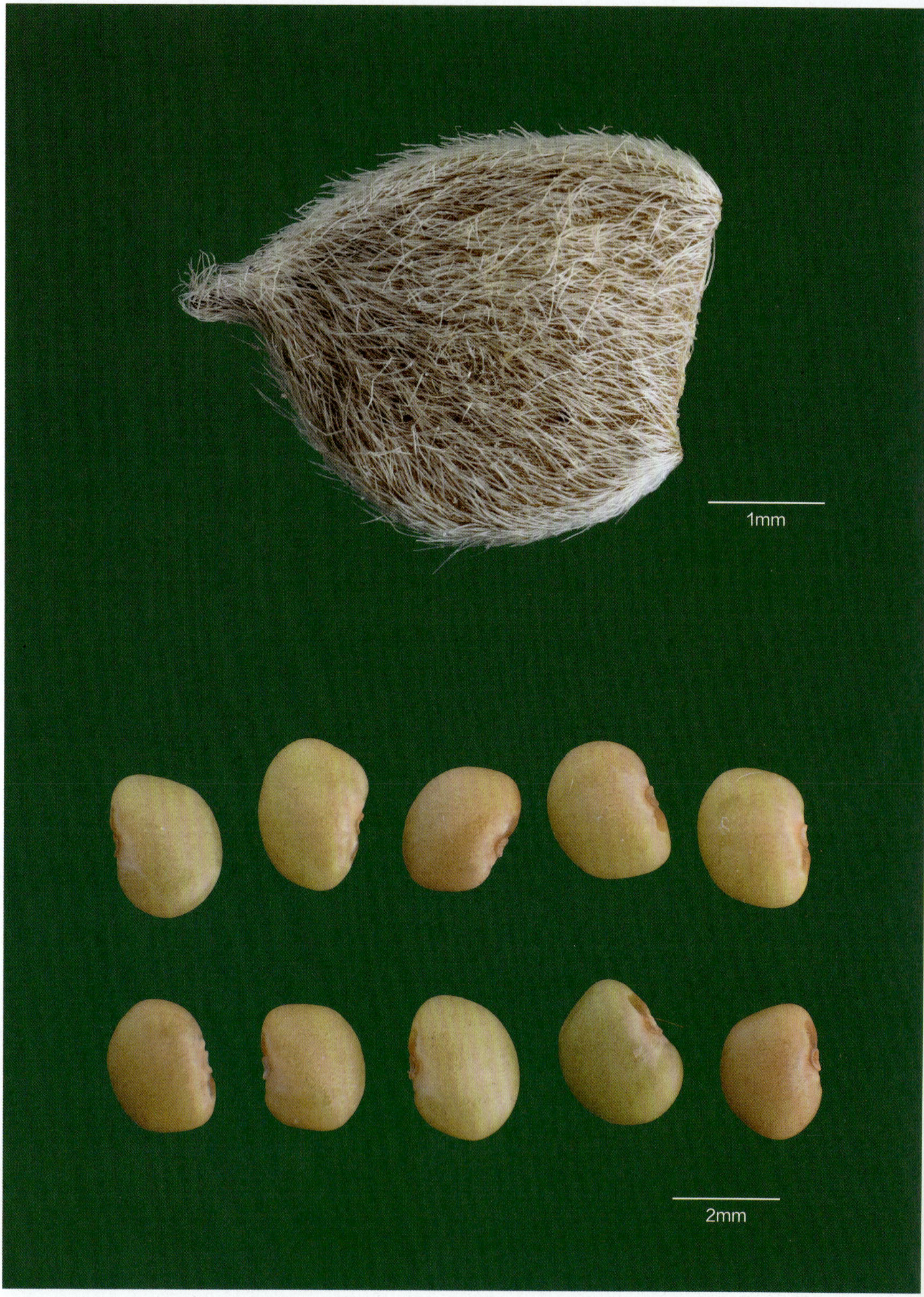
1mm
2mm

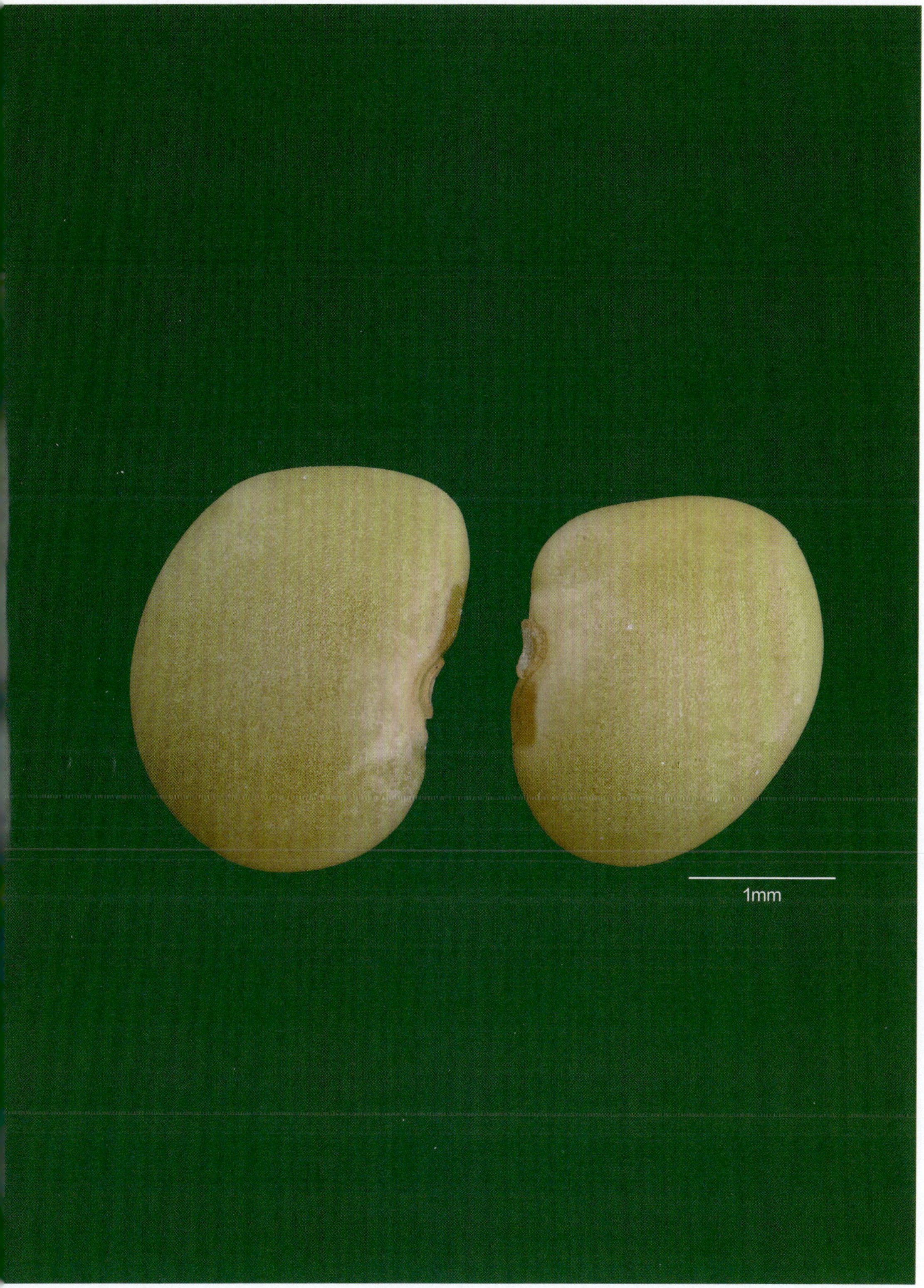
1mm

排钱树

来　　源 排钱树 *Phyllodium pulchellum* (L.) Desv.，豆科灌木。

性　　状 荚果疏被短柔毛及缘毛。种子近肾形，长 2.2～2.8mm，宽 1.8～2mm。表面米黄色；种脐位于腹面中央，椭圆形，边缘白色。

药用部位 根、叶。

功　　效 清热利湿，活血祛瘀，软坚散结。

采集时间 2020.12

采 集 地 广东省广州市

鉴 定 人 周良云

1mm
1mm

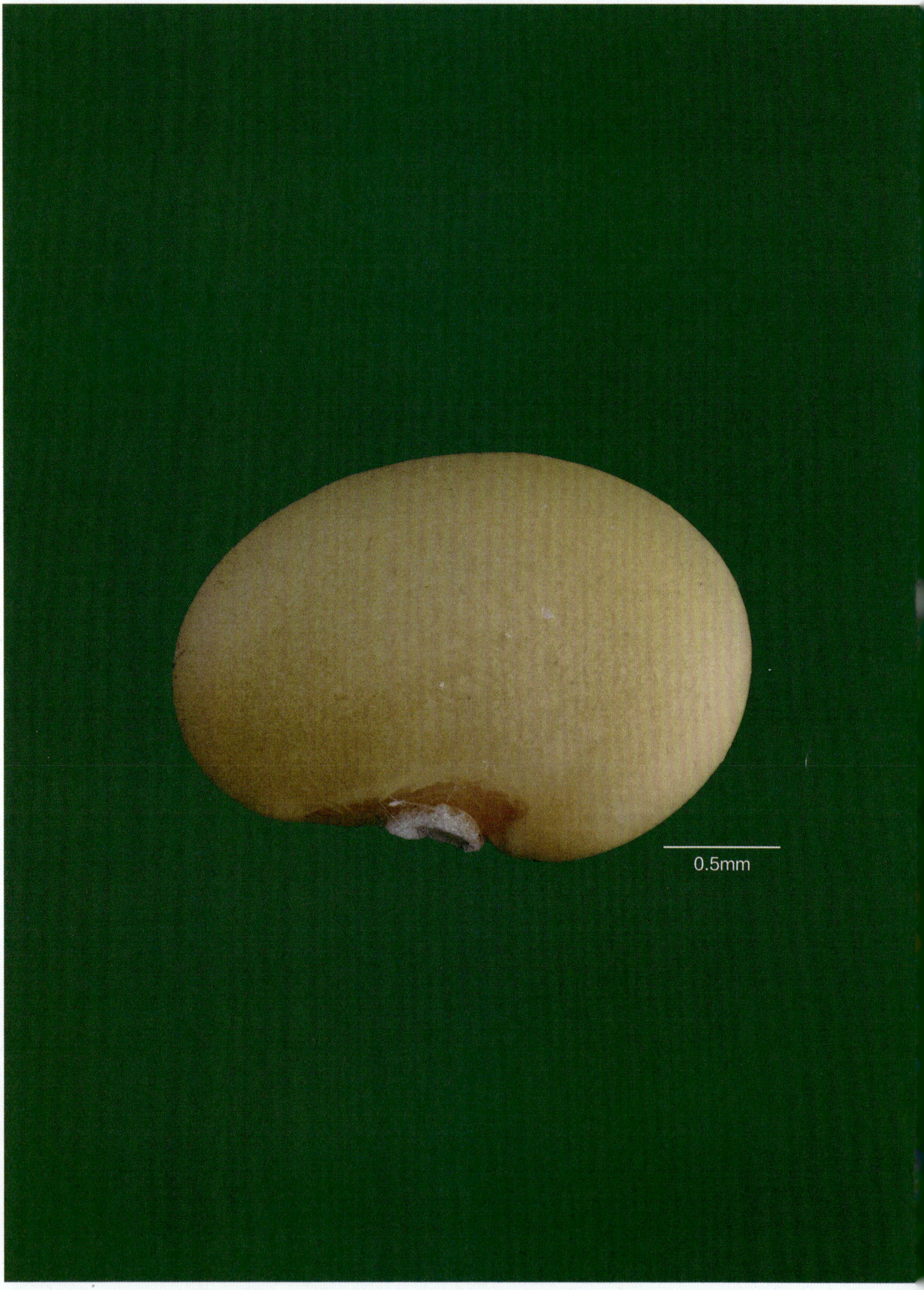
0.5mm

豌豆

来　　源　豌豆 *Pisum sativum* L.，豆科一年生草本。

性　　状　种子呈圆球形，直径6～8mm。表面黄白色，有皱纹或无，具细小蜂窝状网纹；种脐细小，凹陷，卵圆形。

药用部位　种子、花、叶。

功　　效　种子：和中下气，利小便，解疮毒；花、叶：清热除湿，消肿散结。

采集时间　2019.5

采 集 地　广东省广州市

鉴 定 人　周良云

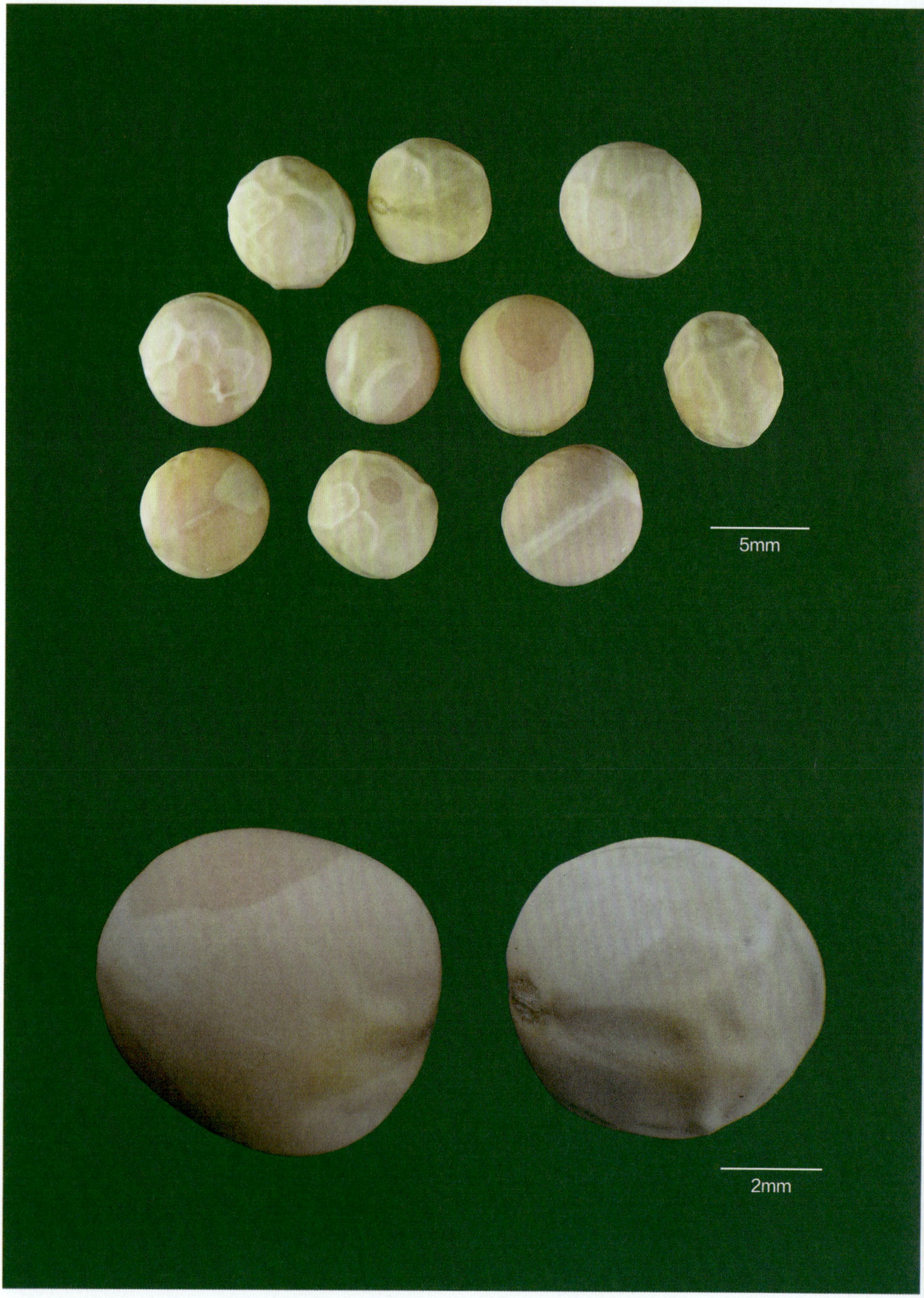
5mm
2mm

葛

来　　源　葛 *Pueraria lobata* (Willd.) Ohwi，豆科粗壮藤本。

性　　状　种子肾形，长约 4mm，宽约 2.5mm。表面有褐色和黄棕色间杂的斑纹，光滑；种脐位于腹部中央，椭圆形，边缘有一圈粉白色隆起，中央黄白色，粗糙。

药用部位　根。

功　　效　解肌退热，生津止渴，透疹，升阳止泻，通经活络，解酒毒。

采集时间　2020.11

采 集 地　广东省韶关市

鉴 定 人　张建行

2mm
1mm

三裂叶野葛

来　　源　三裂叶野葛 *Pueraria phaseoloides* (Roxb.) Benth.，豆科草质藤本。

性　　状　种子呈矩圆形，中央缢缩，长4～5mm，宽2～3mm。表面棕褐色至棕色，具细网纹，有黑色斑块；种脐位于腹面，椭圆形，具白色残留物。

药用部位　块根、花。

功　　效　块根：解肌退热，生津，透疹，升阳止泻；花：解酒止渴

采集时间　2020.12

采 集 地　广东省云浮市

鉴 定 人　纪瑞锋

2mm
1mm

鹿藿

来　　源　鹿藿 *Rhynchosia volubilis* Lour.，豆科缠绕草质藤本。

性　　状　种子呈球状肾形，长约 3.5mm，宽约 2.7mm。表面黑色，光滑，稍有光泽；种脐位于腹面中央，圆形，有时可见残留的种柄。

药用部位　根、叶。

功　　效　止血止痛，散结

采集时间　2018.11

采 集 地　广东省河源市

鉴 定 人　吴健梅

2mm
1mm

翅荚决明

来　　源　翅荚决明*Senna alata* (Linnaeus) Roxburgh，豆科直立灌木。

性　　状　种子呈三角状倒卵形，扁平，长4～6mm。表面黑绿色至墨绿色，平滑有光泽；背腹面各有1条突起的棱线，棱线一侧有1条斜向颜色较浅的长卵形凹纹；种脐位于基部，圆点状。

药用部位　种子。

功　　效　祛虫。

采集时间　2020.10

采 集 地　广东省广州市

鉴 定 人　周良云

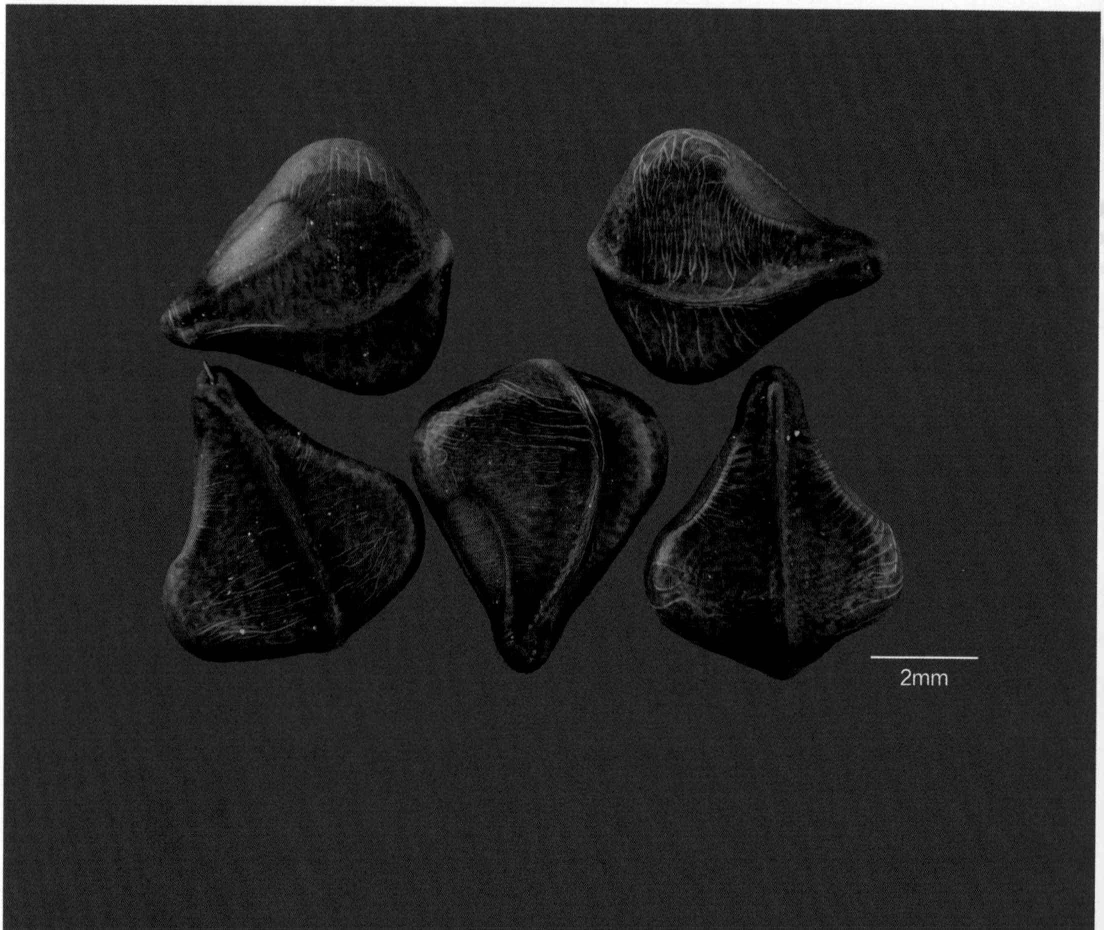
2mm

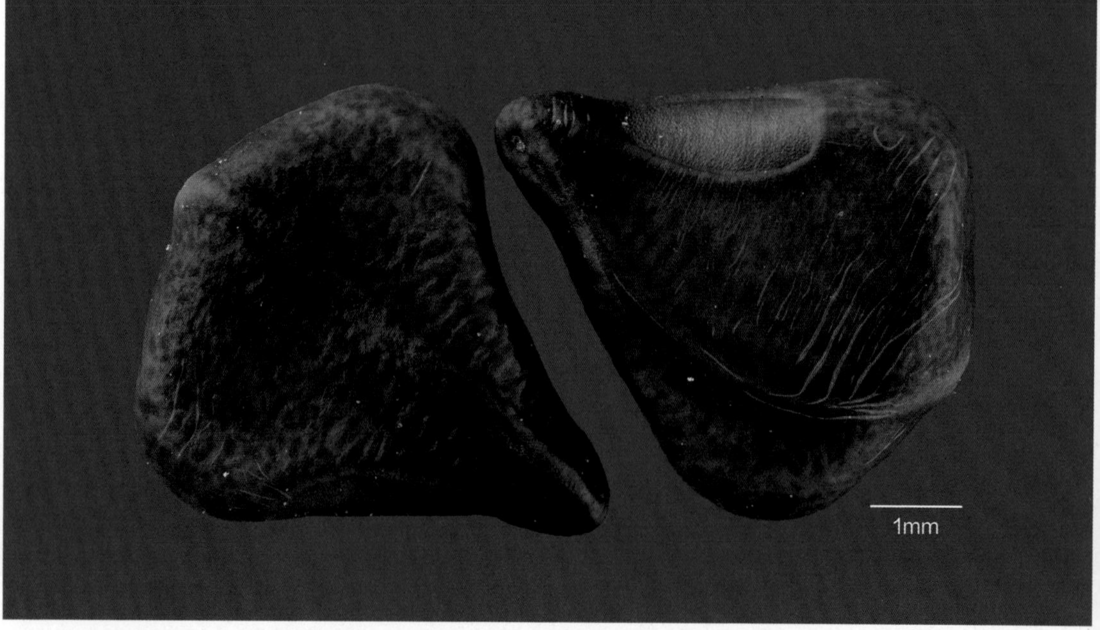
1mm

望江南

来　　源　望江南 *Senna occidentalis* (Linnaeus) Link，豆科直立、少分枝的亚灌木或灌木。

性　　状　种子呈倒卵形，略扁，长约 4.5mm，宽约 3mm。表面暗绿色至灰棕色；顶部钝；基部尖；两面靠近中央各具 1 椭圆形浅凹窝；腹侧下端具 1 椭圆形凹窝状种脐；种脊隆线形，暗灰色。

药用部位　茎叶、荚果或种子。

功　　效　茎叶：肃肺，清肝，和胃，消肿解毒；荚果或种子：清肝明目，健胃，通便，解毒。

采集时间　2017.11

采 集 地　广东省广州市

鉴 定 人　周良云

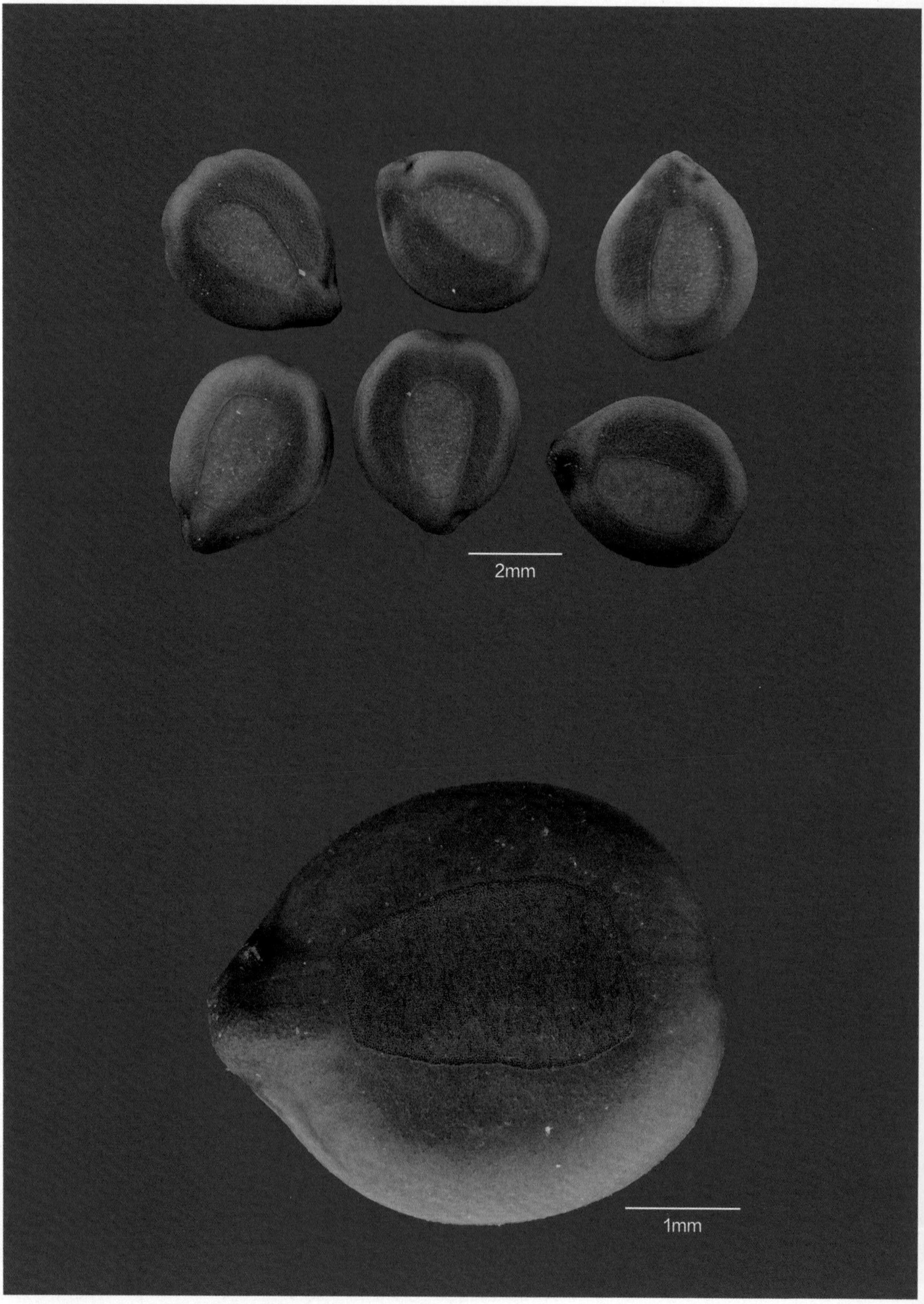
2mm
1mm

黄槐决明

来　源 黄槐决明*Senna surattensis* (N.L.Burman) H. S. Irwin & Barneby，豆科灌木或小乔木。

性　状 种子呈矩圆形，长约 6mm，宽约 3mm。表面灰褐色，两面中央处都有略凹陷的长条纹，密布颗粒样点状突起，长条纹处点状突起更明显且沿长轴略呈线状排列；顶部钝圆；基部稍突起；种脐位于基部。

药用部位 叶。

功　效 清凉，解毒，润干燥。

采集时间 2019.5

采 集 地 广东省广州市

鉴 定 人 周良云

2mm

1mm

田菁

来　　源　田菁 *Sesbania cannabina* (Retz.) Poir.，豆科一年生草本。

性　　状　种子呈短圆柱形，两端圆钝，长约 3mm，宽约 1.6mm。表面浅黄褐色，密生黑斑，以致有的表面近呈黑色；种脐位于腹部中央，稍偏向一端，种脐中心下陷，边缘白色，周围有一圈淡黄棕色晕环。

药用部位　叶、种子。

功　　效　消炎，止痛。

采集时间　2018.12

采 集 地　广东省广州市

鉴 定 人　周良云

2mm

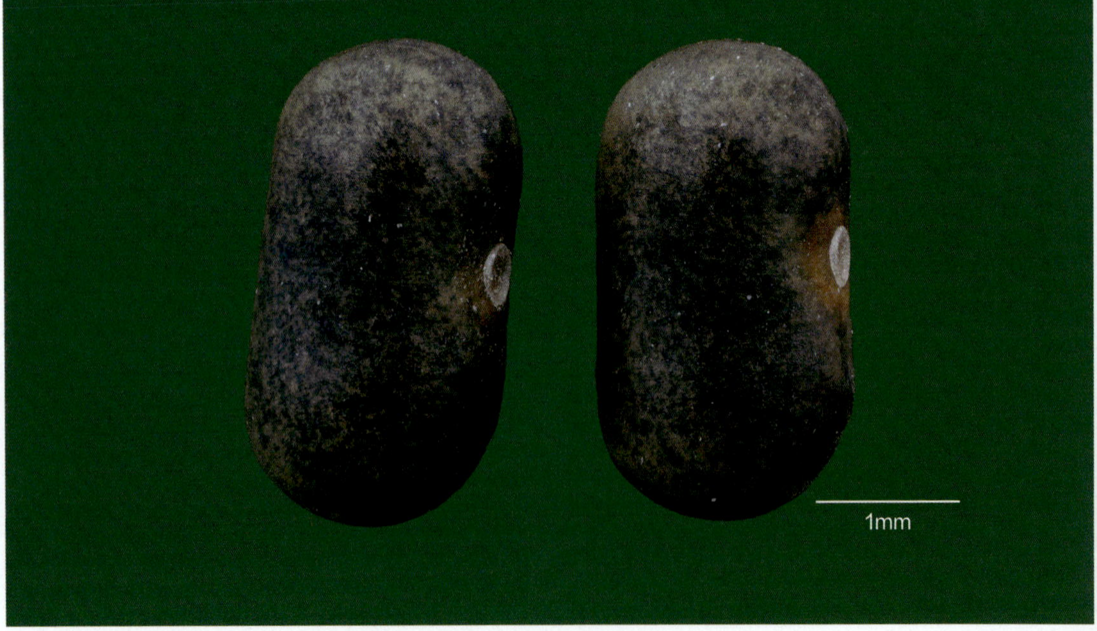
1mm

酸豆

来　　源　酸豆 *Tamarindus indica* Linn.，豆科乔木。

性　　状　种子呈不规则三角状卵形或矩圆形，长约 1cm，宽约 8mm。表面棕黑色，两侧面中央有矩圆形凹纹，凹纹内可见横纹；背部弓曲；腹部平坦，有的略凹陷，有两条稍突起的棱；种脐位于基部平截处。

药用部位　果实。

功　　效　解热解暑，和胃消积。

采集时间　2017.11

采 集 地　广东省广州市

鉴 定 人　赵维波

5mm

猫尾草

来　　源 猫尾草 *Uraria crinita* (L.) Desv. ex DC.，豆科亚灌木。

性　　状 种子呈肾形，长2.6～3mm，宽1.6～1.8mm。表面黄绿色，平滑而有光泽；种脐位于腹部凹陷处，圆形。

药用部位 全草。

功　　效 清热解毒，止血，消痈。

采集时间 2020.10

采 集 地 广东省广州市

鉴 定 人 周良云

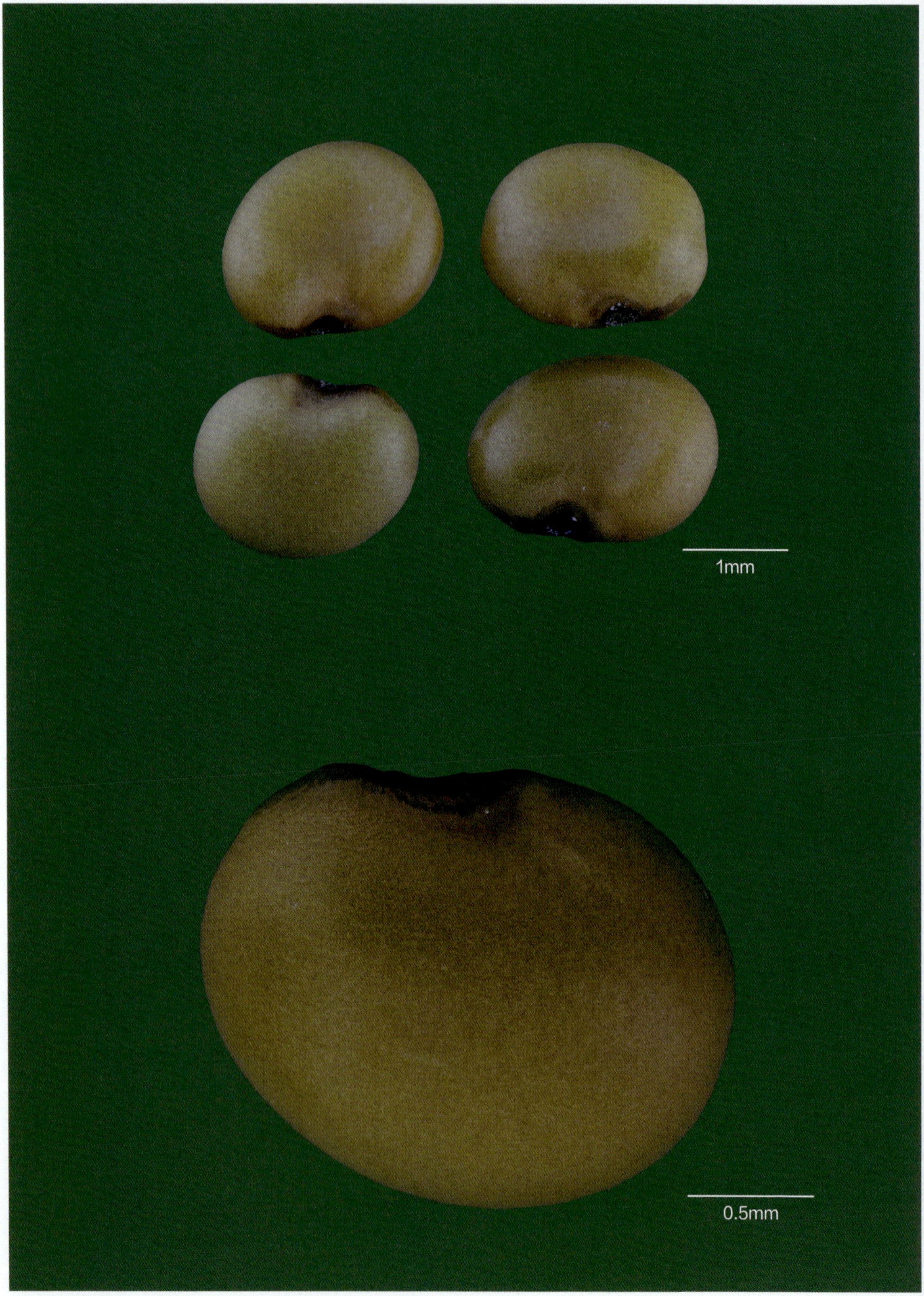
1mm
0.5mm

小巢菜

来　源　小巢菜 *Vicia hirsuta* (L.) S. F. Gray，豆科一年生草本。

性　状　种子类球形，直径2～3.5mm。表面有褐色与黄褐色相间云斑和黑色斑点，稍粗糙；种脐长条形，白色。

药用部位　全草、种子。

功　效　全草：解表利湿，活血止血；种子：活血，明目。

采集时间　2018.12

采 集 地　广东省河源市

鉴 定 人　吴健梅

2mm

1mm

绿豆

来　　源　绿豆 *Vigna radiata* (L.) Wilczek，豆科一年生草本。

性　　状　种子呈短圆柱形，长4.5～5.5mm，宽约4mm。表面暗绿色，密布细点状白斑，一侧具纵棱；种脐位于腹部，短条形，白色。

药用部位　种子、种皮、叶、花、豆芽。

功　　效　种子、种皮：清热祛暑，解毒；叶：吐泻，斑疹，疔疮，疹癣；花：解酒毒；豆芽：解酒毒、热毒，利三焦。

采集时间　2018.10

采 集 地　广东省广州市

鉴 定 人　周良云

2mm
1mm

赤小豆

来　　源　赤 小 豆 *Vigna umbellata* Ohwi et Ohashi，豆科一年生草本。

性　　状　种子呈圆柱形，长约 8mm，宽约 4mm。表面紫红色，微有光泽；种脐位于腹部，线形，白色，约为全长 2/3，中间凹陷成纵沟。

药用部位　种子。

功　　效　利水消肿，解毒排脓。

采集时间　2018.10

采 集 地　广东省广州市

鉴 定 人　周良云

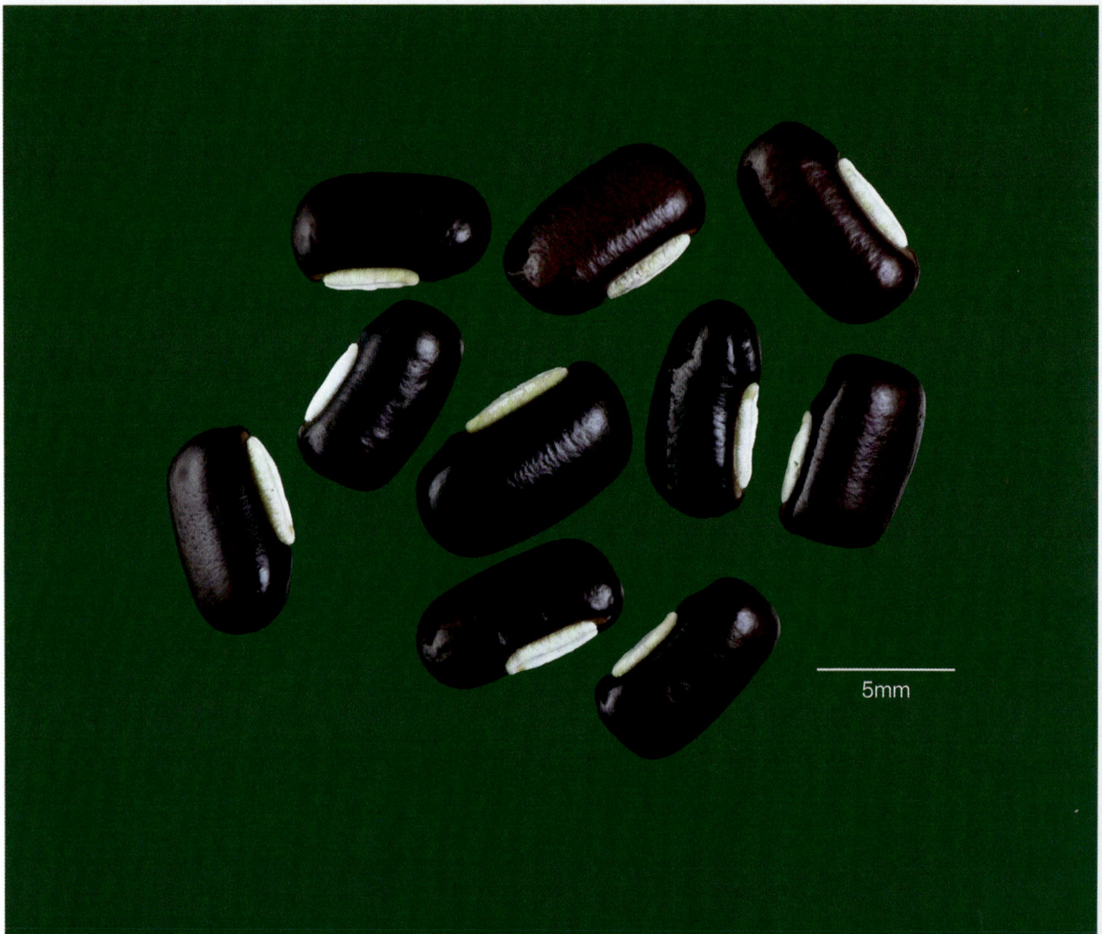
5mm

2mm

三敛

来　源 三敛 *Averrhoa bilimbi* L.，酢浆草科乔木。

性　状 种子呈倒卵圆形，直径5～6mm。表面灰褐色，有褐色凸起的斑点，具1～2条凹沟；一侧可见一条种脊，自顶端向基部延伸。

药用部位 果实、叶、花。

功　效 果实：收敛，健胃，清凉剂；叶：用于梅毒、肤痒、耳下腺炎、关节炎、小丘疹；花：用于咳嗽、鹅口疮。

采集时间 2020.4

采 集 地 海南省吊罗山国家森林公园

鉴 定 人 张建行

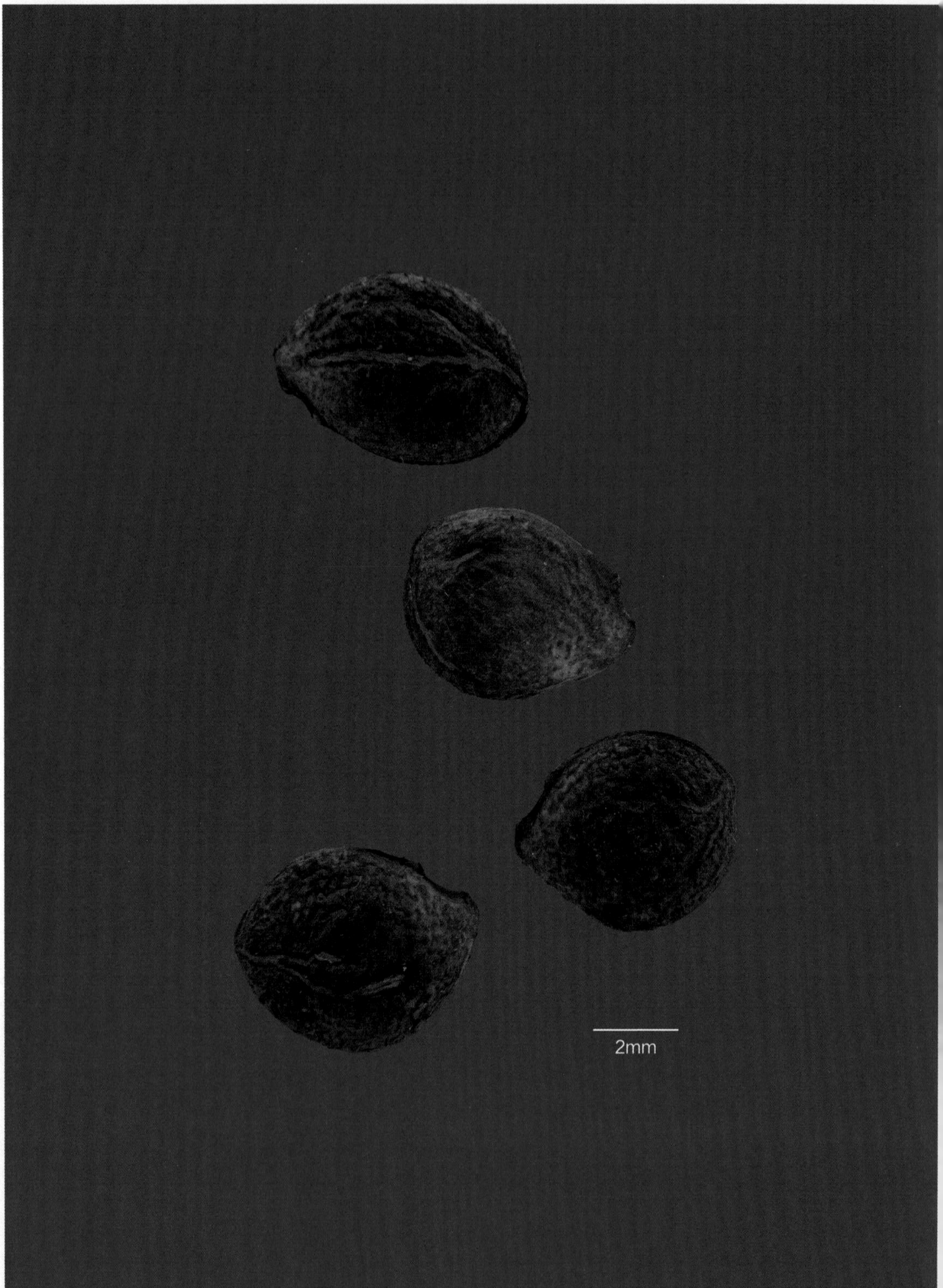
2mm

阳桃

来　源　阳桃 *Averrhoa carambola* L.，酢浆草科乔木。

性　状　种子呈椭圆形，长 1～1.2cm，宽 4.8～5.2mm。表面褐色，粗糙；一侧具一条种脊，自顶端延伸至基部；顶端喙状或圆钝；基部圆钝。

药用部位　根、枝、叶、花、果。

功　效　根：涩精，止血，止痛；枝、叶：祛风利湿，消肿止痛；花：清热；果：生津止咳。

采集时间　2020.10

采 集 地　广东省佛山市

鉴 定 人　周良云

5mm
2mm

酢浆草

来　　源　酢浆草 *Oxalis corniculata* L.，酢浆草科多年生匍匐草本。

性　　状　种子呈卵圆形，扁平，长约 1.5mm，宽约 1mm。表面棕褐色，凹凸不平，具多条横向突起的起伏山脊状棱；顶部锐尖；基部钝圆；种脐位于基部。

药用部位　全草。

功　　效　利湿，清热，消肿，安神

采集时间　2019.4

采 集 地　广州市番禺区

鉴 定 人　周良云

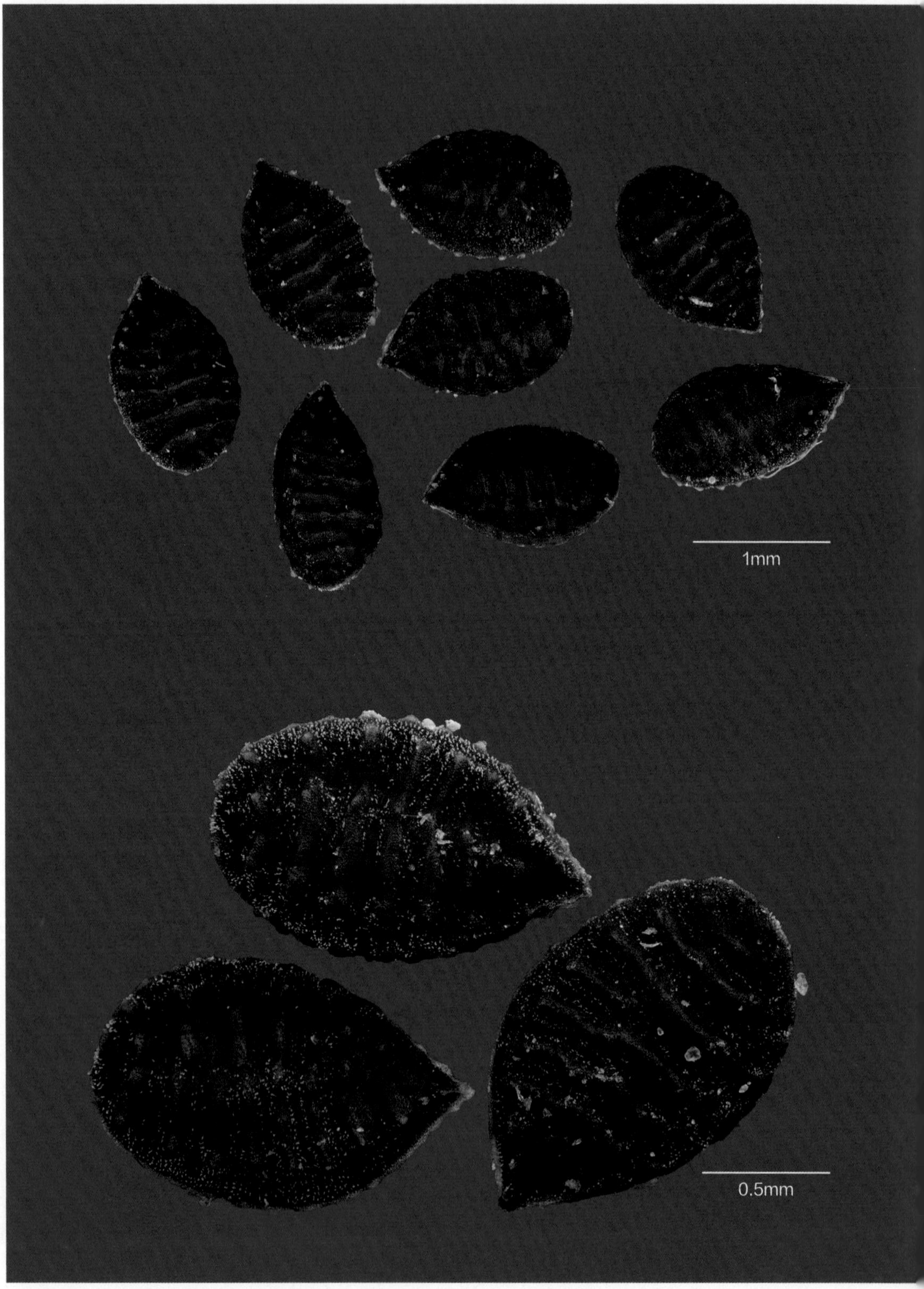
1mm
0.5mm

青篱柴

来　　源　青篱柴 *Tirpitzia sinensis* (Hemsl.) Hall.，亚麻科灌木或小乔木。

性　　状　种子呈三角状长卵圆形，扁平，长约8mm（含翅），宽约2.5mm（含翅）；表面黄白色至褐色，被灰白色蛛网状柔毛。

药用部位　根、叶。

功　　效　活血，止血，止痛。

采集时间　2019.11

采 集 地　广西壮族自治区百色市

鉴 定 人　郑海磊

5mm

2mm

柚

来　　源　柚 *Citrus grandis* (L.) Osbeck，芸香科乔木。

性　　状　种子呈不规则矩圆形，长约 2.2cm，宽约 1cm。表面淡黄色，粗糙，见多数细密小瘤突；长棱状突起集中于中部及两侧边缘部分；顶端波浪形，稍尖；种脐位于基部。

药用部位　未成熟或近成熟的干燥外层果皮。

功　　效　理气宽中，燥湿化痰。

采集时间　2019.11

采 集 地　广东省茂名市

鉴 定 人　罗碧

5mm

橘（茶枝柑）

来　　源 橘（茶枝柑）*Citrus reticulata*‘*Chachi*’，芸香科小乔木。

性　　状 种子近倒卵圆形，长约1cm，宽4～6mm。表面黄白色，具细小点状突起，有纵棱；种脐端压扁略呈喙状，另一端钝。

药用部位 果皮、种子。

功　　效 果皮：理气健脾，燥湿化痰；外层果皮：理气，散结，止痛；种子：理气，散结，止痛。

采集时间 2017.11

采 集 地 广东省江门市

鉴 定 人 周良云

5mm
2mm

黄皮

来　　源　黄皮 *Clausena lansium* (Lour.) Skeels，芸香科小乔木。

性　　状　种子呈长椭圆形，长约 2cm，宽约 1cm。表面有一明显的斜向分界线，分界线一侧浅绿色，另一侧暗绿色，并有数条分枝状纹理从底部向上延伸，腹部靠上部分为线形种脐。

药用部位　树皮、果实、根、种子、叶。

功　　效　树皮：消风肿，去疳积，散热积，通小便；果实：化痰消食；根、种子：行气止痛，健胃消肿；叶：解表散热，顺气化痰。

采集时间　2020.6

采 集 地　广东省佛山市

鉴 定 人　周良云

1cm
5mm

山小橘

来　　源　山小橘 *Glycosmis pentaphylla* (Retz.) Correa，芸香科小乔木。

性　　状　种子球形，直径6～8mm。表面黑褐色至黑色，具数条深褐色沟纹；种脐白色，突出，一侧具一个棕褐色种孔。

药用部位　根、叶、果实。

功　　效　祛痰止咳，理气消积，散瘀消肿。外用于跌打淤血肿痛，稻田皮炎。

采集时间　2021.2

采 集 地　广东省广州市

鉴 定 人　周良云

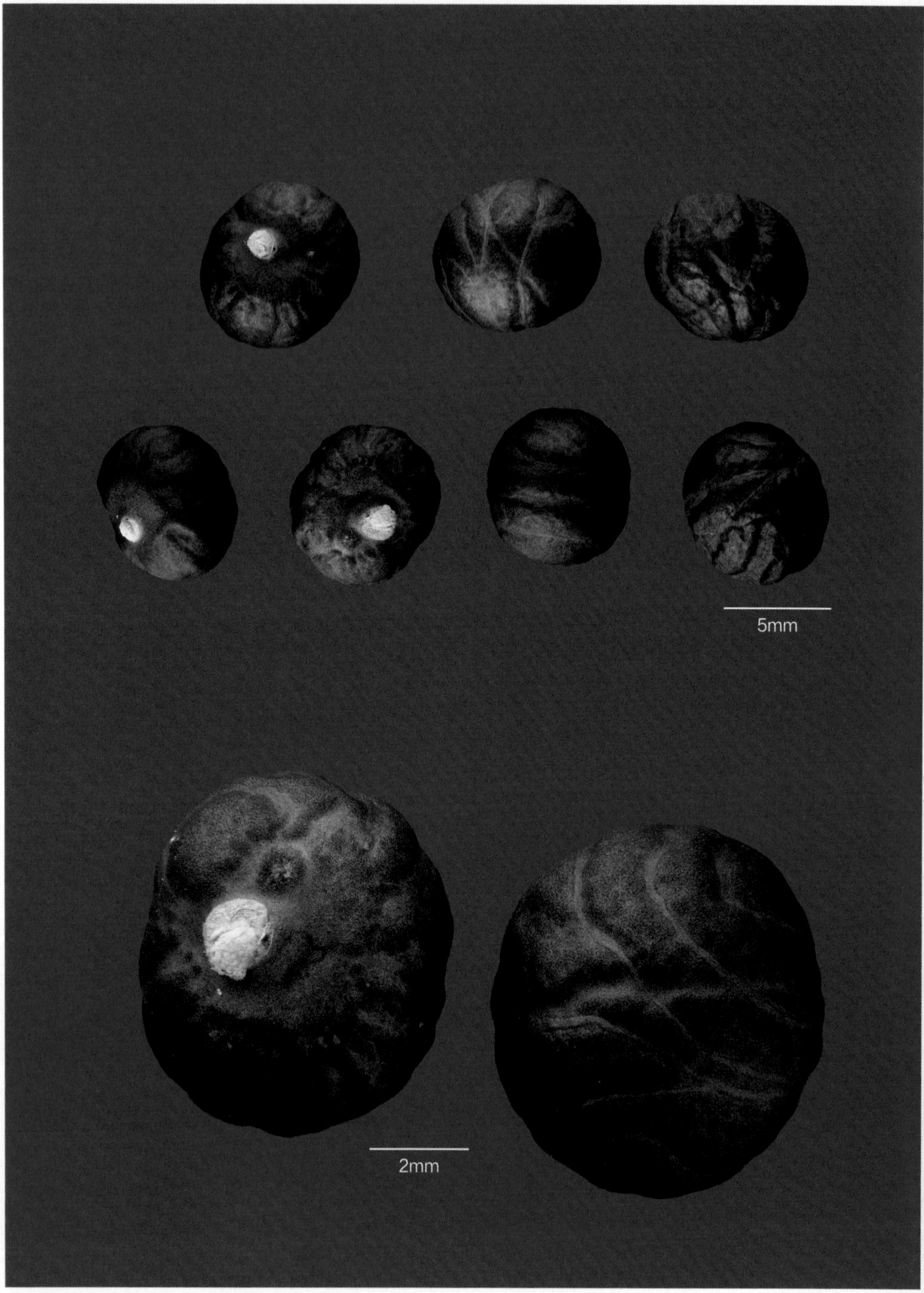
5mm
2mm

九里香

来　源　九里香 *Murraya exotica* L.，芸香科小乔木。

性　状　种子呈卵形，顶端尖，长 6～8mm，宽 5～6mm。表面灰白色，有短的棉质毛；近边缘处有一条红褐色纵沟。

药用部位　根、叶。

功　效　通经络，行气活血，散瘀止痛，镇惊消肿，解毒。

采集时间　2019.4

采 集 地　广东省广州市

鉴 定 人　周良云

5mm
2mm

千里香

来　　源　千里香 *Murraya paniculata* (L.) Jack，芸香科小乔木。

性　　状　种子呈卵形或近圆形，长约8mm，宽6～7mm。表面黄褐色，密被灰白色棉质长柔毛，具一条浅棕色纵沟。

药用部位　根、叶。

功　　效　通经络，行气活血，散瘀止痛，镇惊消肿，解毒。

采集时间　2018.3

采 集 地　广东省云浮市

鉴 定 人　唐晓敏

5mm
2mm

茵芋

来　源　茵芋 *Skimmia reevesiana* Fort.，芸香科灌木。

性　状　种子呈倒卵球形，直径约 4mm。表面乳白色，略光滑，可见有少数淡黄色斑点；顶部圆；基部稍突；种脐位于基部一侧，黄棕色，长梭形。

药用部位　叶。

功　效　祛风胜湿。

采集时间　2020.11

采 集 地　广东省韶关市

鉴 定 人　张建行

2mm

1mm

1mm

楝叶吴萸

来　源　楝叶吴萸 *Tetradium glabrifolium* (Champion ex Bentham) T. G. Hartley，芸香科高大乔木。

性　状　种子近卵圆形，长约3.5mm，宽约2.5mm。表面亮黑色，具极细点状网纹；种脐位于侧面，条形，浅黄褐色，常具有撕裂状附属物。

药用部位　果实、根、叶。

功　效　果实：暖胃，止痛；根、叶：清热化痰，止咳。

采集时间　2017.3

采集地　广东省韶关市

鉴定人　吴健梅

2mm
1mm

吴茱萸

来　　源　吴茱萸 *Euodia rutaecarpa* (Juss.) Benth.，芸香科小乔木或灌木。

性　　状　种子近圆形，直径约 4mm。表面黑色，密生疣状乳突；种脐位于基部，椭圆形，红褐色。

药用部位　果实。

功　　效　散寒止痛，降逆止呕，助阳止泻。

采集时间　2018.11

采 集 地　广东省广州市

鉴 定 人　周良云

2mm

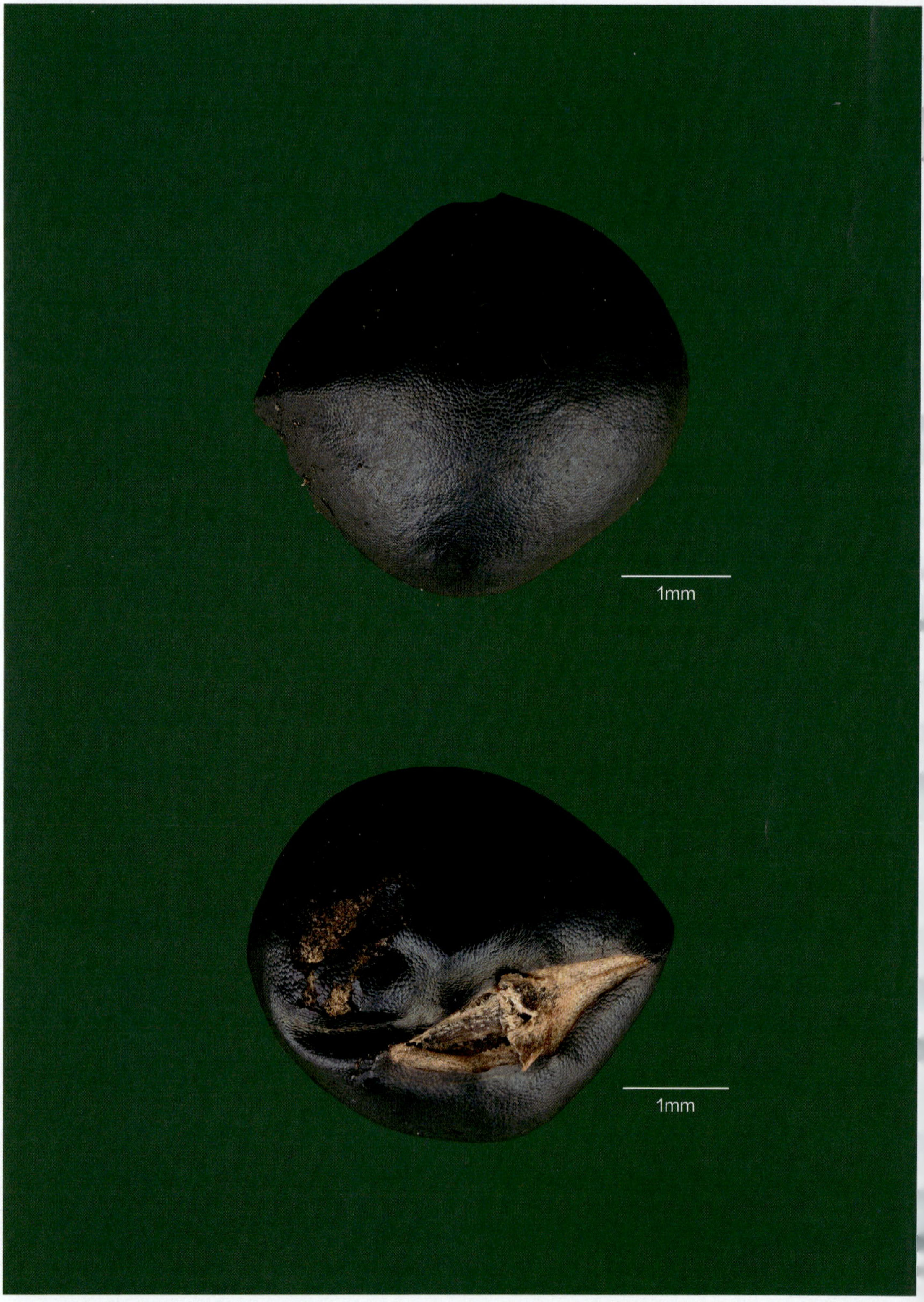
1mm
1mm

飞龙掌血

来　　源　飞龙掌血 *Toddalia asiatica* (L.) Lam.，芸香科木质藤本。

性　　状　种子呈肾形，长 5～6mm，宽约 3mm。表面褐色至黑褐色，光滑，具光泽；背部弓曲，一端具舌状反折外延，紧贴背部；腹部平，周围颜色加深；种脐位于腹部，凹缺处。

药用部位　根皮、叶。

功　　效　根皮：散瘀止血，祛风除湿，消肿解毒，外用于骨折，外伤出血；叶：外用于痈疖肿毒，毒蛇咬伤。

采集时间　2020.11

采 集 地　广东省韶关市

鉴 定 人　张建行

2mm
1mm

簕欓花椒

来　　源　簕欓花椒 *Zanthoxylum avicennae* (Lam.) DC.，芸香科落叶乔木。

性　　状　种子呈椭圆形，长约 3mm，宽约 2.2mm。表面黑色，具细小的鳞片状纹理；背面弓曲；腹面有一条白色长沟状脐条。

药用部位　全草。

功　　效　祛风去湿，行气化痰，止痛。

采集时间　2019.1

采 集 地　香港特别行政区

鉴 定 人　吴健梅

2mm

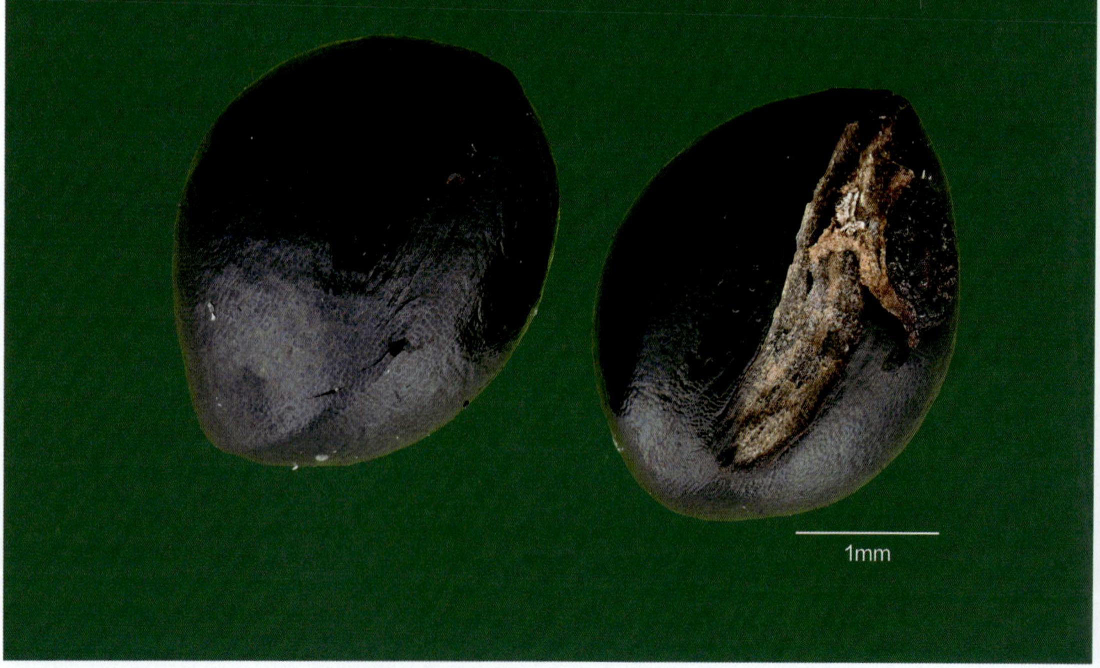
1mm

两面针

来　　源 两面针 *Zanthoxylum nitidum* (Roxb.) DC.，芸香科植物。幼龄植株为直立灌木，成龄植株为木质藤本。

性　　状 种子类球形，直径 4～6mm。表面黑色，有光泽，具排列整齐的疣突；种脐处微突起。

药用部位 根、茎、叶、果皮。

功　　效 活血，散瘀，镇痛，消肿。

采集时间 2017.8

采 集 地 广东省云浮市

鉴 定 人 周良云

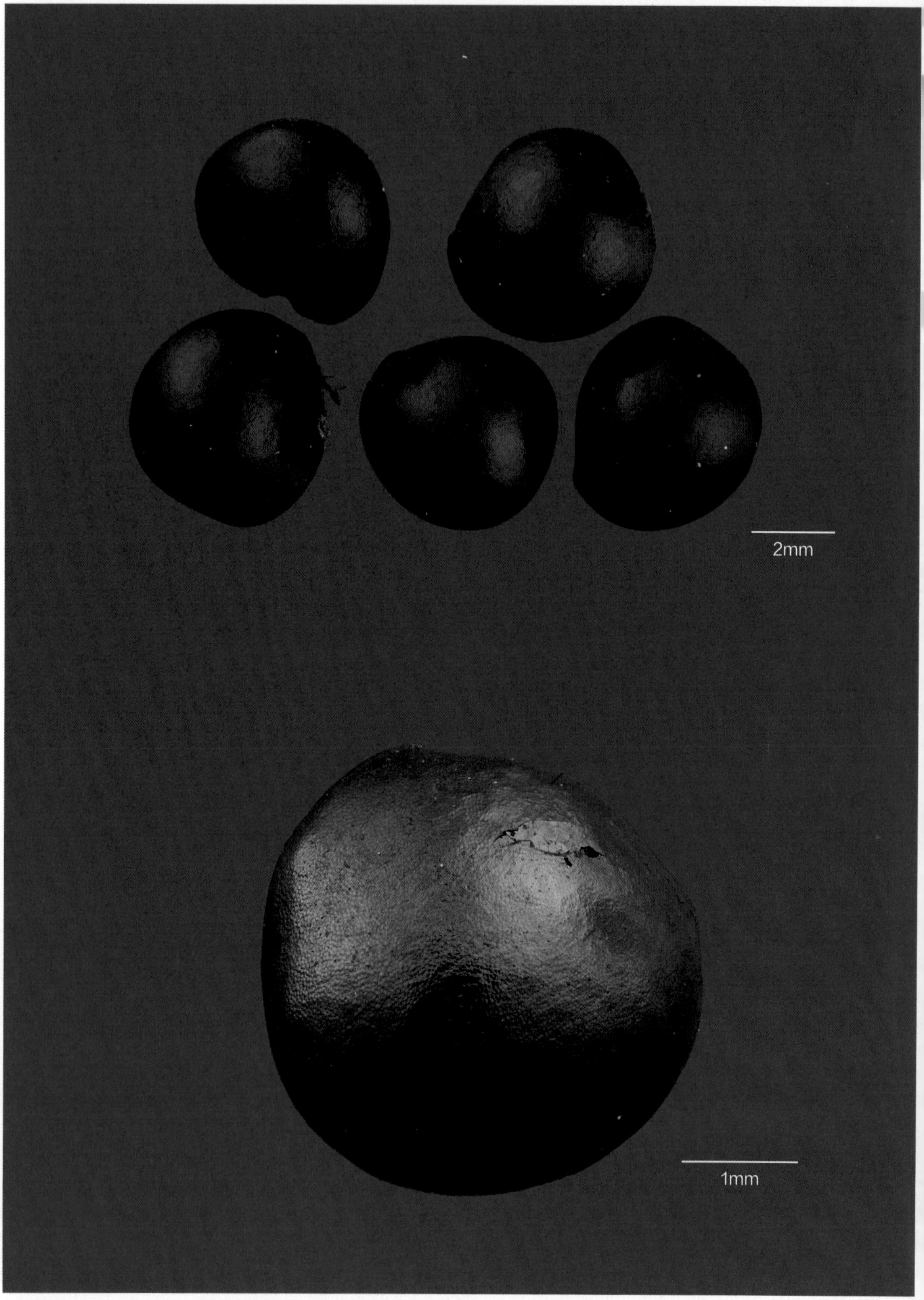
2mm
1mm

青椒

来　源　青椒 *Zanthoxylum schinifolium* Sieb. et Zucc.，芸香科灌木。

性　状　种子呈倒卵球形，直径 3～4mm。表面亮黑色，具细密网纹；种脐位于一侧，狭条形，黄褐色。

药用部位　果皮、根、叶。

功　效　果皮：温中止痛，杀虫止痒；根、叶：清热解毒，行气止痛。

采集时间　2019.12

采 集 地　广东省广州市

鉴 定 人　周良云

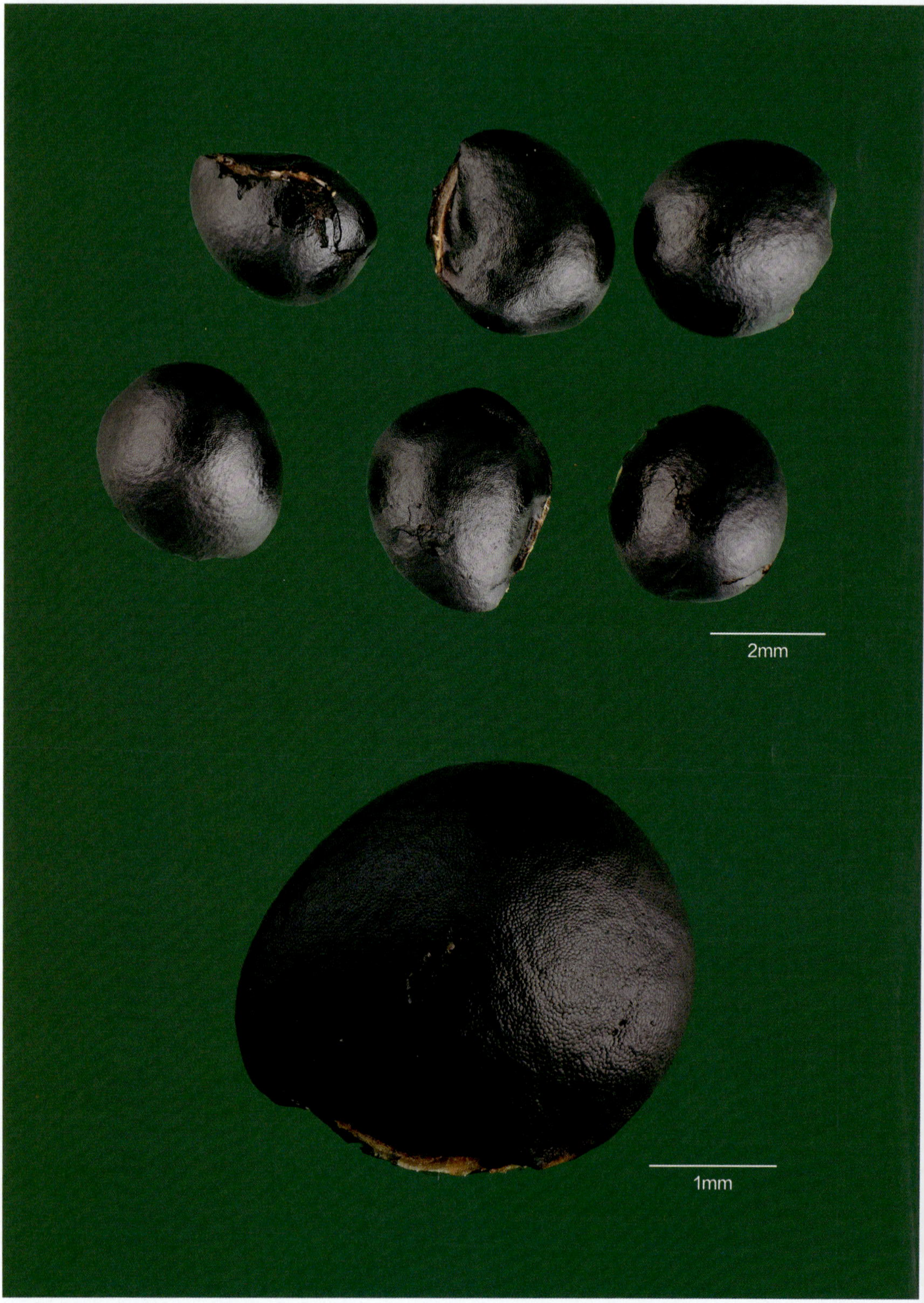
2mm
1mm

鸦胆子

来　　源　鸦胆子 *Brucea javanica* (L.) Merr.，苦木科灌木或小乔木。

性　　状　果实椭圆形，长约 8mm，宽约 5.5～6mm。表面黑色，具明显宽大皱纹；基部为凹陷的果梗痕，白色。

药用部位　果实。

功　　效　清热解毒，截疟，止痢，腐蚀赘疣。

采集时间　2017.12

采 集 地　广东省广州市

鉴 定 人　周良云

5mm

2mm

麻楝

来　　源 麻楝 *Chukrasia tabularis* A. Juss.，楝科乔木。

性　　状 种子呈椭圆形，扁平，长 1.2～2cm（含翅），宽 5～6mm（含翅）。表面棕褐色，粗糙；翅膜质，具波状细密纹理；一侧具棱，另一侧平；背部弓形；腹部波浪状。

药用部位 根皮。

功　　效 疏风清热。

采集时间 2018.11

采 集 地 广东省河源市

鉴 定 人 吴健梅

5mm
2mm

楝

来　　源 楝 *Melia azedarach* L.，楝科落叶乔木。

性　　状 果核呈长圆形或近球形，具5～6条脊棱，长约1.5cm，宽约1.1cm。表面黄棕色，极粗糙；顶部具锥形突起；基部平截。

药用部位 树皮和根皮。

功　　效 杀虫，疗癣。

采集时间 2018.12

采 集 地 广东省广州市

鉴 定 人 周良云

1cm

1cm

香椿

来　　源　香椿 *Toona sinensis* (A. Juss.) Roem.，楝科乔木。

性　　状　种子呈长椭圆形，长 1.6～2.2cm（含翅），宽 5～8mm（含翅）。表面土褐色，具蜂窝状细网纹；基部三角形，一侧延伸具狭长的尾；翅半透明，具网状纹理。

药用部位　根皮、叶、嫩枝、果实。

功　　效　祛风利湿，止血止痛。

采集时间　2018.11

采 集 地　广东省河源市

鉴 定 人　吴健梅

5mm

黄花倒水莲

来　　源　黄花倒水莲 *Polygala fallax* Hemsl.，远志科灌木或小乔木。

性　　状　种子呈球形，有短柄，直径4～5mm。表面棕黑色至黑色，具网状细密纹理，密被白色短柔毛；顶端平，黑色；基部突起，种阜盔状。

药用部位　根或茎、叶。

功　　效　补气血，强筋骨，通经络。

采集时间　2018.11

采 集 地　广东省梅州市

鉴 定 人　吴健梅

5mm
2mm

香港远志

来　　源　香港远志 *Polygala hongkongensis* Hemsl.，远志科直立草本至亚灌木。

性　　状　种子近圆形，直径约 2mm。表面棕色，具黑色纹饰，被灰白色长柔毛；种阜 3 裂，长为种子的 1/2，两侧白色，中间黑色，其先端歪向一侧，种阜亦有毛。

药用部位　全草。

功　　效　祛风。

采集时间　2016.10

采 集 地　香港特别行政区

鉴 定 人　吴健梅

2mm
1mm

秋枫

来　　源　秋枫 *Bischofia javanica* Blume，大戟科常绿或半常绿大乔木。

性　　状　种子呈橘瓣状，长约 5mm，宽约 3.2mm。表面黄棕色，散布乳白色或棕褐色条纹状斑块，具细密而小的网状纹理；背面弓曲；腹面中部有一浅沟纹，种脐位于浅沟内。

药用部位　根、树皮及叶。

功　　效　根、树皮、枝叶：行气活血，消肿解毒；叶：用于食道癌，肝癌，传染性肝炎，小儿疳积，肺炎，咽喉炎，外用于痈疽，疮疡。

采集时间　2016.11

采 集 地　广东省深圳市

鉴 定 人　吴健梅

2mm

1mm
1mm

重阳木

来　　源　重阳木*Bischofia polycarpa* (Levl.) Airy Shaw，大戟科落叶乔木。

性　　状　种子呈三角状倒卵形，长3～4mm，宽约2mm。表面棕色至黑色，具纵向细网状突起；背面弓曲；腹面平直；种脐位于腹面一端，白色。

药用部位　根、树皮、叶。

功　　效　根、树皮：理气活血，解毒消肿；叶：宽中消积，清热解毒。

采集时间　2018.11

采 集 地　广东省广州市

鉴 定 人　周良云

2mm
1mm

黑面神

来　　源　黑面神 *Breynia fruticosa* (L.) Hook. f.，大戟科灌木。

性　　状　种子呈橘瓣状，长约 3.5mm，宽约 2mm。表面棕褐色，密被白色蜡状物，蜡状物脱落的地方可见细密网格状纹理；背面弓曲；腹面有龙骨；顶端较圆钝，具凹陷，黄棕色；种脐位于基部。

药用部位　根、叶。

功　　效　根：清热解毒，散瘀，止痛；叶：外用于烧烫伤，湿疹，过敏性皮炎，皮肤瘙痒，阴道炎。

采集时间　2020.11

采 集 地　广东省广州市

鉴 定 人　周良云

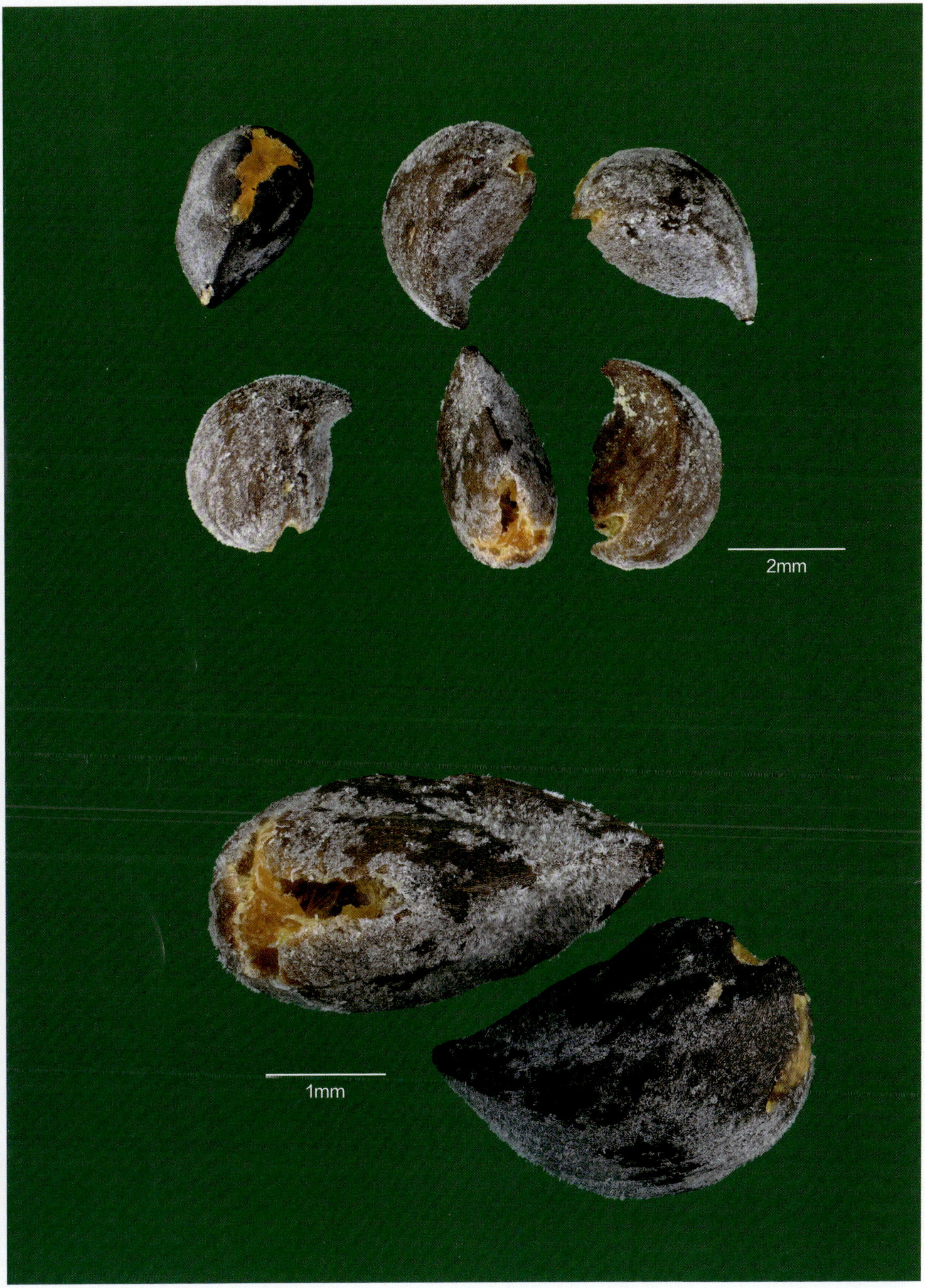
2mm
1mm

土蜜树

来　源　土蜜树 *Bridelia tomentosa* Bl.，大戟科灌木或小乔木。

性　状　果核倒卵形，长4～4.5mm，宽3.5～4mm。表面褐色，被白色丝状物；背面弓曲，有数条纵条纹；腹面扁平，有纵槽。

药用部位　根皮、茎叶。

功　效　根皮：安神调经；茎叶：清热泻火，解毒。

采集时间　2021.2

采 集 地　广东省广州市

鉴 定 人　周良云

2mm

1mm

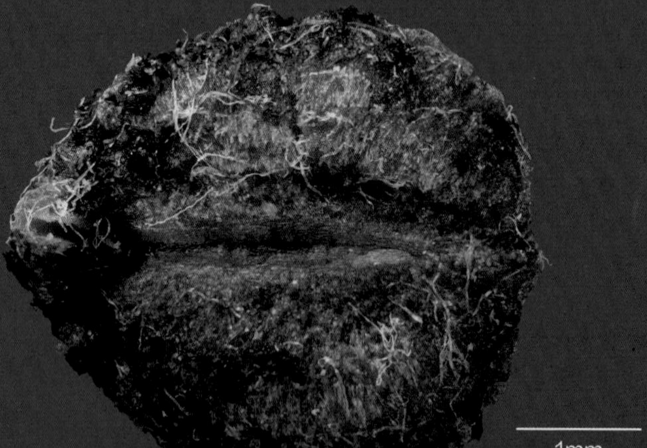
1mm

毛果巴豆

来　　源　毛果巴豆 *Croton lachnocarpus* Benth.，大戟科灌木。

性　　状　种子呈椭圆形，略扁，长 1～1.2cm，宽 6～8mm。表面褐色至暗褐色；背面弓曲，具网状细密纹理；腹面中央具一种脊，两侧平，具点状突起和白色瘤点；种脐突起，周围灰白色。

药用部位　根、叶及种子。

功　　效　祛风散寒，破瘀活血。

采集时间　2017.9

采 集 地　广东省惠州市

鉴 定 人　吴健梅

5mm

2mm
2mm

巴豆

来　　源 巴豆 *Croton tiglium* L.，大戟科灌木或小乔木。

性　　状 种子呈椭圆形，略扁，长约1cm，宽约6mm。表面棕色或灰棕色，有点状突起和黑色斑纹；基部有小点状的种脐及种阜的疤痕，腹面具黄白色线状种脊，向上达顶端合点。

药用部位 果实。

功　　效 峻下冷积，逐水退肿，豁痰利咽；外用蚀疮。

采集时间 2018.11

采 集 地 广东省广州市

鉴 定 人 周良云

5mm

2mm

2mm

白饭树

来　　源　白饭树 *Flueggea virosa* (Roxb. ex Willd.) Voigt，大戟科灌木。

性　　状　种子呈橘瓣状，长约1.8mm，宽约1.2mm。表面黄白色或棕褐色，骨质，生有细密疣突，疣突在背面稍宽大，腹面较细长，疣突近纵向排列，汇集于种脐处；种脐位于腹面近基部，黑色。

药用部位　全株。

功　　效　清热解毒，消肿止痛，止痒止血。外用于湿疹，脓胞疮，过敏性皮炎，疮疖，烧烫伤。

采集时间　2018.8

采 集 地　广东省云浮市

鉴 定 人　周良云

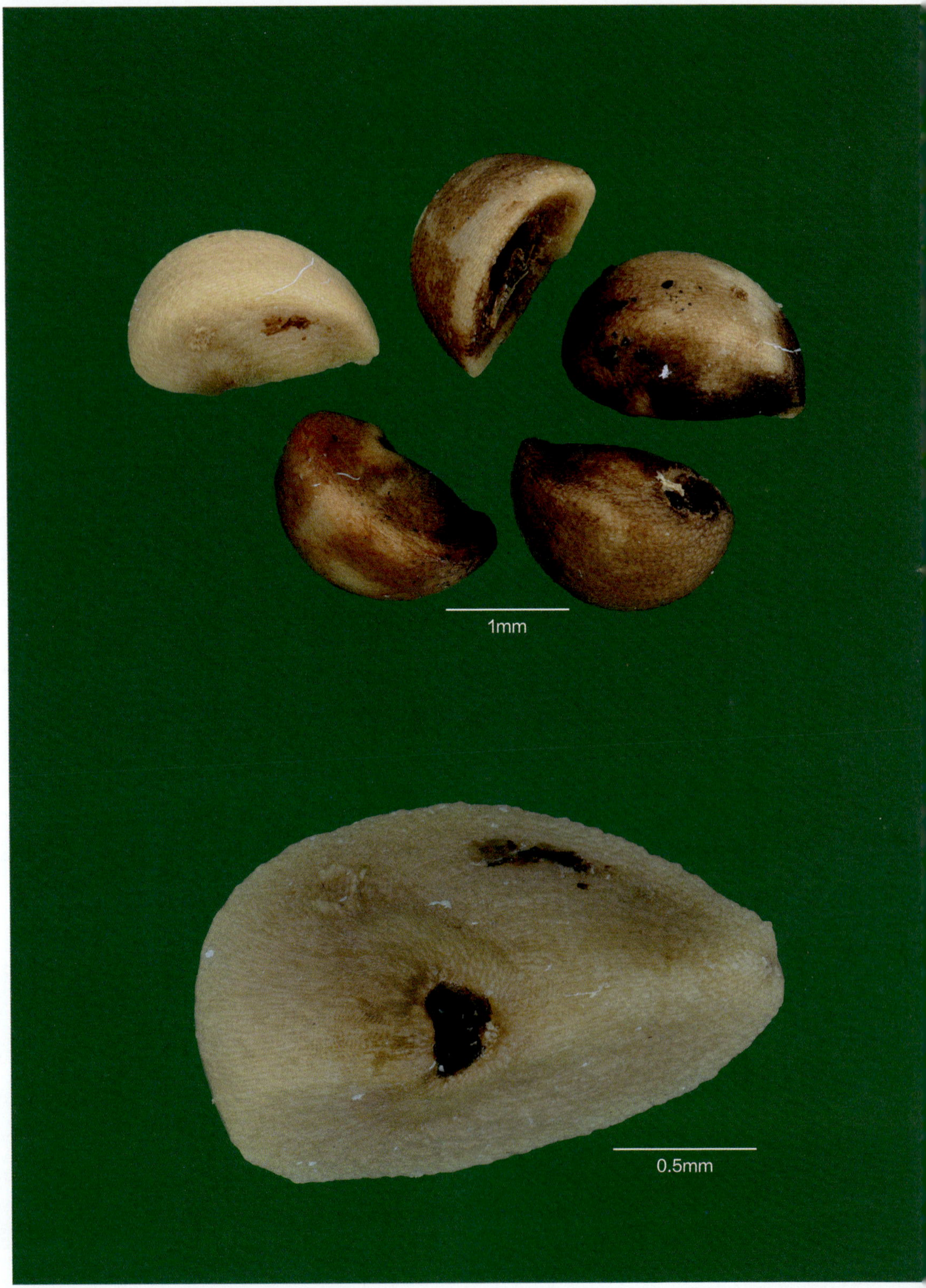
1mm
0.5mm

毛果算盘子

来　　源　毛果算盘子 *Glochidion eriocarpum* Champ. ex Benth.，大戟科灌木。

性　　状　种子呈椭圆形，长4～5mm，宽2.5～3mm。表面呈暗红色，具半透明状肉质种皮；种脐位于侧面基部，具黄棕色附属物，种脐两侧较平整。

药用部位　根、叶。

功　　效　清热利湿，解毒止痒。

采集时间　2018.4

采 集 地　香港特别行政区

鉴 定 人　吴健梅

2mm

麻风树

来　　源　麻风树 *Jatropha curcas* L.，大戟科灌木或小乔木。

性　　状　种子呈椭圆形，长 1.5～2cm，宽 1～1.2cm。表面黑色，具灰白色点或裂纹；种脐位于基部，灰白色，突出。

药用部位　树皮、叶。

功　　效　散瘀消肿，止血止痒，排脓生肌。外用于跌打肿痛，创伤出血，皮肤瘙痒，麻风，癞痢头，慢性溃疡，关节挫伤，阴道滴虫，湿疹，脚癣。

采集时间　2020.10

采 集 地　广东省广州市

鉴 定 人　周良云

5mm

白背叶

来　源 白背叶 *Mallotus apelta* (Lour.) Muell. Arg.，大戟科植物。

性　状 种子呈卵形，长约 3.6mm，宽约 2.6mm。表面黑色，隐约有散在褐色点状小斑块，稍有光泽；背面圆拱；腹面具褐色线状种脊；种脐位于基部，黄棕色，常被种阜所掩盖。

药用部位 叶、根。

功　效 清热，解毒，祛湿，止血。

采集时间 2018.11

采 集 地 广东省河源市

鉴 定 人 吴健梅

2mm

1mm

1mm

白楸

来　源　白楸 *Mallotus paniculatus* (Lam.) Muell. Arg.，大戟科乔木或灌木。

性　状　种子类球形，直径约 3mm。表面黑色，具细密突起，镶嵌排列致密；种脐黑褐色，边缘黄白色。

药用部位　叶、根、果实。

功　效　叶：外用于肿毒，创伤；根：用于头痛；根、果实：外用于跌打损伤。

采集时间　广东省深圳市

采 集 地　2017.12

鉴 定 人　吴健梅

2mm
1mm

石岩枫

来　　源 石岩枫 *Mallotus repandus* (Willd.) Muell. Arg.，大戟科攀援状灌木。

性　　状 种子类球形，直径约 5mm。表面黑色，有光泽；种脐位于一端，棕色，圆形。

药用部位 根或茎叶。

功　　效 祛风止痛，抗蛇咬伤

采集时间 2020.11

采 集 地 广东省韶关市

鉴 定 人 张建行

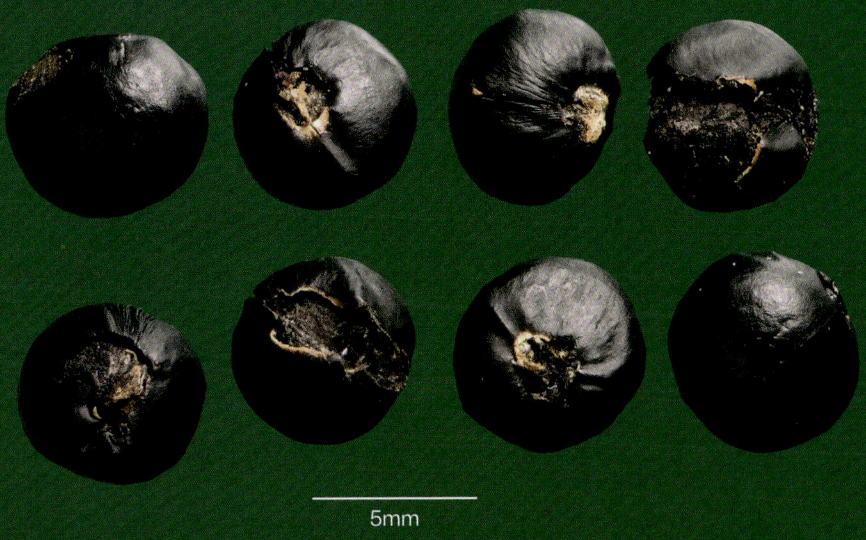
5mm

2mm

余甘子

来　源　余甘子*Phyllanthus emblica* L.，大戟科乔木。

性　状　种子呈橘瓣状，长5～6mm，宽2～3mm。表面棕黄色不规则小块紧密排列，小块与小块之间的间隙大多为白色，棕黄色与白色交错在一起，整体形成类似豹纹的纹理；腹面具三条棱，三条棱相交的位置为种脐。

药用部位　果实，树根和叶。

功　效　果实：生津止渴，润肺化痰；树根和叶：解热清毒。

采集时间　2017.9

采 集 地　广东省深圳市

鉴 定 人　吴健梅

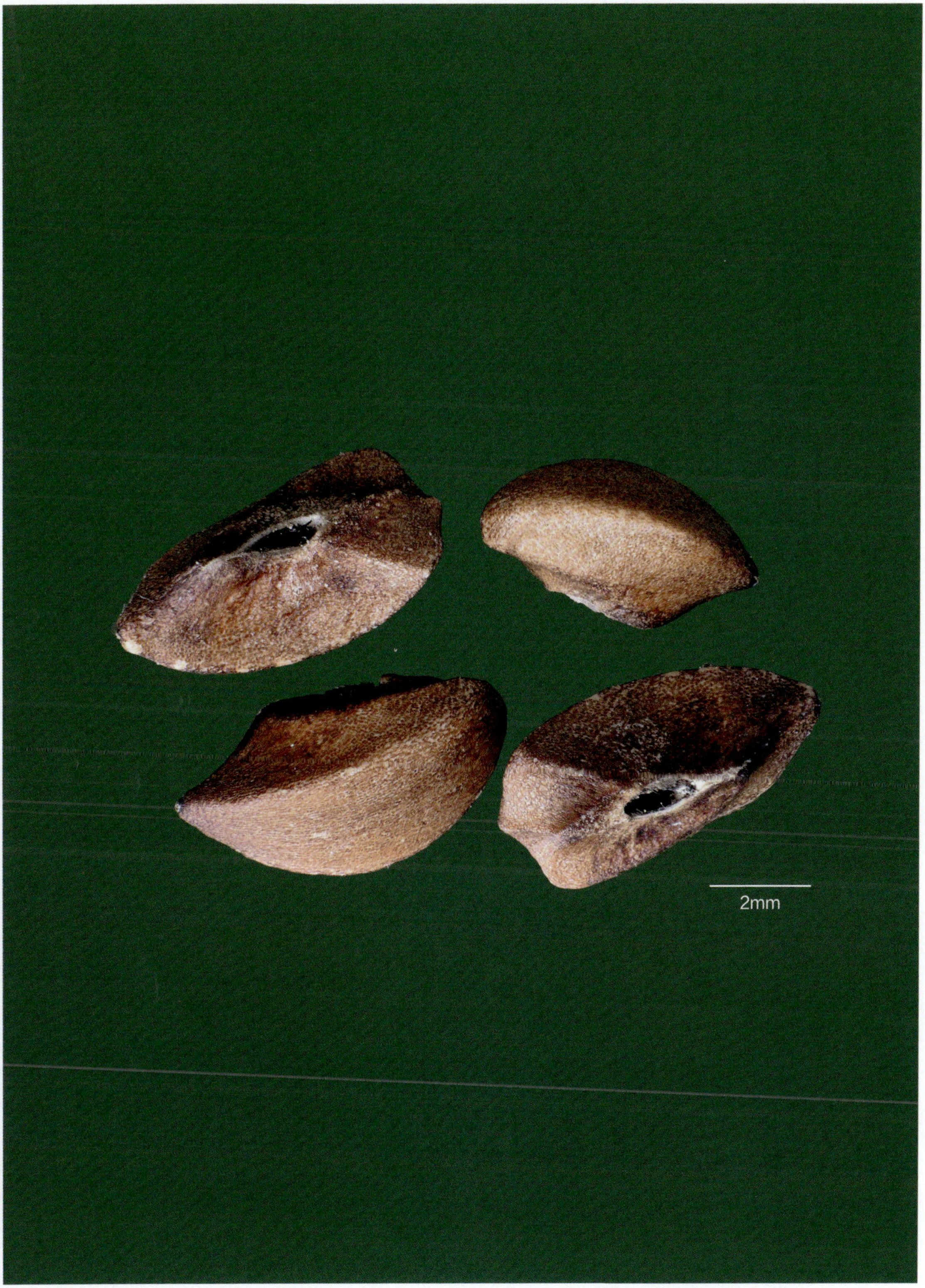
2mm

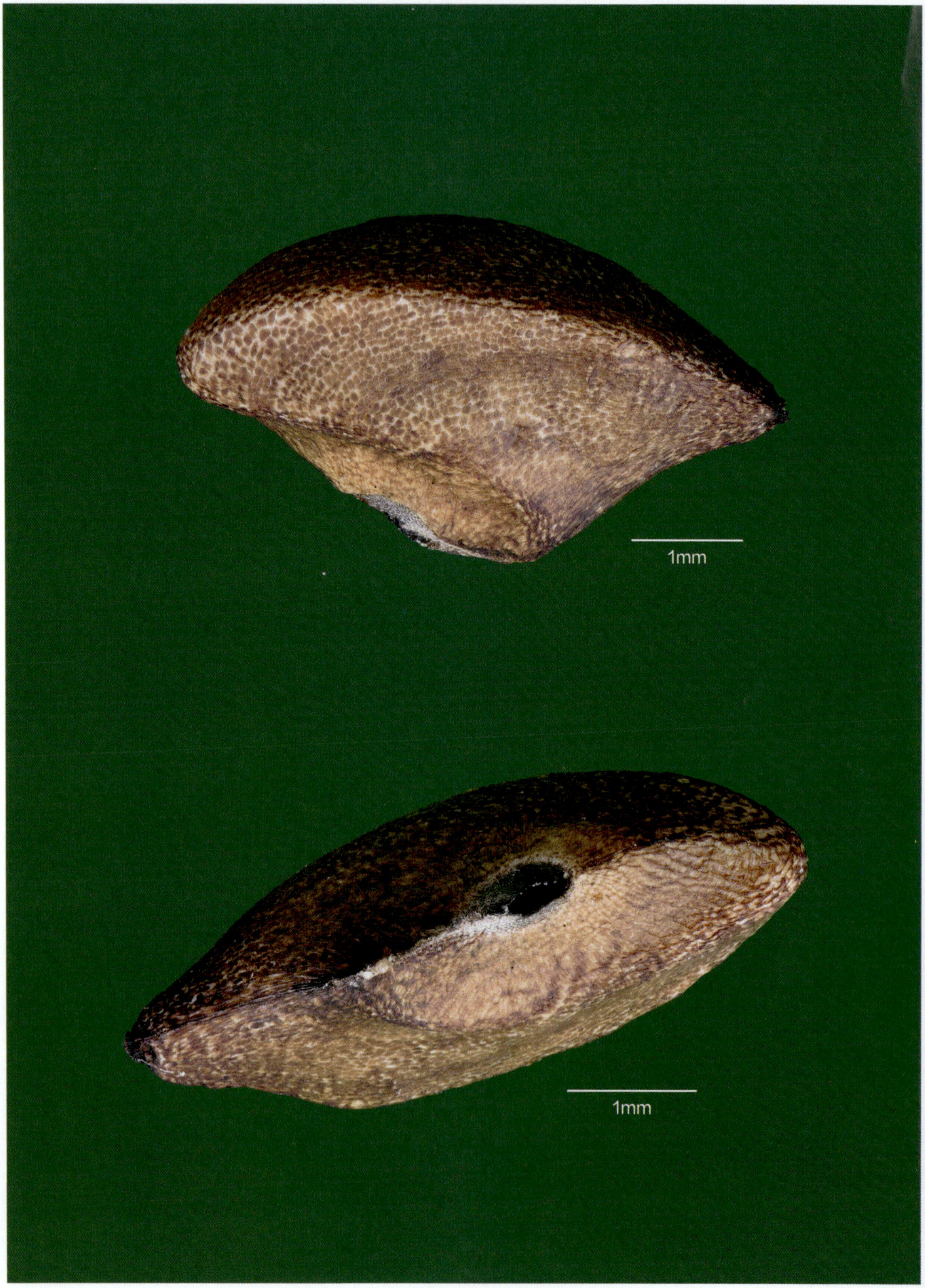
1mm
1mm

叶下珠

来　源　叶下珠 *Phyllanthus urinaria* L.，大戟科一年生草本。

性　状　种子呈橘瓣状，长 1.2～1.4mm，宽约 0.9mm。表面黄棕色，两侧面及背部具十数条横向突起的棱；背部弓曲；腹部平；种脐位于腹部上端，类圆形。

药用部位　全草。

功　效　清热利尿，明目，消积。外用于青竹蛇咬伤。

采集时间　2020.8

采 集 地　广东省佛山市

鉴 定 人　周良云

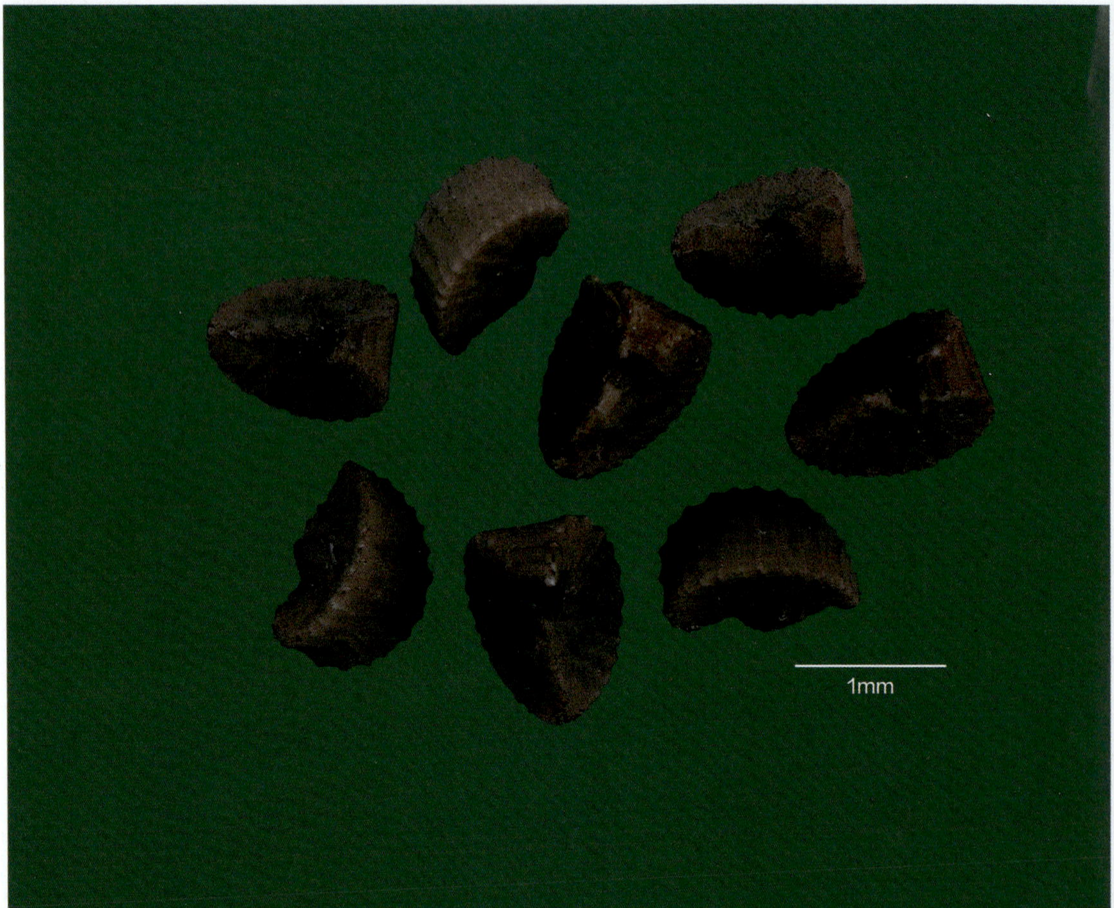
1mm

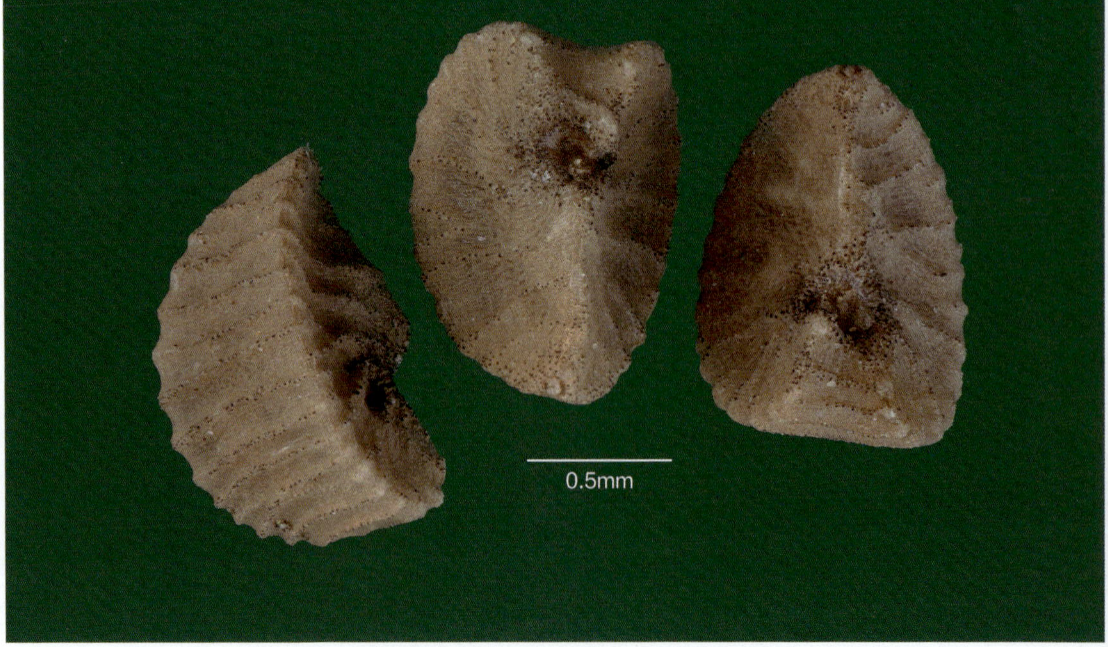
0.5mm

蓖麻

来　　源 蓖麻 *Ricinus communis* L.，大戟科一年生或多年生草本。

性　　状 种子呈椭圆形或长卵形，稍扁，长约1.5cm，宽约8mm。种皮薄脆，表面光滑，有灰白色与黑褐色或黄棕色与红棕色相间的斑纹；背面稍隆起；腹面较平，有一条隆起的线纹；种脐位于基部，有灰白色或浅棕色突起的种阜。

药用部位 种子。

功　　效 泻下通滞，消肿拔毒。

采集时间 2020.11

采 集 地 广东省广州市

鉴 定 人 周良云

5mm

2mm

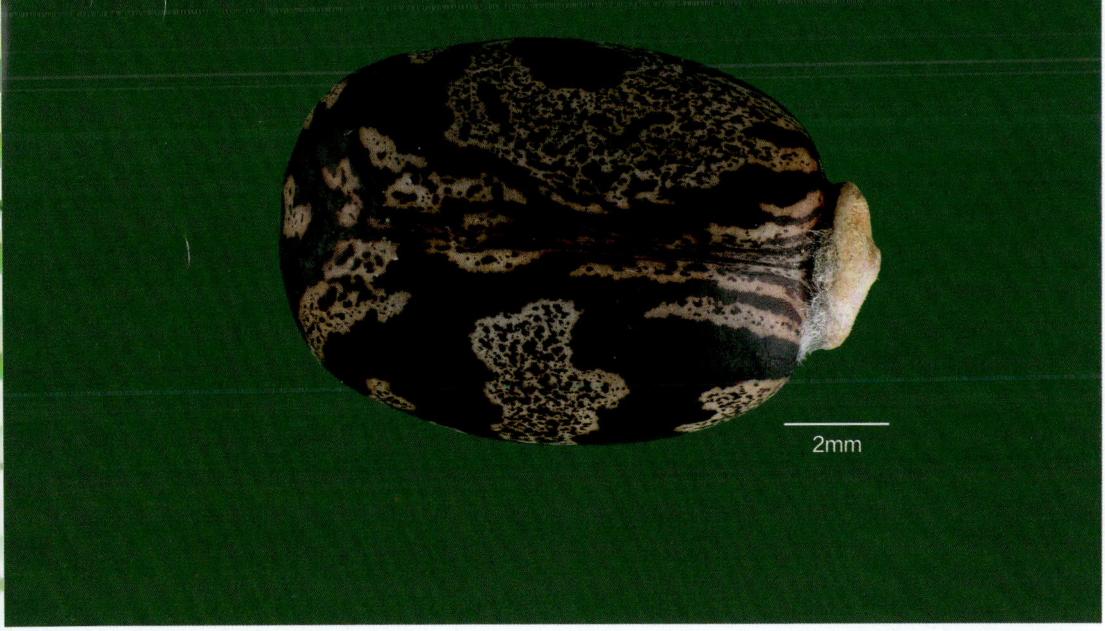
2mm

山乌桕

来　源　山乌桕 *Triadica cochinchinensis* Loureiro，大戟科乔大或灌木。

性　状　种子呈圆球形，长5.5～6mm，宽4～4.4mm。表面被一层蜡质的假种皮；腹面具棕褐色线状种脊，向上达顶端合点，下至基部种阜；种脐位于基部。

药用部位　叶、根。

功　效　叶：活血，解毒，利湿；根：利水通便，消肿散瘀，解毒。

采集时间　2018.11

采 集 地　广东省河源市

鉴 定 人　吴健梅

5mm
2mm

乌柏

来　　源　乌桕 *Triadica sebifera* (Linnaeus) Small，大戟科乔木。

性　　状　种子呈半球形，长 8～9mm，宽约 7mm。表面被一层白色蜡质假种皮；腹面具棕褐色线状种脊，下凹，向上达顶端合点，下至基部种阜；种脐位于基部。

药用部位　种子、叶。

功　　效　种子：拔毒消肿，杀虫止痒；叶：泻下逐水，消肿散瘀，解毒杀虫。

采集时间　2017.11

采 集 地　广东省广州市

鉴 定 人　周良云

1cm
2mm

守宫木

来　　源　守宫木 *Sauropus androgynus* (L.) Merr.，大戟科灌木。

性　　状　种子呈龟甲状，长约8mm，宽5～6mm；背面褐色，腹面浅黄褐色，边缘常有乳突，中央有一“Y”形突起；顶端较厚，两侧各形成一平整侧面，侧面与背部连接处形成一棱。

药用部位　枝叶。

功　　效　养肝明目，开胃消滞，清热解毒，利血祛湿，滋阴补肾

采集时间　2016.11

采 集 地　香港特别行政区

鉴 定 人　吴健梅

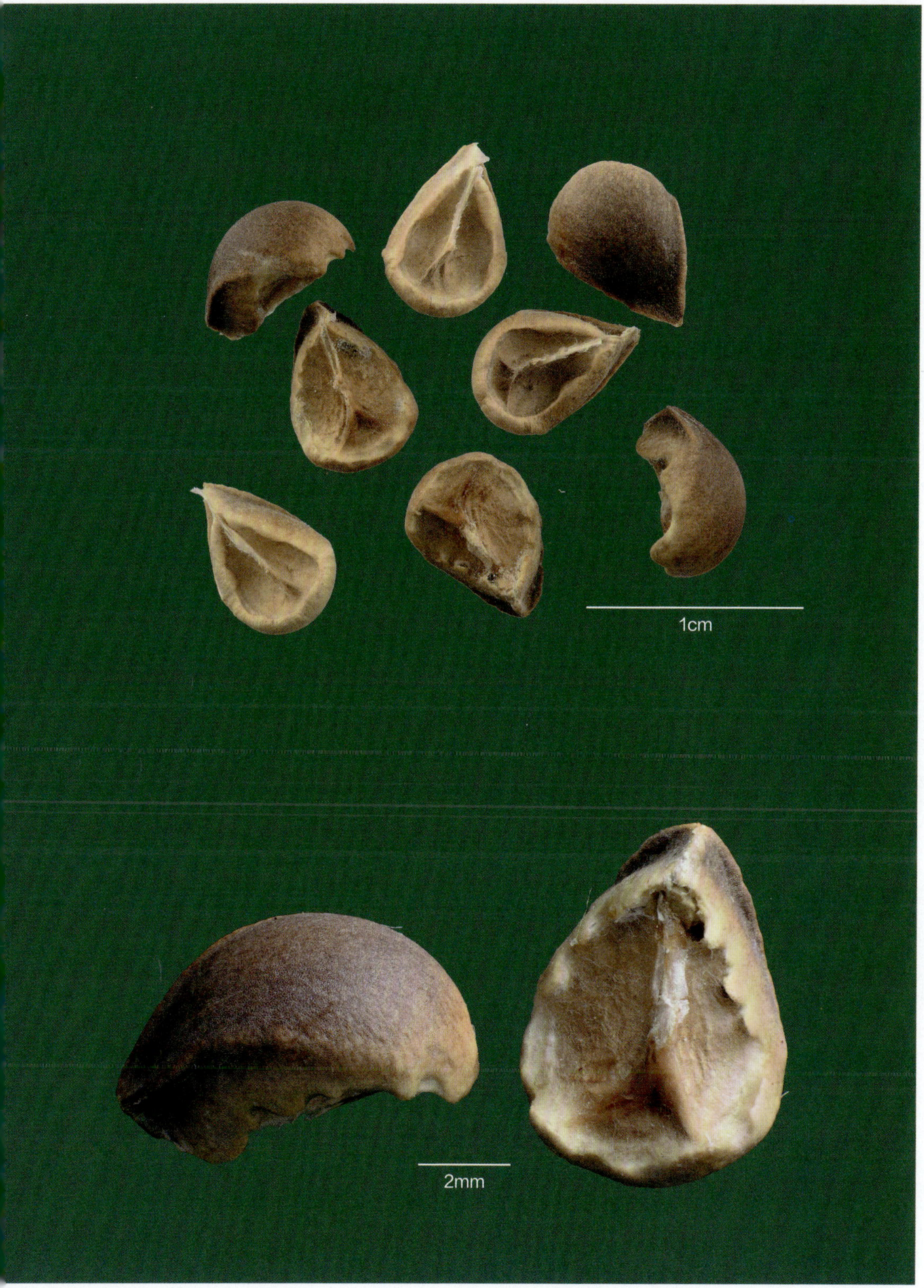
1cm
2mm

牛耳枫

来　　源　牛耳枫 *Daphniphyllum calycinum* Benth.，虎皮楠科灌木。

性　　状　果核呈卵圆形，长 6～7mm，宽 4～5mm。表面土灰色，被银白色碎屑，具脊状突起，一侧具纵棱。

药用部位　果实、枝叶、根。

功　　效　果实：止痢；枝叶：祛风止痛，解毒消肿；根：清热解毒，活血化瘀，消肿止痛。

采集时间　2019.4

采 集 地　广东省广州市

鉴 定 人　周良云

2mm

黄杨

来　　源　黄杨 *Buxus sinica* (Rehd. et Wils.) Cheng，黄杨科常绿灌木或小乔木。

性　　状　种子呈长橘瓣状，长约 6mm，宽约 2mm。表面黑色，有光泽，两侧面平坦；背部弓曲；一端的两侧面及背部均有凹沟，形成鸟喙状。

药用部位　根、叶。

功　　效　祛风除湿，行气活血。

采集时间　2020.11

采 集 地　广东省韶关市

鉴 定 人　张建行

2mm

1mm

南酸枣

来　　源　南酸枣 *Choerospondias axillaris* (Roxb.) Burtt et Hill，漆树科落叶乔木。

性　　状　果核椭圆形或略呈倒卵状椭圆形，长约 2cm，宽约 1.5cm。内果皮骨质，表面黄白色至红褐色，具若干近条状排布的小型孔洞；顶端上部有五个均匀排列的大型椭圆孔洞。

药用部位　果实、树皮。

功　　效　果实：行气活血，养心，安神；树皮：解毒，收敛止痛，止血。

采集时间　2018.12

采 集 地　广东省河源市

鉴 定 人　吴健梅

5mm

人面子

来　　源　人面子 *Dracontomelon duperreanum* Pierre，漆树科常绿大乔木。

性　　状　果核呈扁圆形，长约 2cm，径约 2.3cm。表面灰褐色，粗糙，具 5～6 个大型盾状凹入，放射状排列；果柄痕位于基部凹陷处，黄白色。

药用部位　果实。

功　　效　健脾消食，生津止咳。

采集时间　2020.12

采 集 地　广东省广州市

鉴 定 人　唐晓敏

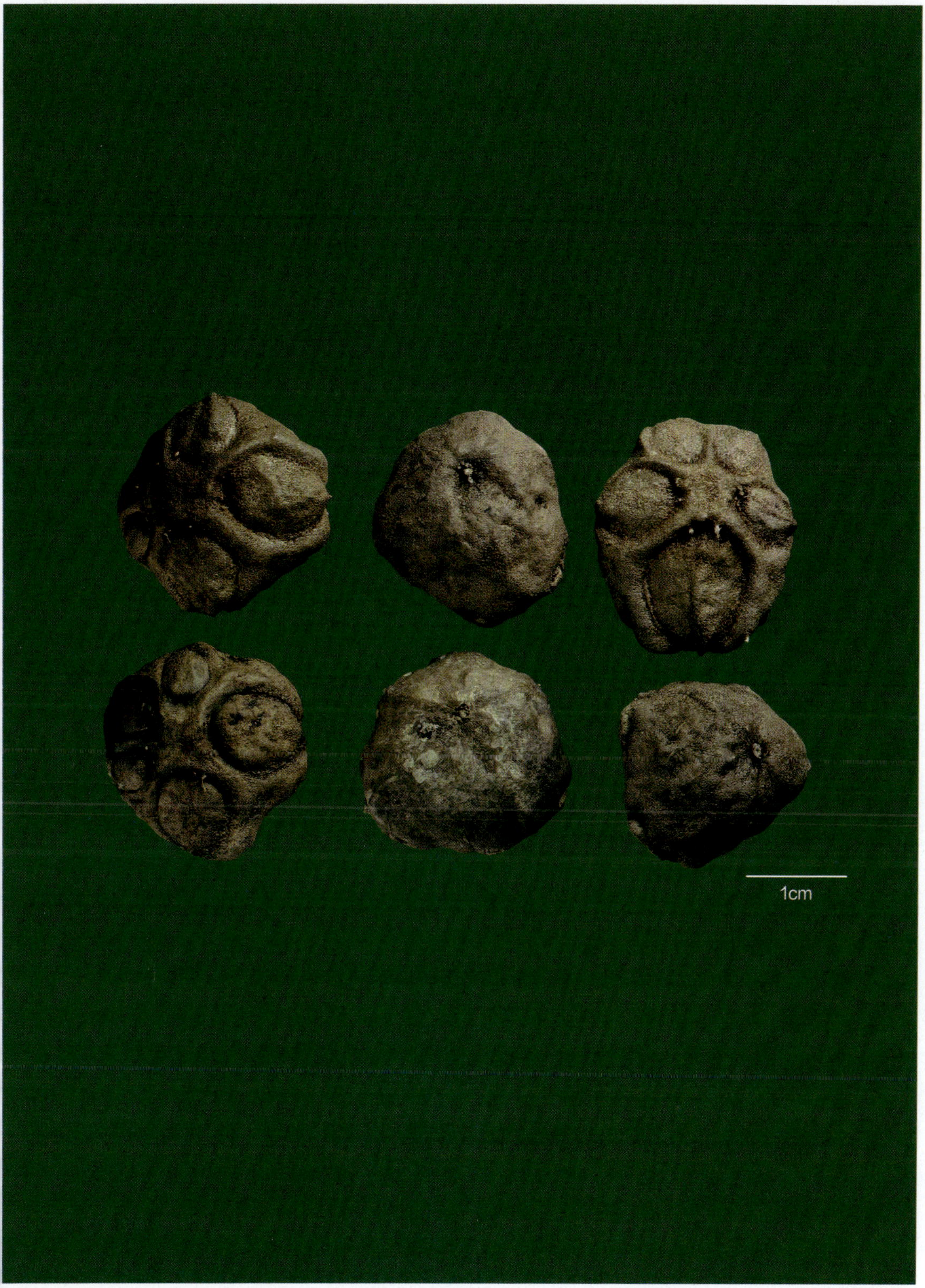
1cm

5mm
5mm

盐肤木

来　　源　盐肤木 *Rhus chinensis* Mill.，漆树科落叶小乔木或灌木。

性　　状　果核呈圆形，稍扁，直径约 3mm。表面黄褐色，两端稍内凹。

药用部位　树皮、花、根。

功　　效　树皮：清热解毒，活血止痢；花：清热解毒，敛疮；根：祛风湿，利水消肿。

采集时间　2018.12

采 集 地　广东省河源市

鉴 定 人　吴健梅

2mm
1mm

野漆

来　　源　野漆 *Toxicodendron succedaneum* (L.) O. Kuntze，漆树科落叶乔木。

性　　状　种子呈扁球形，直径约 5mm。表面淡黄色，光滑，可见纵向裂纹。

药用部位　根、叶、树皮、果实。

功　　效　平喘，解毒，散瘀消肿，止痛止血。

采集时间　2020.5

采 集 地　海南省吊罗山国家森林公园

鉴 定 人　张建行

2mm
1mm

秤星树

来　　源 秤星树 *Ilex asprella* (Hook. et Arn.) Champ. ex Benth.，冬青科落叶灌木。

性　　状 果核呈长椭圆形，长约 4mm，宽约 2.5mm。表面黄白色，具数条纵棱，棱沟色深，有的纵棱可见脉状分支；背面弓曲；腹面平直。

药用部位 根、叶。

功　　效 清热解毒，生津止渴，消肿散瘀。

采集时间 2018.5

采 集 地 广东省广州市

鉴 定 人 周良云

2mm
1mm

冬青

来　　源 冬青 *Ilex chinensis* Sims，冬青科常绿乔木。

性　　状 果核呈狭披针形，长6～9mm，宽1.8～2.2mm。表面灰白色或黄白色，光滑；背面具纵沟，沟内黄棕色。

药用部位 叶、果实、树皮、根皮。

功　　效 叶：清热解毒，消肿祛瘀；果实：补肝肾，祛风湿，止血敛疮；树皮、根皮：凉血解毒，止血止带。

采集时间 2018.11

采 集 地 广东省韶关市

鉴 定 人 张建行

2mm

枸骨

来　源 枸骨 *Ilex cornuta* Lindl. et Paxt.，冬青科常绿灌木或小乔木。

性　状 果核呈倒卵形或椭圆形，长6～8mm，宽3～4mm。表面浅褐色，遍布黄白色山峰状棱脊，孔内被银白色碎屑。

药用部位 叶、果实、根、树皮。

功　效 叶：清虚热，益肝肾，祛风湿；果实：补肝肾，强筋活络，固涩下焦；根：补肝肾，疏散风热；树皮：补肝肾，强腰膝。

采集时间 2018.2

采 集 地 广东省广州市

鉴 定 人 周良云

2mm

1mm

1mm

大果冬青

来　　源 大果冬青 *Ilex macrocarpa* Oliv.，冬青科落叶乔木。

性　　状 果核呈矩圆形，略扁，长约 9mm，宽约 5mm。表面米黄色，骨质；背部生有数条明显纵脊；腹部亦具多条浅纵棱，脊和棱间粗糙。

药用部位 根。

功　　效 清热解毒，润肺止咳。

采集时间 2020.11

采 集 地 广东省韶关市

鉴 定 人 张建行

5mm
2mm

毛冬青

来　源　毛冬青 *Ilex pubescens* Hook. et Arn.，冬青科常绿灌木或小乔木。

性　状　果核呈橘瓣状，长 3～4mm，宽 1～1.8mm。表面黄褐色或米黄色，具细网纹；背部具宽纵沟，粗糙。

药用部位　根。

功　效　清热解毒，活血通络。

采集时间　2018.10

采 集 地　广东省河源市

鉴 定 人　吴健梅

2mm

1mm

铁冬青

来　　源　铁冬青 *Ilex rotunda* Thunb.，冬青科常绿灌木或乔木。

性　　状　果核呈橘瓣状，长 3～3.5mm，宽约 1mm。表面黄白色，骨质；三条棱均成窄翅状，窄翅每棱一般为两条，颜色润白色，背部较粗糙。

药用部位　树皮。

功　　效　清热解毒，利湿止痛。

采集时间　2018.11

采 集 地　广东省梅州市

鉴 定 人　吴健梅

2mm
1mm

三花冬青

来　源　三花冬青 *Ilex triflora* Bl.，冬青科常绿灌木或乔木。

性　状　果核呈宽橘瓣状，长约5.5mm，宽约4mm。表面骨质，白色，半透明；背部有三条白色细条纹；腹面也有若干细条纹。

药用部位　根。

功　效　用于疮疡肿毒。

采集时间　2019.2

采 集 地　广东省江门市

鉴 定 人　吴健梅

2mm

1mm

苦皮藤

来　　源　苦皮藤 *Celastrus angulatus* Maxim.，卫矛科藤状灌木。

性　　状　种子椭圆形，稍扁，长4～5mm，宽约3.5mm。表面深棕色，间杂黑褐色斑纹，具有细密网纹；一侧边缘有纵棱。

药用部位　根或根皮。

功　　效　清热利湿，杀虫。

采集时间　2019.11

采 集 地　广西壮族自治区百色市

鉴 定 人　郑海磊

2mm

1mm

雷公藤

来　　源　雷公藤 *Tripterygium wilfordii* Hook. f.，卫矛科藤本灌木。

性　　状　种子呈长卵形，稍扁，长约 6mm，宽约 2mm。表面深红褐色，有细密网纹；边缘有一圈窄翅，两面各有 2～3 条纵棱，棱间的表皮常褶皱；种脐位于基部，略突起，色浅。

药用部位　根、叶、花、果实。

功　　效　祛风，解毒，杀虫。外用于风湿性关节炎，皮肤发痒，杀蛆虫，孑孓，灭钉螺，毒鼠。

采集时间　2020.11

采 集 地　广东省韶关市

鉴 定 人　张建行

2mm
1mm

野鸦椿

来　　源 野鸦椿 *Euscaphis japonica* (Thunb.) Dippel，省沽油科落叶小乔木或灌木。

性　　状 种子呈球形，直径约 5mm。表面黑色，有的可见散在棕黄色斑，有光泽，具细小蜂窝状纹理，镶嵌紧密。

药用部位 根、果。

功　　效 根：解毒，清热，利湿；果：祛风散寒，行气止痛。

采集时间 2019.11

采 集 地 广东省广州市

鉴 定 人 周良云

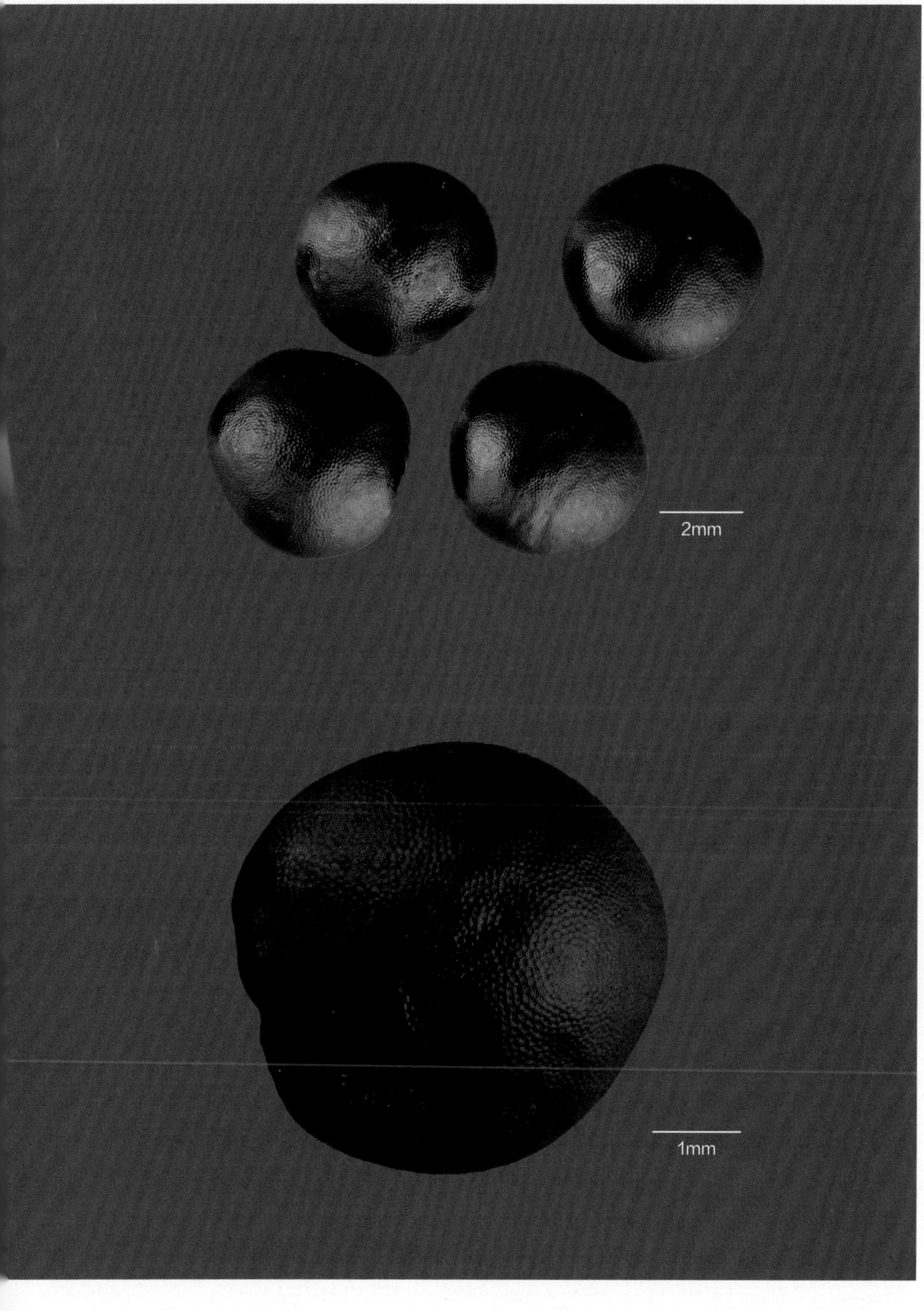
2mm
1mm

倒地铃

来　　源 倒地铃 *Cardiospermum halicacabum* L.，无患子科草质攀援藤本。

性　　状 种子呈圆球形，直径约4mm。表面灰黑色，稍光滑；种脐心形，白色。

药用部位 全草。

功　　效 散瘀消肿，凉血解毒。

采集时间 2018.8

采 集 地 广东省云浮市

鉴 定 人 周良云

2mm

1mm

龙眼

来　源　龙眼 *Dimocarpus longan* Lour.，无患子科常绿乔木。

性　状　种子呈球形，直径约 1.3cm。表面棕黑色，光滑有光泽，具细条纹；基部稍大，略平截，淡黄褐色；种脐近圆形，位于基部截面上。

药用部位　假种皮。

功　效　补益心脾，养血安神。

采集时间　2018.5

采 集 地　广东省广州市

鉴 定 人　周良云

5mm

鄂西清风藤

来　源 鄂西清风藤 *Sabia campanulata* subsp. *ritchieae* (Rehd.et Wils.)Y.F.Wu，清风藤科木质藤本。

性　状 果核呈圆盘状，径约 5mm。表面灰褐色，斑驳处可见红棕色；背部有明显中肋，其上生蜂窝状凹穴；两面的凹穴不规则；一侧凹陷，色稍浅，两边有喙状突起。

药用部位 茎藤及叶。

功　效 驱风通络，消肿止痛。

采集时间 2020.11

采 集 地 广东省韶关市

鉴 定 人 张建行

2mm
1mm

凤仙花

来　源　凤仙花 *Impatiens balsamina* L.，凤仙花科一年生草本。

性　状　种子呈椭圆形或倒卵圆形，长 2～3mm，宽 1.5～2.5mm。表面棕褐色或灰褐色，粗糙，有稀疏的浅黄棕色小点，浅黄棕色小点破裂处白色；种脐位于基部，稍突出。

药用部位　种子。

功　效　破血，软坚，消积。

采集时间　2018.10

采 集 地　广东省广州市

鉴 定 人　周良云

2mm
1mm

多花勾儿茶

来　　源　多花勾儿茶 *Berchemia　oribunda* (Wall.) Brongn.，鼠李科藤状或直立灌木。

性　　状　果核呈长椭圆形，长 5～6mm，宽 2～3mm。表面米黄色，凹凸不平，具细密网纹；具一条纵宽的单沟，沟内被银白色碎屑；基部深凹为三角形，顶端稍尖。

药用部位　根。

功　　效　祛风除湿，散瘀消肿，止痛。

采集时间　2018.5

采 集 地　香港特别行政区

鉴 定 人　吴健梅

5mm
1mm

铁包金

来　源 铁包金 *Berchemia lineata* (L.) DC.，鼠李科藤状或矮灌木。

性　状 果核呈长圆柱形，中间稍缢缩，长约5mm，宽2.5～3mm；表面乳白色，光滑；背腹各具一条纵沟；基部平，可见部分乳黄色物。

药用部位 茎藤或根。

功　效 消肿解毒，止血镇痛，祛风除湿。

采集时间 2018.12

采 集 地 广东省广州市

鉴 定 人 周良云

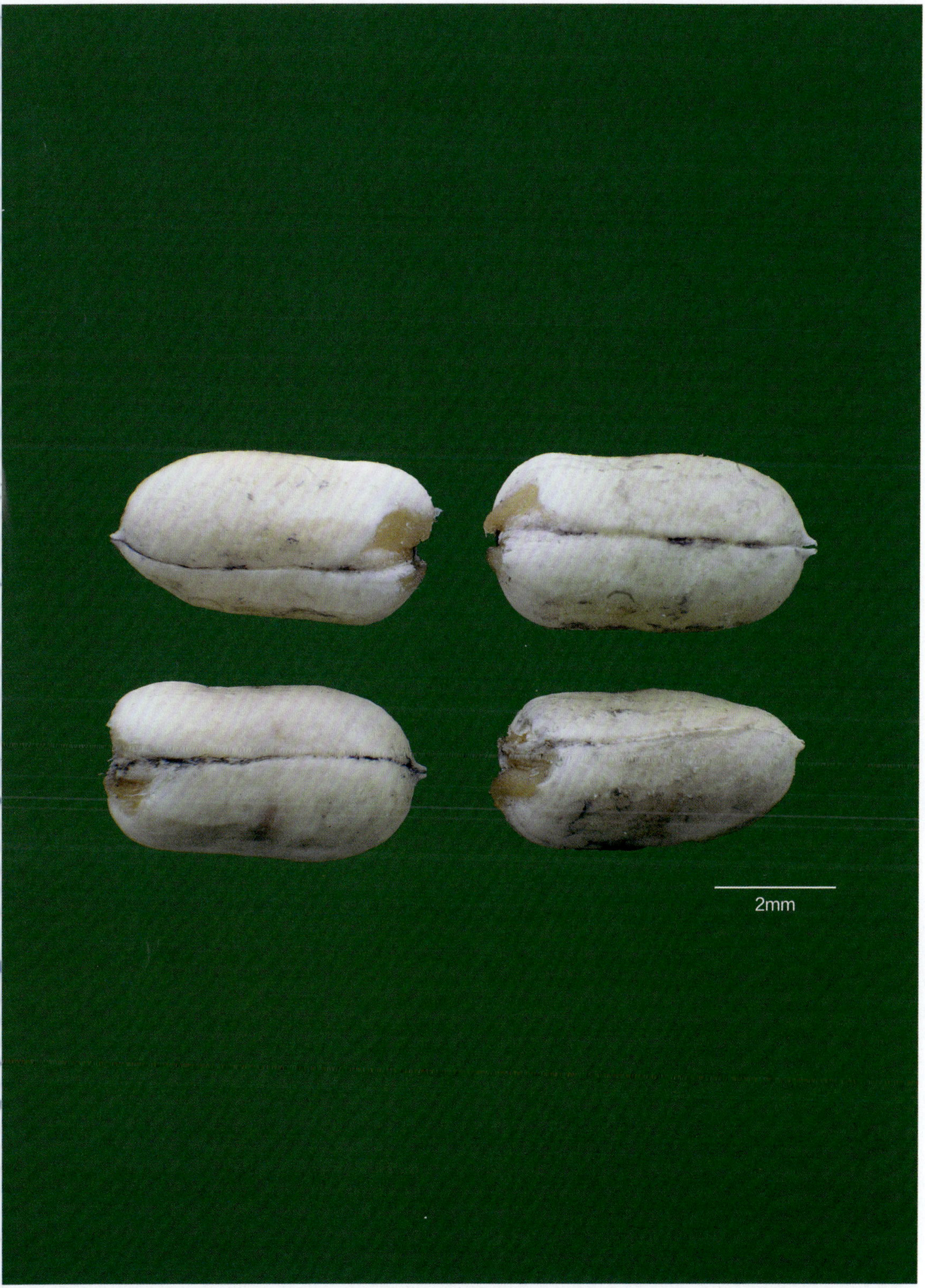
2mm

1mm
1mm

雀梅藤

来　　源　雀梅藤 *Sageretia thea* (Osbeck) Johnst.，鼠李科藤状或直立灌木。

性　　状　果核呈心形，略扁，直径约 3.2mm。表面红褐色，略有光泽，可见细密纹理；背面中间略隆起；腹面略凹陷；顶端中间凹陷；基部渐尖，颜色微浅。

药用部位　根、叶。

功　　效　根：化痰止咳；叶：外用治疗疮疡肿毒。

采集时间　2018.5

采 集 地　香港特别行政区

鉴 定 人　吴健梅

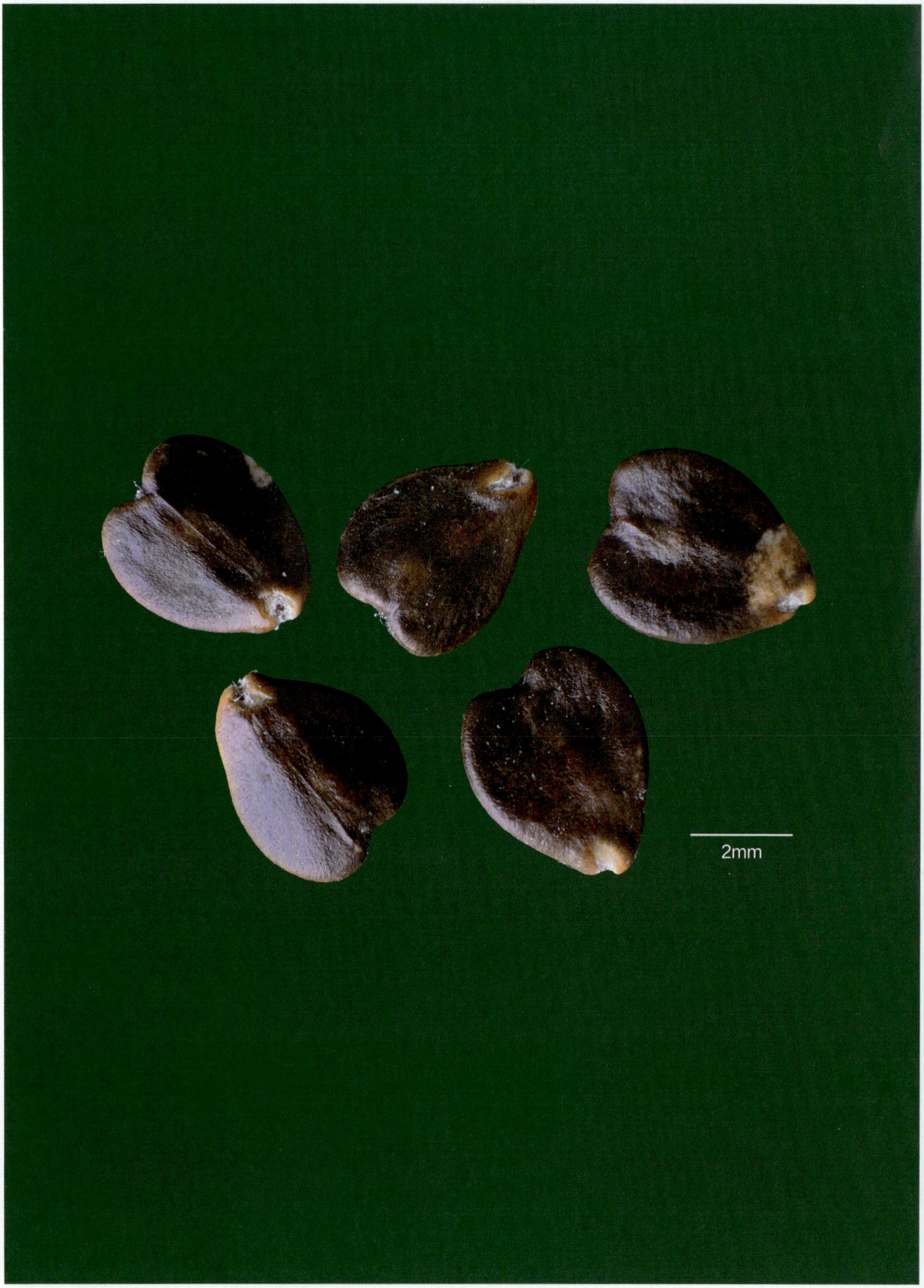
2mm

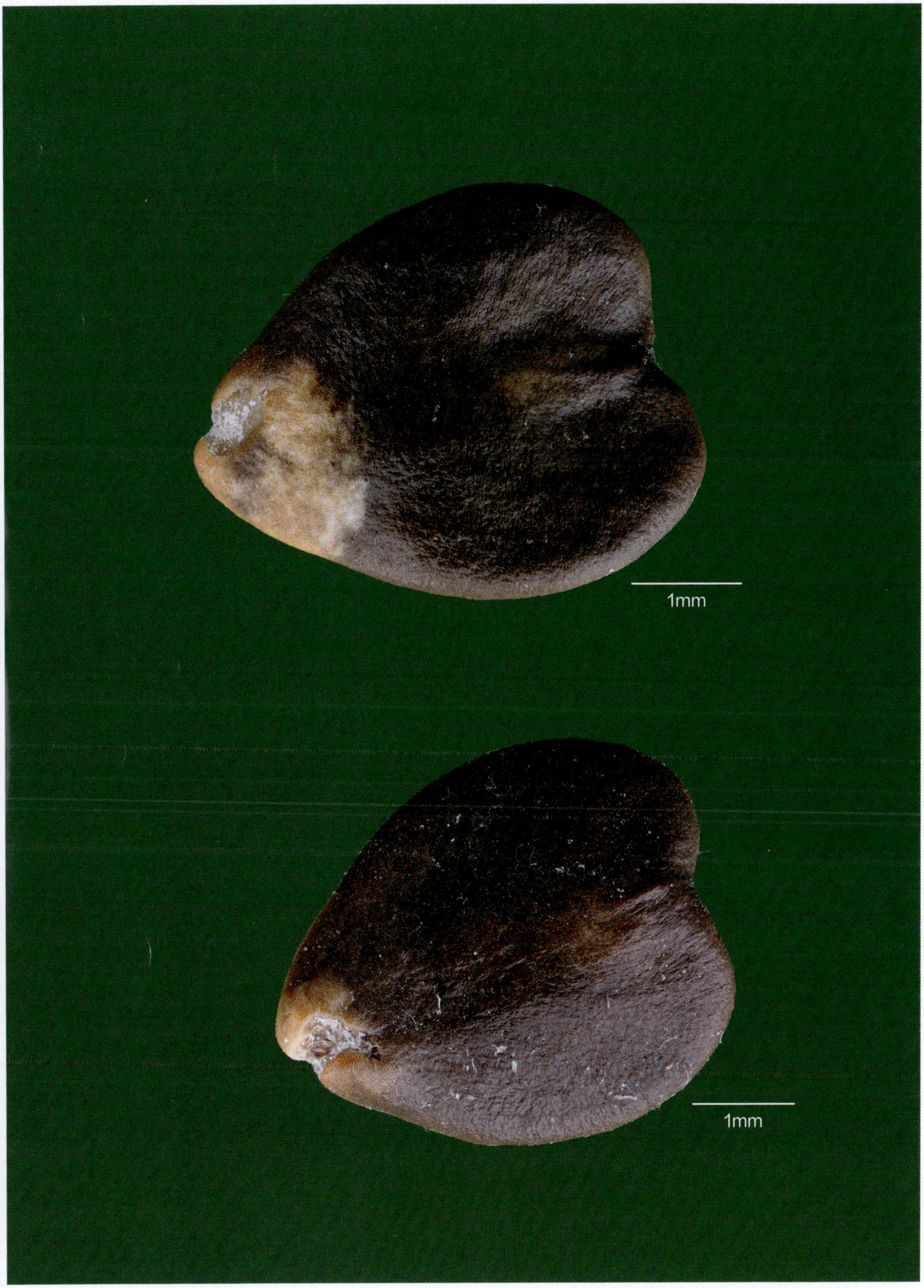
1mm
1mm

乌蔹莓

来　源 乌蔹莓*Cayratia japonica* (Thunb.) Gagnep.，葡萄科草质藤本。

性　状 种子呈三角状倒卵形，长4.4～4.6mm，宽3.8～4mm。表面深褐色，密被灰白色柔毛，有突出肋纹；背部弓曲，中央具一隆起；腹部种脊突出，两侧洼穴呈半月形，从近基部向上达种子近顶端；顶端微凹；种脐位于基部，稍尖。

药用部位 全草。

功　效 解毒消肿，活血散瘀，利尿，止血。外用于痈肿，丹毒，腮腺炎，跌打损伤，毒蛇咬伤。

采集时间 2020.11

采 集 地 广东省韶关市

鉴 定 人 张建行

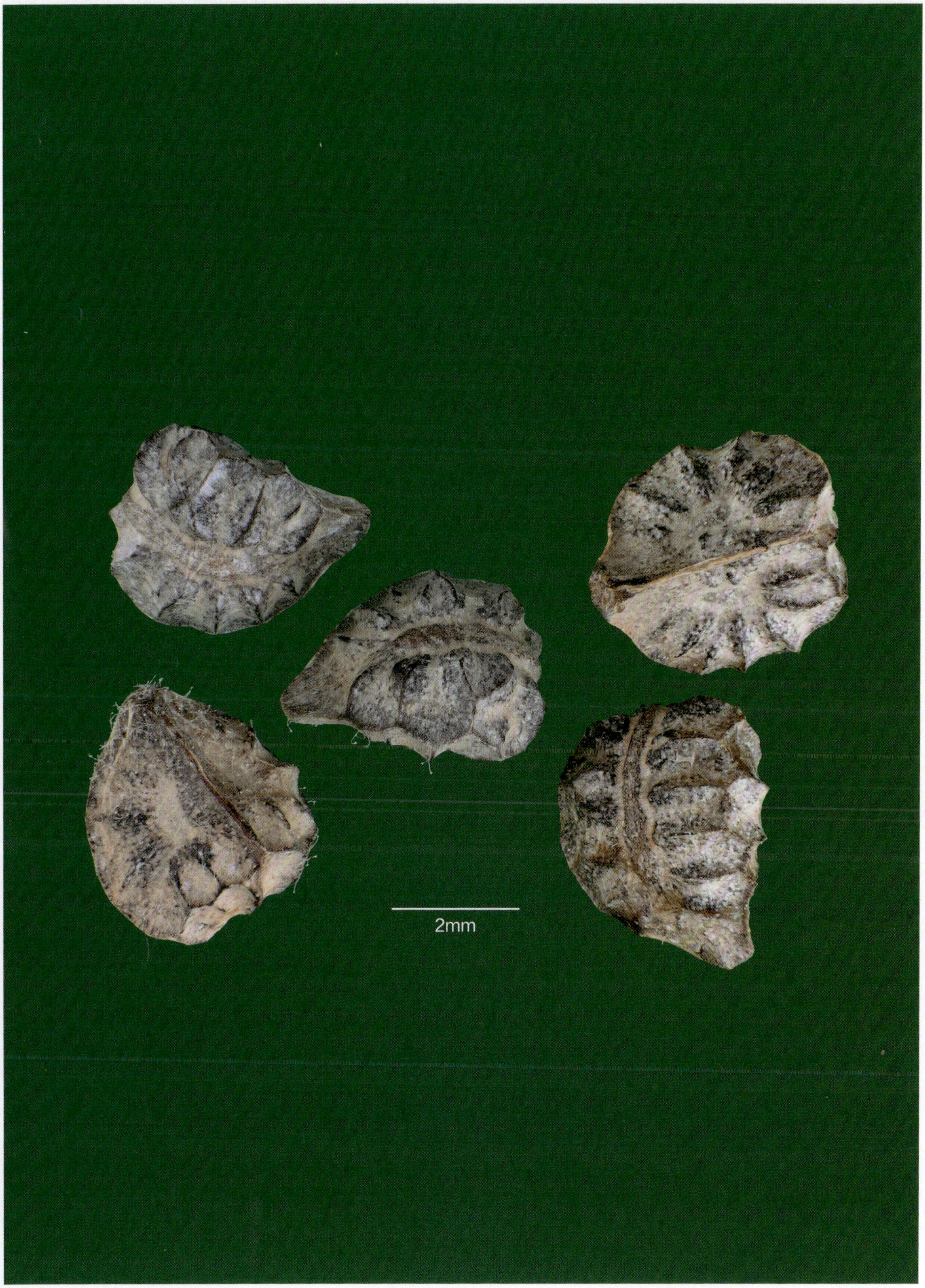
2mm

1mm
1mm

甜麻

来　　源　甜麻 *Corchorus aestuans* L.，椴树科一年生草本。

性　　状　种子呈短圆柱形或不规则形，两侧面稍内凹，直径约 1mm。表面棕色至棕黑色，粗糙，具细网格突起；种脐位于基部，棕色，圆突起状。

药用部位　全草。

功　　效　清热利湿，消肿拔毒。

采集时间　2018.11

采 集 地　广东省深圳市

鉴 定 人　吴健梅

1mm

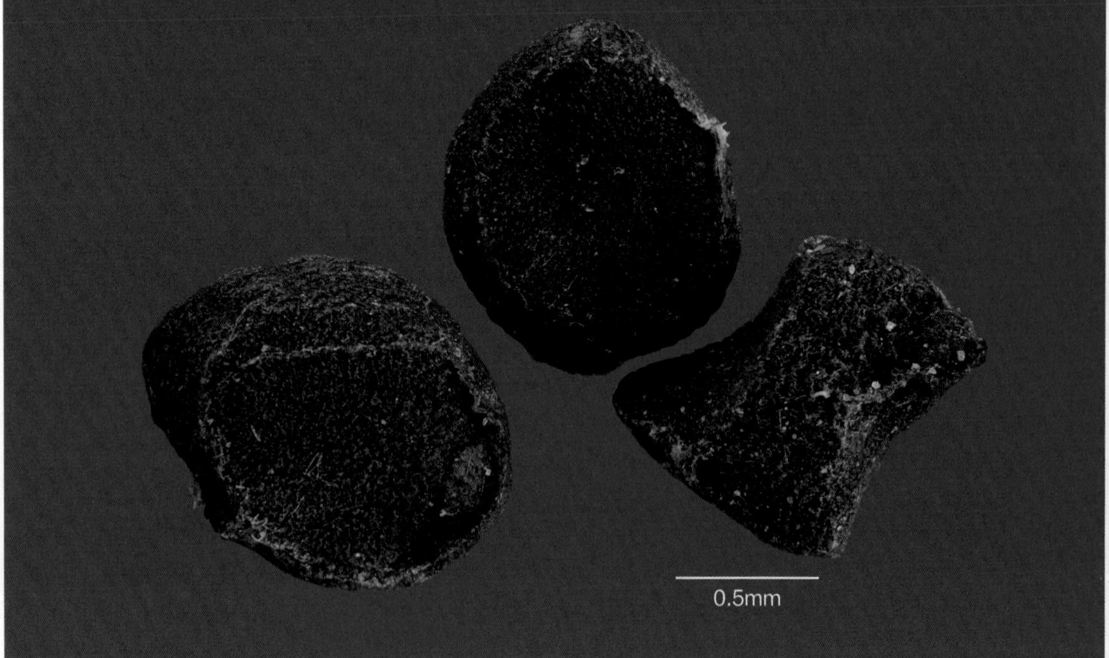
0.5mm

破布叶

来　源　破布叶 *Microcos paniculata* L.，椴树科灌木或小乔木。

性　状　果实倒卵形，长 1～1.2cm，宽 7～8mm。表面黑褐色，略带光泽，具明显皱纹，皱纹略呈 V 形，左右略对称；顶端有一小突尖；果柄痕位于基部，灰白色。

药用部位　叶。

功　效　消食化滞，清热利湿。

采集时间　2018.12

采 集 地　广东省深圳市

鉴 定 人　吴健梅

5mm
2mm

咖啡黄葵

来　　源　咖啡黄葵 *Abelmoschus esculentus* (L.) Moench，锦葵科一年生草本。

性　　状　种子类球形，直径约 4mm；表面灰白色，可见黄棕色点状突起，排列成数层同心型环；种脐圆形，有残留白色附属物。

药用部位　果实、根。

功　　效　果实：用于喉痛，淋病等；根：用于梅毒。

采集时间　2020.9

采 集 地　广东省广州市

鉴 定 人　周良云

2mm
1mm

黄葵

来　源　黄葵 *Abelmoschus moschatus* Medicus，锦葵科一年生或二年生草本。

性　状　种子呈肾形，长约 2.5mm，宽约 2mm。表面棕黑色，粗糙，有黄棕色半透明突起的点组成的同心环；背部弓曲；腹部内凹；种脐位于腹部中央，其黑色附属物易脱落。

药用部位　根、叶、花。

功　效　根：清热解毒，润肠通乳；叶：消肿排脓，外用于痈疮肿毒，痈疽，骨折；花：外用于烧烫伤。

采集时间　2020.10

采 集 地　广东省广州市

鉴 定 人　周良云

2mm
1mm

箭叶秋葵

来　源　箭叶秋葵 *Abelmoschus sagittifolius* (Kurz) Merr.，锦葵科多年生草本。

性　状　种子呈斜肾形，长约3.5mm，宽约2.5mm。表面棕黑色，密生棕色同心环状排布的突起的点；种脐位于腹部凹陷处，有黑色片状附属物，易脱落。

药用部位　根、叶。

功　效　滋阴清热，排脓拔毒。

采集时间　2020.10

采 集 地　广东省广州市

鉴 定 人　周良云

2mm
1mm

磨盘草

来　　源　磨盘草 *Abutilon indicum* (Linn.) Sweet，锦葵科一年生或多年生直立的亚灌木状草本。

性　　状　种子呈三角状肾形，长 2～2.5mm，宽 2～2.3mm。表面红褐色，被浅棕色星状毛；背部较厚，三角状弓曲；腹部较薄，凹缺处被密集棕色柔毛；种脐位于腹部凹缺内，可见一长舌状种柄残余覆盖其上方。

药用部位　全草或根。

功　　效　疏风清热，益气通窍，祛痰利尿。

采集时间　2018.7

采 集 地　广东省广州市

鉴 定 人　周良云

2mm

1mm

木芙蓉

来　　源　木芙蓉 *Hibiscus mutabilis* L.，锦葵科落叶灌木或小乔木。

性　　状　种子呈卵状肾形，长 2.3～2.5mm，宽 1.5～1.7mm。表面黄棕色，膜质，有细密网纹，脱落后，下部种皮呈黑色；背面生有污白色长硬毛，与种子近等长；腹部上部有一褐色隆起的棱，棱在下部变宽，变宽处实为种脐，种脐周围的种皮颜色稍深，网纹更细密。

药用部位　叶、花、根。

功　　效　清肺凉血，散热解毒，消肿排脓。

采集时间　2018.11

采 集 地　广东省惠州市

鉴 定 人　吴健梅

2mm

2mm
1mm

玫瑰茄

来　　源 玫瑰茄 *Hibiscus sabdariffa* Linn.，锦葵科一年生直立草本。

性　　状 种子呈三角状肾形，长约4mm，宽约3mm。表面灰褐色，具略呈同心环状排列的淡黄褐色毛斑（有时脱落仅有痕迹），近背部较大，靠近腹部及中央的稍小；两面中央微凹；种脐位于腹部中间凹缺处，红褐色。

药用部位 花萼。

功　　效 敛肺止咳，降血压，解酒。

采集时间 2020.1

采 集 地 广东省广州市

鉴 定 人 周良云

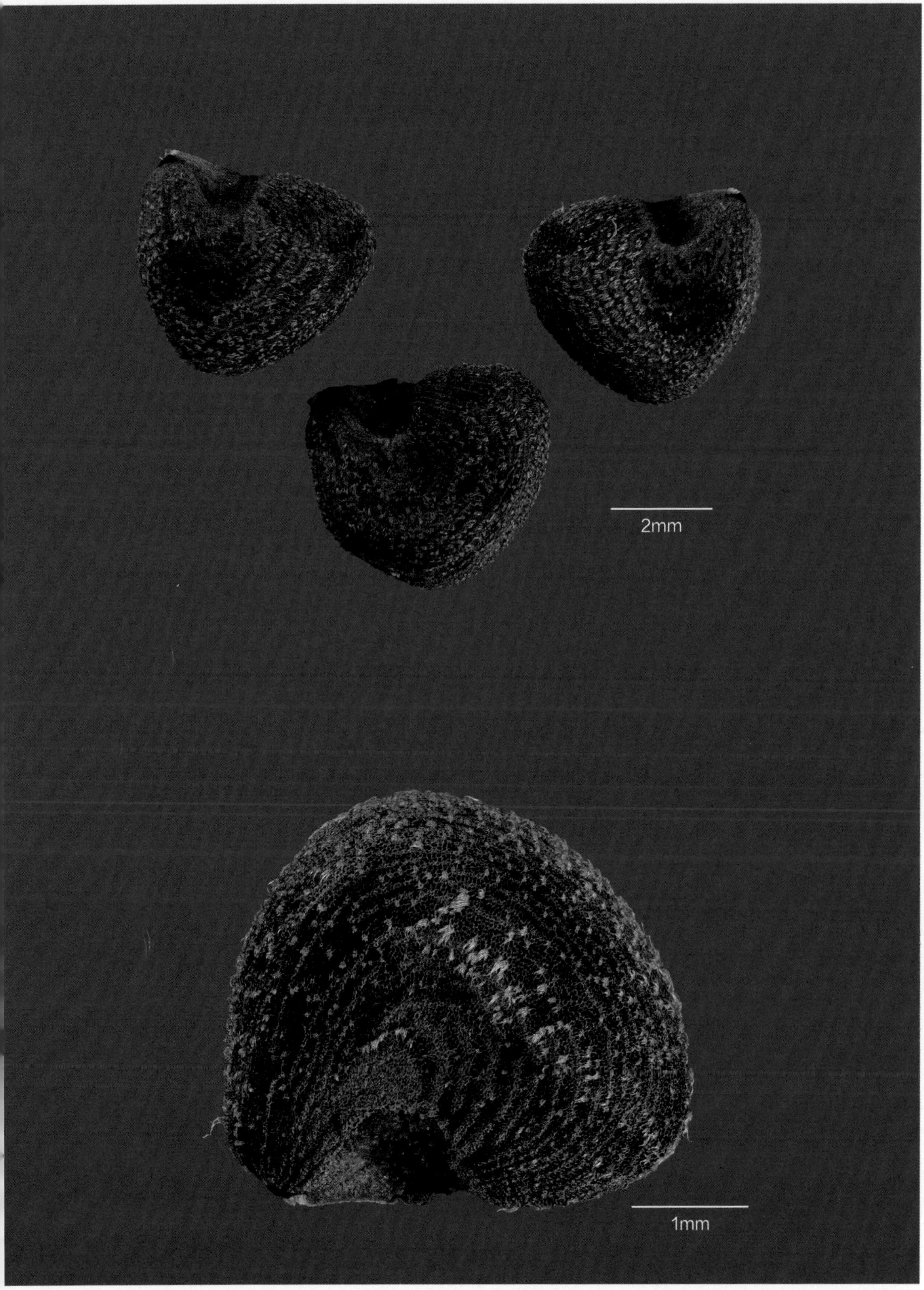
2mm
1mm

刺芙蓉

来　源 刺芙蓉 *Hibiscus surattensis* L.，锦葵科一年生亚灌木状草本。

性　状 种子呈三角状肾形，两侧稍扁，长约3mm，宽约3mm。表面黑褐色，有白色鳞片状附属物；背部有纵向黄白色弯曲短糙毛；种脐位于腹部中部凹陷处，边缘有一圈短糙毛。

药用部位 根、叶。

功　效 用于皮肤病。

采集时间 2019.12

采 集 地 海南省文昌市

鉴 定 人 郑海磊

2mm
1mm

黄槿

来　源 黄槿 *Hibiscus tiliaceus* L.，锦葵科常绿灌木或乔木。

性　状 种子呈斜肾形，两侧稍平，先端尖，基部宽大，长约 4mm，宽约 3mm。表面红棕色至黄棕色，有浅色同心环状排列的点纹；种脐位于腹部一侧，椭圆形，黑色，周边白色，常有灰黑色种柄残余。

药用部位 叶、树皮、花。

功　效 清热解毒，散瘀消肿。

采集时间 2020.11

采 集 地 广东省云浮市

鉴 定 人 周良云

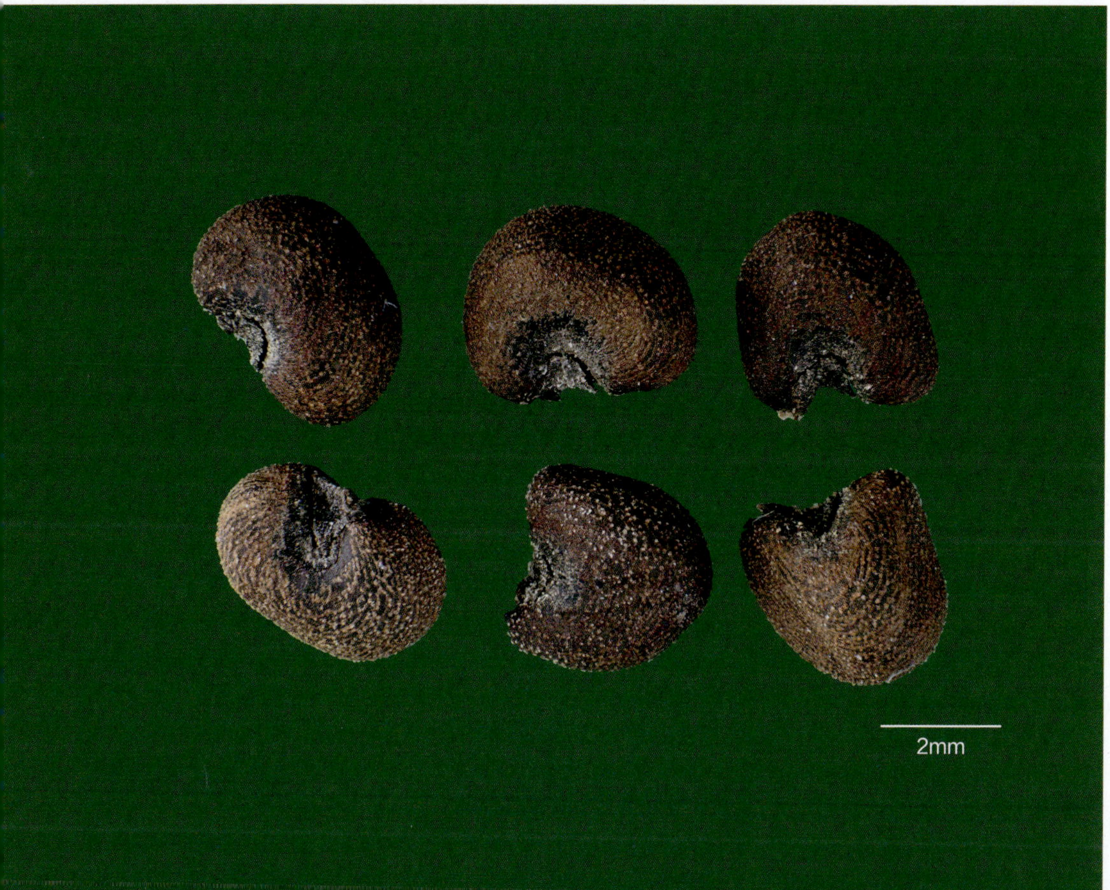
2mm

1mm

白背黄花稔

来　　源　白背黄花稔 *Sida rhombifolia* L.，锦葵科直立亚灌木。

性　　状　种子呈橘瓣状，长约 2mm，宽约 1.8mm。表面棕褐色至黑色，粗糙；背部隆起，钝圆；腹部窄；种脐位于腹部凹缺处，黄棕色，疏被白色柔毛。

药用部位　全草。

功　　效　消炎解毒，祛风除湿，止痛。

采集时间　2018.11

采 集 地　广东省广州市

鉴 定 人　周良云

1mm

拔毒散

来　源　拔毒散 *Sida szechuensis* Matsuda，锦葵科直立亚灌木

性　状　种子呈橘瓣状，长约2.5mm，宽约1.6mm。表面密被灰褐色鳞片，脱落后可见黑褐色种皮；背部明显隆起；腹部平直；种脐位于凹缺处，上有舌状种柄残余和白色短毛。

药用部位　全草。

功　效　清热，解毒，活血。

采集时间　2016.10

采 集 地　广东省深圳市

鉴 定 人　吴健梅

2mm
1mm

地桃花

来　源　地桃花 *Urena lobata* L.，锦葵科直立亚灌木状草本。

性　状　种子呈橘瓣状，长 3.6～4mm，宽约 2mm。表面黄棕色，粗糙，略呈细密纵条纹状，疏被短细毛；背部弓曲；种脐位于腹部基部凹陷处，倒卵形，上方有一黑色盖状的种柄残余物，周围浅灰白色，中央生有一纵脊。

药用部位　根或全草。

功　效　祛风利湿，清热解毒。

采集时间　2018.7

采 集 地　广东省肇庆市

鉴 定 人　周良云

2mm

1mm

梵天花

来　源 梵天花 *Urena procumbens* L.，锦葵科小灌木。

性　状 种子肾形，长约 3.5mm，宽约 2mm。表面深褐色，具细密网纹，被黄褐色短刺毛；背部弓曲；种脐位于腹部凹陷处，椭圆形，周围灰白色至黄褐色。

药用部位 根、叶。

功　效 祛风利湿，清热解毒。外用于跌打损伤，疮疡肿毒，毒蛇咬伤。

采集时间 2020.12

采 集 地 广东省广州市

鉴 定 人 周良云

2mm
1mm

木棉

来　源　木棉 *Gossampinus malabarica* (DC.) Merr.，木棉科落叶大乔木。

性　状　种子呈倒卵形，长6～6.5mm，宽3～4mm。表面黄褐色至黑褐色，具褶皱和白点，白点上生有一根银白色毛；腹面中央具一深色突起种脊，向上逐渐扁平，顶端扩大；种脐位于基部，短柄状。

药用部位　花、树皮和根。

功　效　花：清热利湿，解暑；树皮：祛风除湿，活血消肿；根：散结止痛。

采集时间　2018.6

采 集 地　广东省广州市

鉴 定 人　周良云

5mm
2mm

刺果藤

来　　源 刺果藤 *Byttneria grandifolia* Candolle，梧桐科木质藤本。

性　　状 种子呈长椭圆形，长约10mm，宽约6mm。表面粗糙，为黑色和棕色错杂的斑纹；种脐位于基部一侧，长椭圆形，白色。

药用部位 根。

功　　效 祛风湿，壮筋骨。

采集时间 2018.9

采 集 地 广东省深圳市

鉴 定 人 吴健梅

5mm
2mm

梧桐

来　源　梧桐*Firmiana simplex* (Linnaeus) W. Wight，梧桐科落叶乔木。

性　状　种子圆球形，直径6～8mm。表皮黄褐色至巧克力色，有明显的不规则褶皱和裂纹，偶见表皮剥落后内部粗糙有纵棱；种脐位于基部，点状，黄白色。

药用部位　种子、叶、花、根、茎皮。

功　效　种子：顺气，和胃，补肾；叶：镇静，降压，祛风，解毒；花：用于烧烫伤，水肿，秃疮；根：祛风湿，和血脉，通经络；茎皮：祛风，除湿，活血，止痛。

采集时间　2016.9

采 集 地　香港特别行政区

鉴 定 人　吴健梅

5mm
2mm

山芝麻

来　　源　山芝麻 *Helicteres angustifolia* L.，梧桐科小灌木。

性　　状　种子呈不规则菱柱状，长约2mm，宽约1.4mm。表面黄褐色至黑褐色，凹凸不平，凸起处色深，具细密网状纹理；基部稍平，周围可见放射状线条；种脐位于基部，稍突起，黑色。

药用部位　根或全株。

功　　效　解表清热，消肿解毒。

采集时间　2018.11

采 集 地　广东省广州市

鉴 定 人　周良云

2mm
1mm

鹧鸪麻

来　源 鹧鸪麻*Kleinhovia hospita* L.，梧桐科乔木。

性　状 种子球形，径约3mm。表面红棕色或灰黄色，颜色常不均匀，表面散生小刺突；顶端突起；基部稍缢缩，平截，周围具短纵脊；种脊由基部延伸至近顶部；种脐位于基部。

药用部位 叶。

功　效 外用疥癣，头虱等。

采集时间 2019.12

采 集 地 海南省保亭黎族苗族自治县

鉴 定 人 郑海磊

2mm
1mm

假苹婆

来　　源　假苹婆 *Sterculia lanceolata* Cav.，梧桐科乔木。

性　　状　种子近椭圆形，长9～11mm，宽7～8mm。表面红棕色至棕黑色，光滑，略带光泽，无毛；种脐位于基部，黑色，周围有一白色的圆环。

药用部位　叶、树皮。

功　　效　叶：用于除痰火，劳伤；树皮：用于白带，淋浊。

采集时间　2018.7

采 集 地　广东省广州市

鉴 定 人　周良云

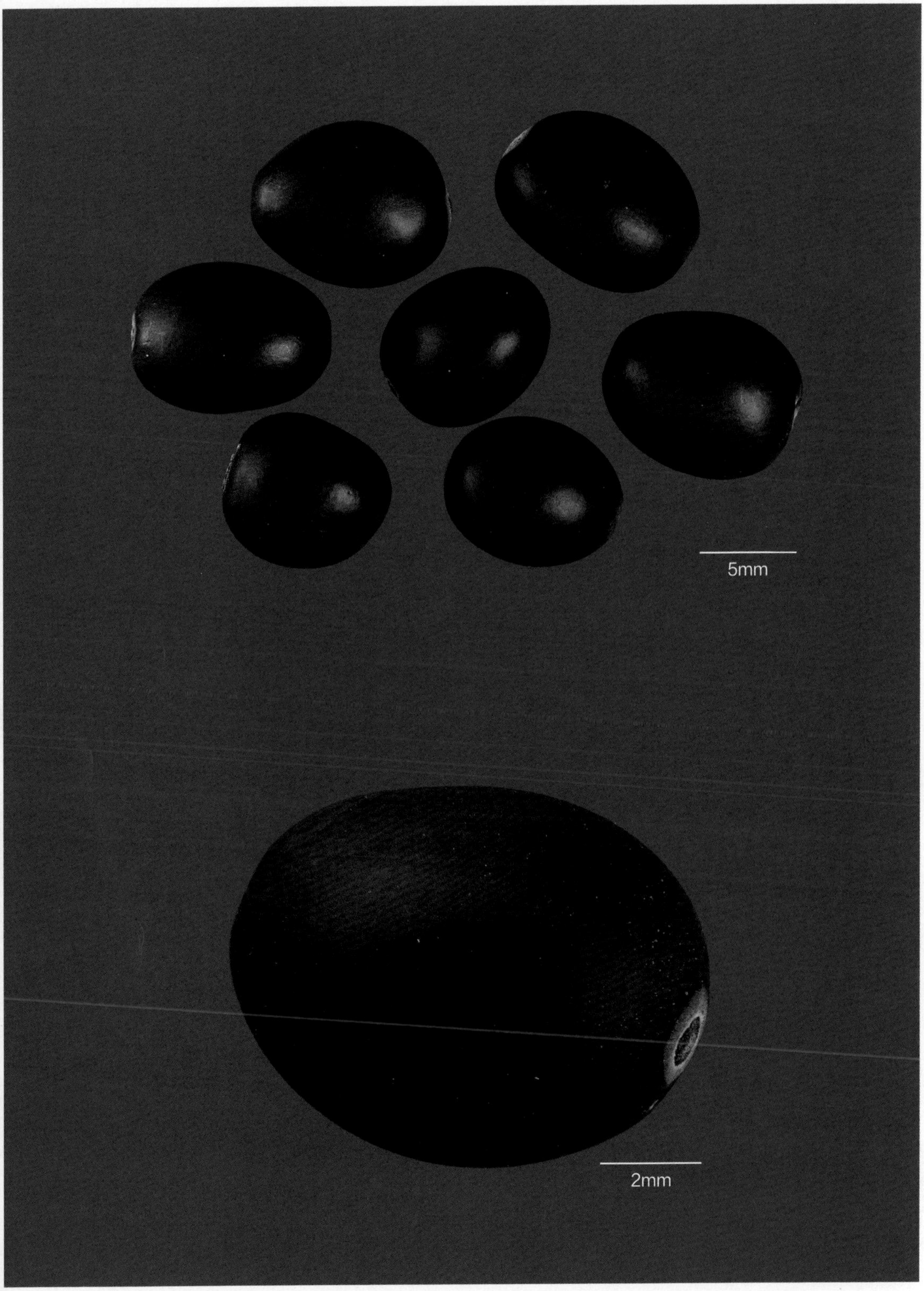
5mm
2mm

锡叶藤

来　源 锡叶藤 *Tetracera sarmentosa* Vahl.，五桠果科常绿木质藤本。

性　状 种子近球形，直径 3～4mm。表面亮黑色，具细密网状纹理；种脐位于基部，圆形，周围有橙红色流苏状的大型假种皮。

药用部位 全株、叶。

功　效 收涩固脱，消肿止痛；叶：外用于跌打瘀肿。

采集时间 2020.11

采 集 地 广东省广州市

鉴 定 人 周良云

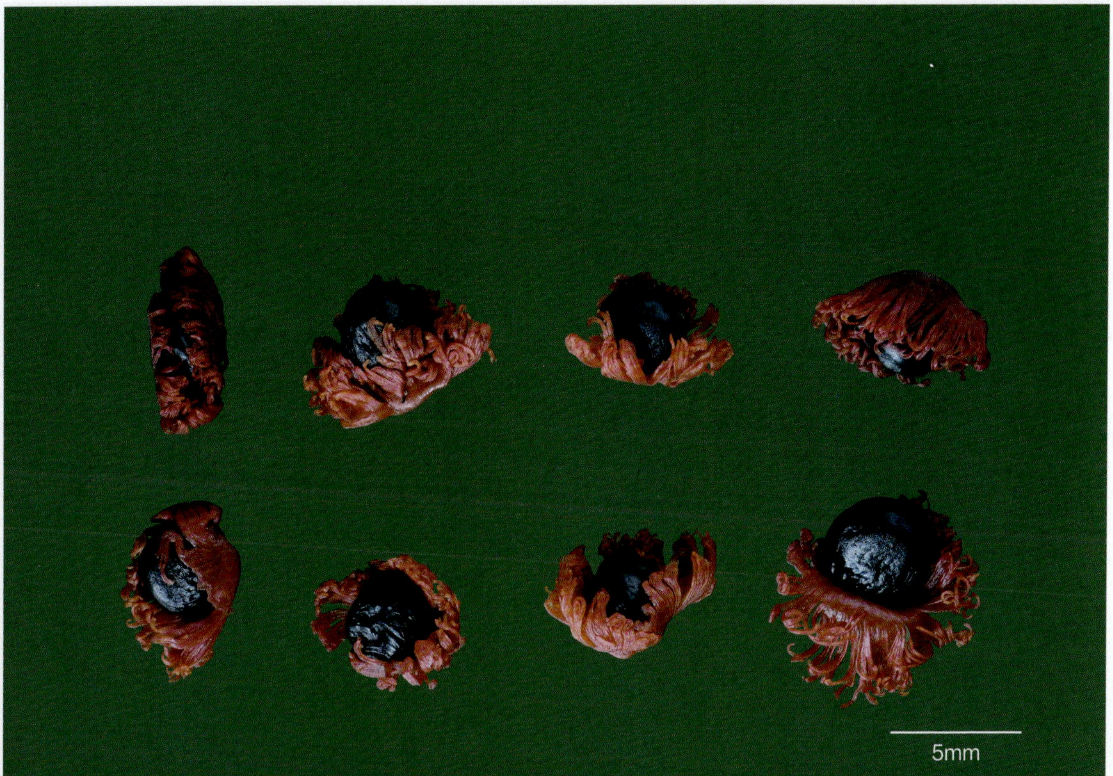
5mm

2mm

1mm
2mm

毛花猕猴桃

来　　源 毛花猕猴桃 *Actinidia eriantha* Benth.，猕猴桃科大型落叶藤本。

性　　状 种子呈椭圆形，长约2mm，宽1.2～1.4mm。表面具黄褐色和黑色的镶嵌状纹理，褐色部分大型，多边形，黑色部分较少（稀近无），与其互补，二者均稍凹陷。

药用部位 根、叶。

功　　效 清热利湿，活血消肿，解毒。

采集时间 2020.9

采 集 地 广东省韶关市

鉴 定 人 张建行

1mm
0.5mm

阔叶猕猴桃

来　　源　阔叶猕猴桃 *Actinidia latifolia* (Gardn. et Champ.) Merr.，猕猴桃科大型落叶藤本。

性　　状　种子呈椭圆形，长约 2mm，宽约 1.5mm。表面红棕色，具稍整齐矩圆形网格，彼此嵌合，结合处颜色深。

药用部位　根、茎叶。

功　　效　清热除湿，解毒，消肿止痛。

采集时间　2018.12

采 集 地　广东省河源市

鉴 定 人　吴健梅

2mm
1mm

微毛柃

来　　源　微毛柃 *Eurya hebeclados* Ling，山茶科灌木或小乔木。

性　　状　种子呈三角状肾形，稍扁，长 1.2～1.4mm，宽 0.8～1.1mm。表面红棕色，半透明，具蜂窝状网纹，网格在腹部小，在背部渐大；背部常隆起；种脐位于腹部。

药用部位　全株。

功　　效　祛风，消肿，解毒，止血。

采集时间　2018.9

采 集 地　广东省韶关市

鉴 定 人　吴健梅

1mm

0.5mm

木荷

来　源 木荷 *Schima superba* Gardn. et Champ.，山茶科大乔木。

性　状 种子呈肾形，扁平，长 1～1.2cm，宽 6～7mm（含翅）。种子本体表面灰褐色，翅黄白色，表面粗糙，有放射状条纹；种脐位于腹侧中央，凹陷。

药用部位 根皮。

功　效 攻毒，消肿。

采集时间 2018.12

采 集 地 广东省河源市

鉴 定 人 吴健梅

5mm
2mm

黄牛木

来　　源　黄牛木 *Cratoxylum cochinchinense* (Lour.) Bl.，藤黄科落叶灌木或乔木。

性　　状　种子呈长倒卵形，长 8～9mm（含翅），宽 4～5mm。表面黄褐色，至基部渐变为棕褐色，具细密网纹；顶端圆钝，边缘处加厚；基部渐尖，偏斜；种脐位于基部，色浅。

药用部位　根、树皮或茎叶。

功　　效　清热解毒，化湿消滞，祛瘀消肿。

采集时间　2019.4

采 集 地　广东省云浮市

鉴 定 人　周良云

2mm
1mm

地耳草

来　　源 地耳草*Hypericum japonicum* Thunb. ex Murray，藤黄科一年生或多年生草本。

性　　状 种子呈长椭圆形，长约0.5mm，宽约0.2mm。表面黄白色，具数条纵棱，棱间有横皱纹；顶部有小突尖；种脐位于基部，稍突起。

药用部位 全草。

功　　效 清热解毒，止血消肿。

采集时间 2018.4

采 集 地 广东省云浮市

鉴 定 人 周良云

0.5mm
0.2mm

红木

来　　源　红木 *Bixa orellana* L.，红木科常绿灌木或小乔木。

性　　状　种子呈三角状倒卵形，长约4mm，宽约3mm。表面密被暗红色小球状乳突，排列紧密；背部拱起；腹部中央有一条纵向凹痕；顶部平，中央微凹陷，四周有数片黄褐色附属物；种脐位于基部，稍偏向一侧，圆形。

药用部位　全草、种子。

功　　效　全草：用于肾炎，黄疸型肝炎，蛇咬伤，淋病；种子：收敛退热。

采集时间　2019.2

采 集 地　广东省深圳市

鉴 定 人　吴健梅

2mm
1mm

长萼堇菜

来　源 长萼堇菜 *Viola inconspicua* Blume，堇菜科多年生草本。

性　状 种子呈倒卵球形，长1～1.5mm，宽0.8～1mm；表面黄褐色，具纵向细网状突起；顶端平，中央微凹；基部尖；种脐位于基部，有白色透明状附属物。

药用部位 全草。

功　效 清热解毒。

采集时间 2018.3

采集地 广东省广州市

鉴定人 周良云

1mm
0.5mm

山桐子

来　源　山桐子 *Idesia polycarpa* Maxim.，大风子科落叶乔木。

性　状　种子呈倒卵形，长约2.5mm，宽约1.5mm。表面红棕色，常有淡黄色大型斑块，凹凸不平，具细密网状纹理，有光泽；顶端钝圆；基部稍尖；种脊位于腹面，淡黄色，由基部延伸至顶端；种脐位于基部，黄色。

药用部位　种子油、叶。

功　效　种子油：杀虫；叶：清热凉血，散瘀消肿。

采集时间　2020.10

采 集 地　广东省韶关市

鉴 定 人　张建行

1mm
0.5mm

番木瓜

来　源　番木瓜 *Carica papaya* L.，番木瓜科常绿软木质小乔木。

性　状　种子呈卵圆形，长6～7mm，宽4～5mm。表面灰白色，具纵向宽棘状突起，脊间灰黑色；种脐位于基部，点状，色浅，周围稍平整。

药用部位　果实、叶。

功　效　果实：消食下乳，除湿通络，解毒驱虫；叶：解毒，接骨。

采集时间　2019.4

采 集 地　广东省广州市

鉴 定 人　周良云

2mm

紫背天葵

来　　源 紫背天葵 *Begonia fimbristipula* Hance，秋海棠科多年生草本。

性　　状 种子近短柱形，长约0.4mm，宽约0.2mm。表面黄棕色，半透明状，具多角形网格，网格在顶端近方形，在下部近长方形；顶部钝圆；基部缢缩呈瓶口状；种脐位于基部平截处，凹入。

药用部位 块茎、全草。

功　　效 清热凉血，止咳化痰，散瘀消肿。外用于扭挫伤，骨折，烧烫伤。

采集时间 2020.11

采 集 地 广东省韶关市

鉴 定 人 张建行

0.5mm

量天尺

来　源　量天尺 *Hylocereus undatus* (Haw.) Britt. et Rose，仙人掌科攀援肉质灌木。

性　状　种子呈倒卵形，长2～2.4mm，宽约1.3mm。表面黑色，有光泽，具鱼鳞状疣突；背部弓曲；腹部平；基部具蜂窝状凹穴；种脐位于腹部，条形，灰白色。

药用部位　花。

功　效　清热润肺，止咳。

采集时间　2018.10

采 集 地　广东省广州市

鉴 定 人　周良云

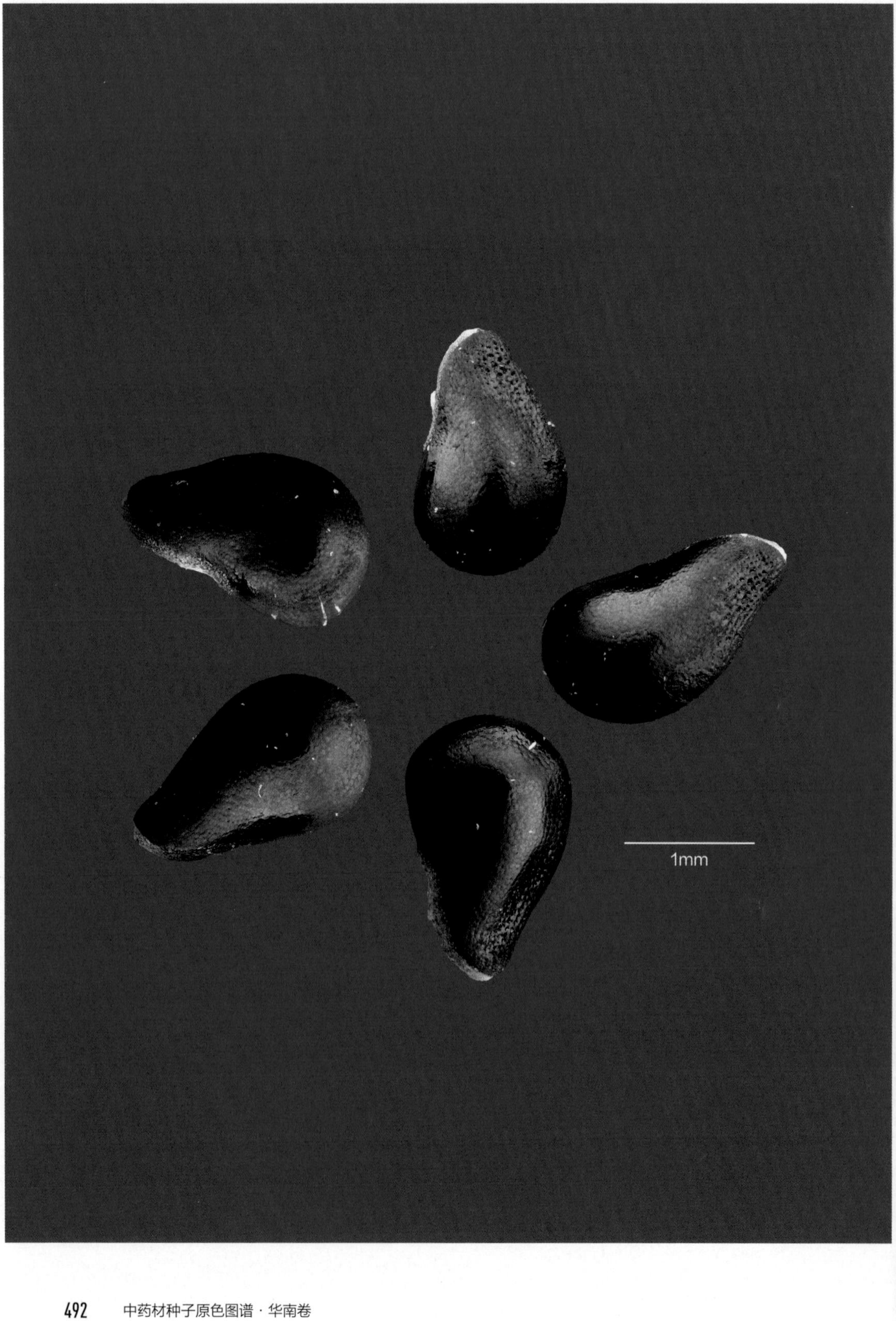
1mm

白木香

来　　源　白木香 *Aquilaria sinensis* (Lour.) Spreng.，瑞香科乔木。

性　　状　种子呈卵球形，长约 1cm，宽约 6mm。表面黑褐色至黑色；腹面有纵沟；顶端渐尖；基部有线状附属物，长达 2cm，一侧为黑褐色，另一面黄褐色，边缘内卷形成纵向凹槽，凹槽内黄白色；种子及附属物疏被白色短毛。

药用部位　含树脂的木材。

功　　效　行气止痛，温中止呕，纳气平喘。

采集时间　2017.6

采 集 地　广东省广州市

鉴 定 人　周良云

5mm

了哥王

来　源　了哥王 *Wikstroemia indica* (L.) C. A. Mey.，瑞香科灌木。

性　状　果核呈卵球形，长4～5mm，宽3～4mm。表面浅褐色，具细密膜质网纹，剥落后黑色；顶端渐尖；基部圆钝；腹面生1条浅黄褐色纵脊。

药用部位　根。

功　效　清热，利尿，解毒，杀虫，破积。

采集时间　2017.11

采 集 地　广东省广州市

鉴 定 人　周良云

2mm

1mm

毛八角枫

来　源 毛八角枫 *Alangium kurzii* Craib，八角枫科落叶小乔木。

性　状 果核呈椭圆形，长 0.8～1.2cm，宽 4～6mm。表面灰褐色，粗糙；背面具数条纵棱；腹面中央具椭圆形突起，两侧各具一纵向凹沟，沟内有纵向突起的黄白色脊；种脐位于基部。

药用部位 侧根、须根。

功　效 舒筋活血，散瘀止痛。

采集时间 2018.7

采 集 地 广东省惠州市

鉴 定 人 吴健梅

5mm

2mm

使君子

来　源　使君子 *Quisqualis indica* L.，使君子科攀援状灌木。

性　状　果实呈纺锤形，具五条明显的棱状翅，长 3～4cm，宽 1.5～2cm。表面褐色，光滑无毛；顶端渐尖；基部急尖；果柄痕位于基部，圆形，色浅。

药用部位　叶、根。

功　效　叶：理气健脾，杀虫解毒；根：杀虫健脾，降逆止咳。

采集时间　2017.11

采 集 地　广东省深圳市

鉴 定 人　吴健梅

1cm
5mm

桃金娘

来　　源 桃金娘 *Rhodomyrtus tomentosa* (Ait.) Hassk.，桃金娘科灌木。

性　　状 种子呈三角状倒卵形，宽约 2.5mm。表面黄棕色，密生膜质半透明乳突，紧密排列略呈同心环状，外侧大，内侧渐小；顶端圆钝；基部平截；种脐位于基部，白色，条状。

药用部位 果实。

功　　效 养血止血，涩肠固精。

采集时间 2018.11

采 集 地 广东省河源市

鉴 定 人 吴健梅

2mm
1mm

鸭脚茶

来　　源　鸭脚茶 *Bredia sinensis* (Diels) H. L. Li，野牡丹科灌木。

性　　状　种子呈倒四棱锥形，长 0.8～1mm，顶端宽 0.4～0.5mm。表面黄褐色，无毛，棱上具小乳突；顶部平截，正方形；种脐位于基部，具种柄残余，残余物颜色稍深，质半透明。

药用部位　全草。

功　　效　发表。

采集时间　2018.11

采 集 地　广东省乳源市

鉴 定 人　张建行

0.5mm

地菍

来　源　地菍 *Melastoma dodecandrum* Lour.，野牡丹科小灌木。

性　状　种子呈三角状斜肾形，长约 0.5mm。表面浅红棕色，粗糙，可见细密的疣状小突起；两面中央稍凹陷；背部弓曲，较厚；腹部渐薄，稍平直而中部有略凸；种脐位于基部，红褐色。

药用部位　全株。

功　效　涩肠止痢，舒筋活血，补血安胎，清热燥湿。

采集时间　2018.8

采 集 地　广东省云浮市

鉴 定 人　周良云

1mm

0.5mm

野牡丹

来　　源 野牡丹 *Melastoma malabathricum* Linnaeus，野牡丹科灌木。

性　　状 种子偏肾形，一端稍发达，长 0.5～0.7mm。表面黄白色，通体密生乳突；种脐位于腹部基部，黑紫色。

药用部位 根、叶。

功　　效 根、叶：清热利湿，消肿止痛，散瘀止血；叶：外用于跌打损伤，外伤出血。

采集时间 2020.11

采 集 地 广东省韶关市

鉴 定 人 张建行

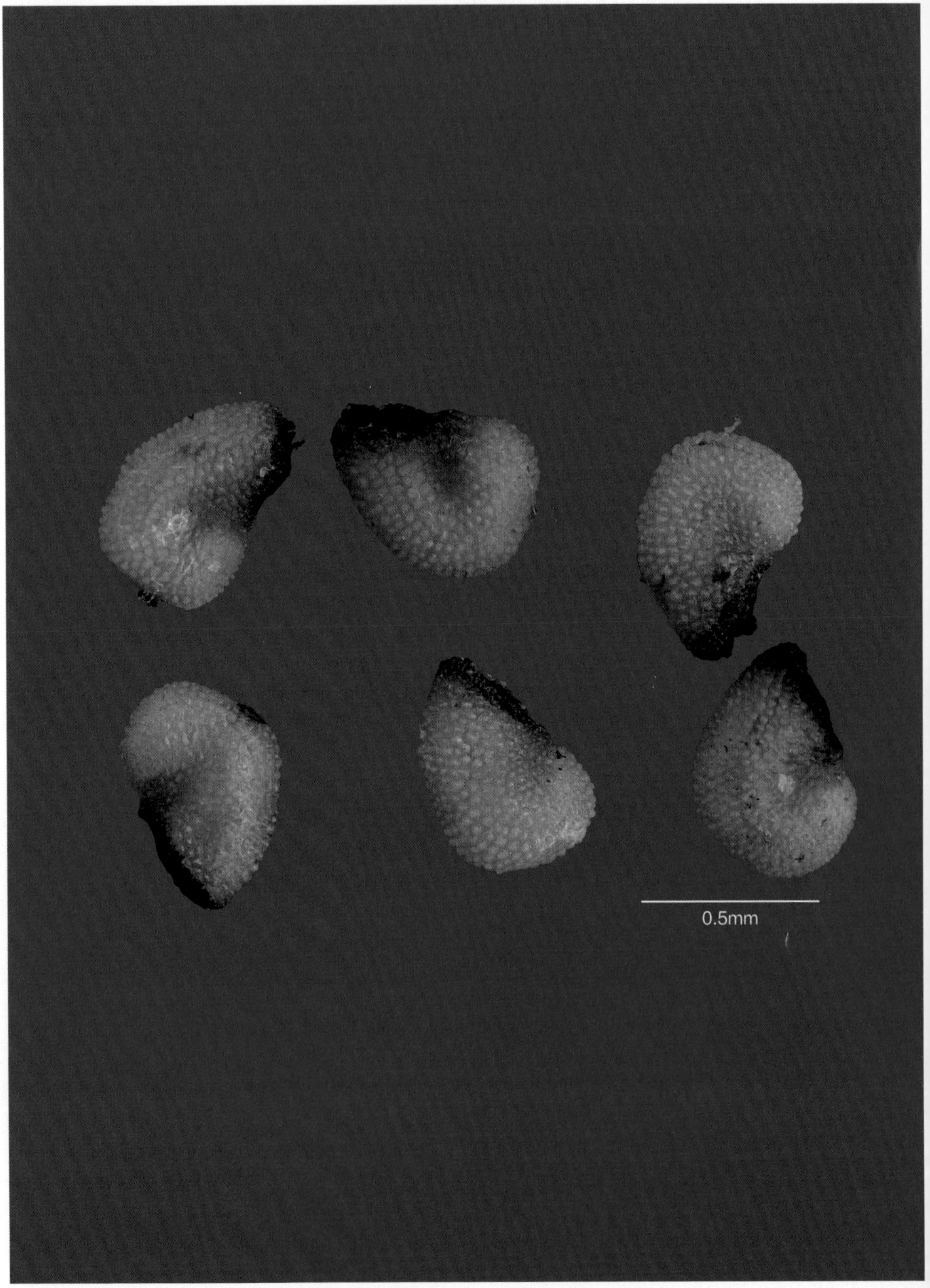
0.5mm

毛菍

来　源　毛菍 *Melastoma sanguineum* Sims，野牡丹科大灌木。

性　状　种子呈三角状肾形，长0.5～0.8mm，宽约0.5mm。表面红棕色，具同心环状整齐排列的突起；背部三角状弓曲；腹部中央具浅凹陷；种脐位于腹部的基部，中央浅凹，近三角形，红褐色。

药用部位　根、叶。

功　效　根：收敛止血，消食止痢；叶：拔毒生肌止血。

采集时间　2018.11

采 集 地　广东省广州市

鉴 定 人　周良云

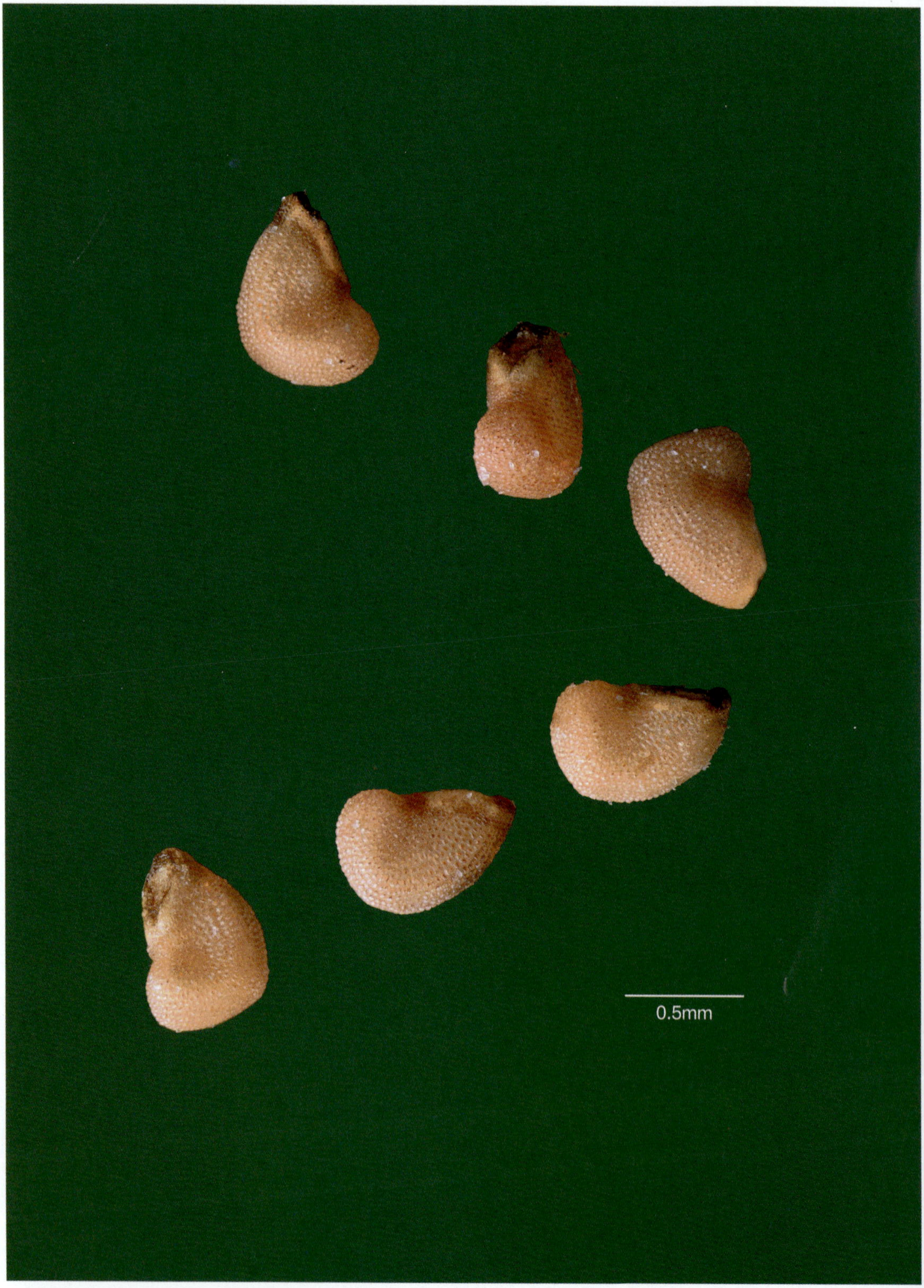
0.5mm

蜂斗草

来　　源　蜂斗草 *Sonerila cantonensis* Stapf，野牡丹科草本或亚灌木。

性　　状　种子倒卵状三角形，长 0.7～0.9mm，宽 0.3～0.4mm。表面红棕色，凹凸不平；先端一侧有附属气室，延伸至基部渐无，黄棕色，表面生网纹，气室上可见两条纵棱；种脐位于基部，凹陷。

药用部位　全株。

功　　效　通经，活络，行血，解毒。

采集时间　2019.12

采 集 地　广东省广州市

鉴 定 人　周良云

0.5mm

草龙

来　源 草龙 *Ludwigia hyssopifolia* (G. Don) Exell.，柳叶菜科一年生直立草本。

性　状 种子呈短三棱柱形，长约1mm，宽约0.8mm。表面黄褐色，覆盖有半透明囊泡，排列不规则；两端截平，截面呈三角形，中央可见一沟，有种仁漏出；背面棱明显；腹面有一条纵沟。

药用部位 全草。

功　效 清热解表，解毒利尿，凉血止血。

采集时间 2018.12

采 集 地 广东省肇庆市

鉴 定 人 周良云

1mm
0.5mm

毛草龙

来　源　毛草龙 *Ludwigia octovalvis* (Jacq.) Raven，柳叶菜科多年生粗壮直立草本。

性　状　种子近球型，直径 0.6～0.8mm。表面黄褐色，具长方形网纹；顶端圆钝；基部稍尖；腹面中央生一纵沟，沟内白色，两侧网纹方向垂直；种脐位于基部，棕褐色，稍突起。

药用部位　全草。

功　效　清热利湿，解毒消肿。

采集时间　2018.8

采 集 地　广东省广州市

鉴 定 人　周良云

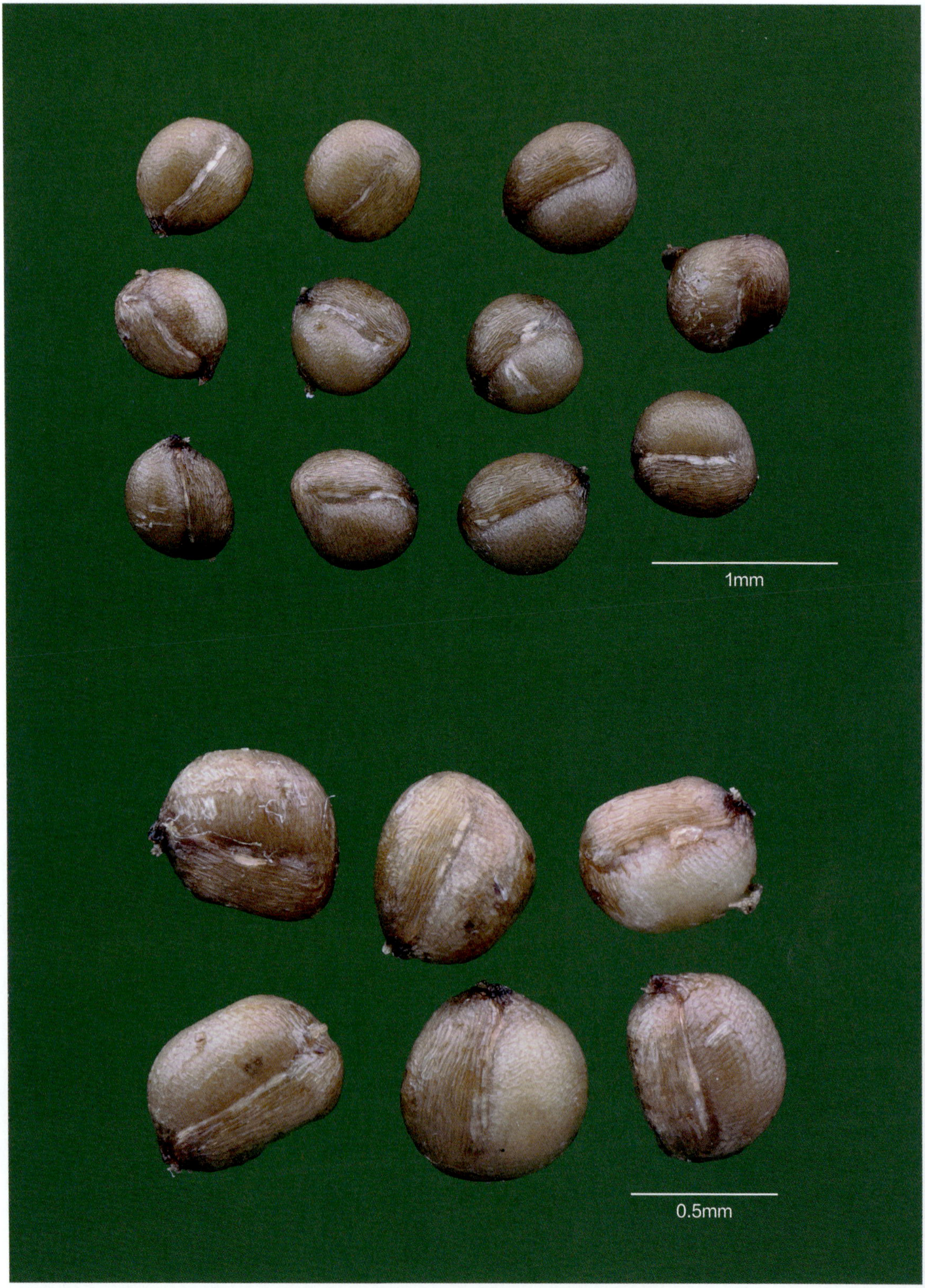
1mm
0.5mm

黄毛楤木

来　源　黄毛楤木 *Aralia chinensis* L.，五加科灌木或乔木。

性　状　种子呈橘瓣状，长约2.6mm，宽约1.7mm。表面骨白色，见绢丝样纹理；背部弓曲，具一深凹槽，凹槽内部散生有刺突；腹面平；种脐位于腹面近基部。

药用部位　根皮、茎皮。

功　效　祛风除湿，利尿消肿，活血止痛。

采集时间　2020.11

采 集 地　广东省韶关市

鉴 定 人　张建行

1mm

0.5mm

头序楤木

来　　源　头序楤木 *Aralia dasyphylla* Miq.，五加科灌木或小乔木。

性　　状　种子呈橘瓣状，长2.5～3mm，宽约1.5mm。表面黄褐色，密被放射状白色刺突，在腹侧两面较少，在背部极发达；种脐位于腹面近基部，生有一褐色附属物，常脱落。

药用部位　根皮、茎皮。

功　　效　祛风除湿，利尿消肿，活血止痛。

采集时间　2020.11

采 集 地　广东省韶关市

鉴 定 人　张建行

2mm
1mm

棘茎楤木

来　源　棘茎楤木 *Aralia echinocaulis* Hand.-Mazz.，五加科乔木。

性　状　种子呈橘瓣状，长约 2.5mm，宽约 1.5mm。表面棕色，生有深浅不一的刺突和孔穴，孔洞在背部边缘密集分布形成一较明显的弧形沟槽；种脐位于腹面基部，喙状。

药用部位　根皮。

功　效　祛风除湿，行气活血，消肿解毒。

采集时间　2020.11

采 集 地　广东省韶关市

鉴 定 人　张建行

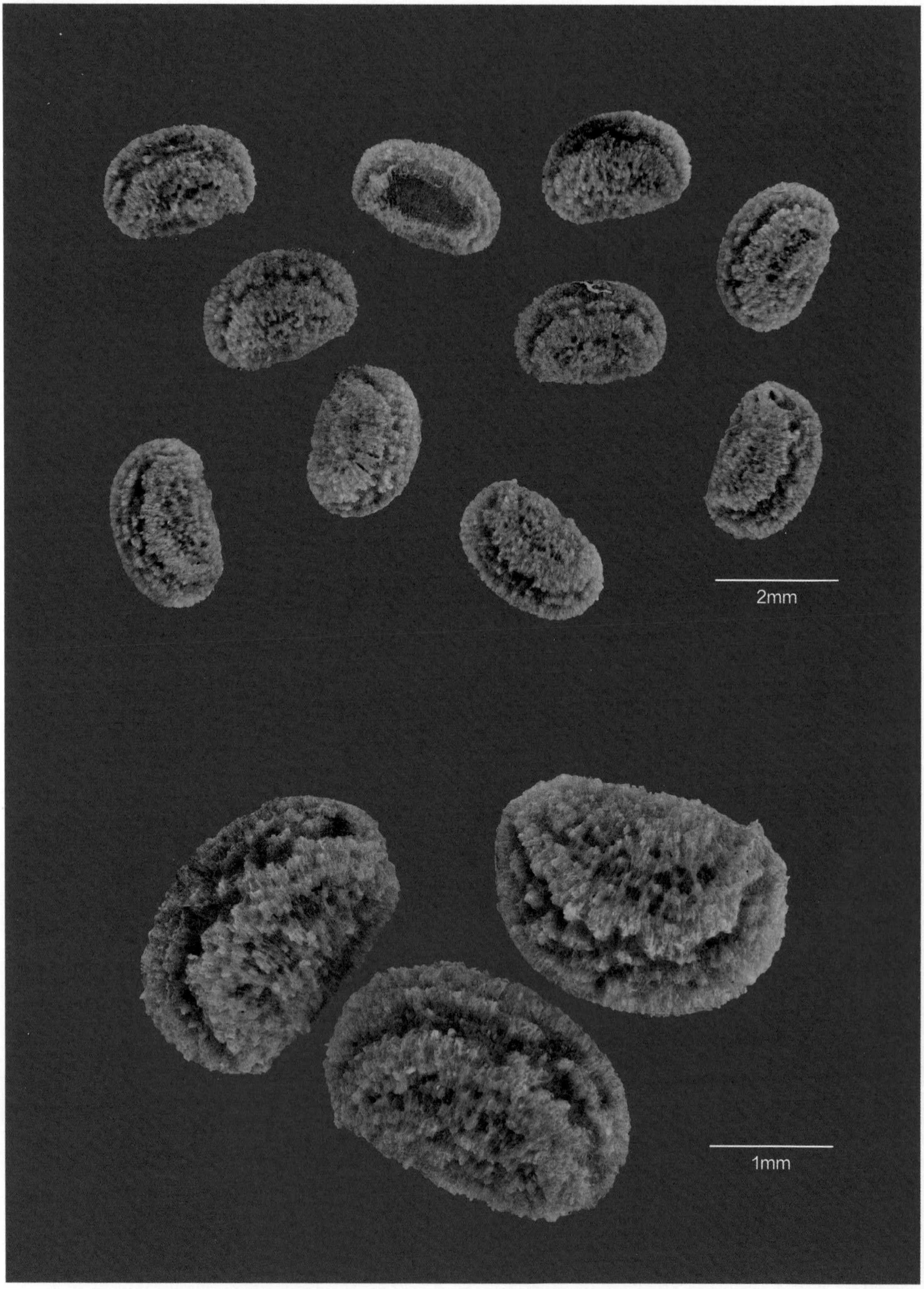
2mm
1mm

茴香

来　源　茴香 *Foeniculum vulgare* Mill.，伞形科一年生草本。

性　状　双悬果呈长矩圆形，长 5～6mm，宽约 2mm。表面棕色；背部生五条明显纵肋，黄褐色；腹部稍内弯，有棕色纵肋；顶端具花柱残基。

药用部位　果实。

功　效　温肾暖肝，行气止痛，和胃。

采集时间　2018.11

采 集 地　广东省广州市

鉴 定 人　周良云

2mm

1mm

1mm

香港四照花

来　　源　香港四照花 *Cornus hongkongensis* Hemsley，山茱萸科常绿乔木或灌木。

性　　状　果核呈倒卵形，长 7～8mm，宽约 5mm。表面棕色，光滑，一侧具一纵沟，另一侧具一弯曲白色条纹。

药用部位　叶、花。

功　　效　收敛止血。

采集时间　2017.11

采 集 地　广东省韶关市

鉴 定 人　吴健梅

1cm

2mm

滇白珠

来　源 滇白珠 *Gaultheria leucocarpa* var. *erenulata* (Kurz) T. Z. Hsu，杜鹃花科常绿灌木。

性　状 种子小而不规则，稍呈肾形或棱台形，径约 0.8mm。表面棕黄色，有光泽，有网纹，其上有膜质表皮覆盖；种脐位于基部，稍平。

药用部位 全株、茎、叶、根。

功　效 祛风除湿，舒筋活络，活血止痛。

采集时间 2020.10

采 集 地 广东省韶关市

鉴 定 人 张建行

0.5mm

凹脉紫金牛

来　　源　凹脉紫金牛 *Ardisia brunnescens* Walker，紫金牛科灌木。

性　　状　果核呈扁球形，直径约 5mm。表面红棕色，有数十条黄白色纵条纹，常分叉；顶端和基部稍平。

药用部位　根。

功　　效　利咽，止痛。

采集时间　2019.1

采 集 地　广东省广州市

鉴 定 人　周良云

2mm

紫金牛

来　　源　紫金牛 *Ardisia japonica* (Thunb.) Blume，紫金牛科小灌木或亚灌木。

性　　状　果核近球形，直径3.5～4mm。表面黄褐色，具皱褶状突起；顶端圆，稍光滑；基部略平截，常色浅。

药用部位　茎叶、根。

功　　效　镇咳，祛痰，活血，利尿，解毒。

采集时间　2019.3

采 集 地　广东省广州市

鉴 定 人　周良云

2mm
1mm

虎舌红

来　　源　虎舌红 *Ardisia mamillata* Hance，紫金牛科矮小灌木。

性　　状　果核呈扁球形，直径 5～6mm。表面灰白色，具极细密网纹，周围均匀生有多条纵向棱线。

药用部位　全草。

功　　效　清热利湿，活血，凉血，止血，去腐生肌。

采集时间　2018.11

采 集 地　广东省河源市

鉴 定 人　吴健梅

5mm
2mm

山血丹

来　源 山血丹 *Ardisia lindleyana* D.Dietrich，紫金牛科灌木或小灌木。

性　状 果核呈扁球形，直径约 5mm。表面红褐色，生白色纵纹，20～30 条；顶端生有一短刺突。

药用部位 根。

功　效 调经，通经，活血，祛风，止痛

采集时间 2018.11

采 集 地 广东省河源市

鉴 定 人 吴健梅

5mm
2mm

罗伞树

来　　源　罗伞树 *Ardisia quinquegona* Blume，紫金牛科灌木或灌木状小乔木。

性　　状　果核呈五角形，略扁，直径 5～7mm。表面棕褐色，具细密皱纹，周围生有数十条黄白色纵条纹，条纹在基部明显且稍合生，在上部较细，条纹常分叉联结；顶端稍平或下凹，中心处突起。

药用部位　根、叶。

功　　效　清咽消肿，散血止痛。

采集时间　2020.12

采 集 地　广东省广州市

鉴 定 人　周良云

5mm

1mm
1mm

酸藤子

来　　源　酸藤子 *Embelia laeta* (L.) Mez，紫金牛科攀援灌木或藤本。

性　　状　种子呈圆球状，直径约 5mm。表面黄白色，具多数白色纵条纹，条纹在基部规则不分叉，在上部常分叉交连；顶部有一小尖，基部有凹陷。

药用部位　根、叶。

功　　效　散瘀止痛，收敛止泻。

采集时间　2018.8

采 集 地　广东省广州市

鉴 定 人　周良云

5mm
2mm

白花酸藤果

来　源　白花酸藤果 *Embelia ribes* Burm. F.，紫金牛科攀援灌木或藤本。

性　状　果核呈倒卵形，长约 3.5mm，宽约 3mm。表面灰褐色至黑灰色，粗糙，上半部生有短棘突，下半部生有纵向的脊，长短不一。

药用部位　根、叶。

功　效　根：清热除湿，止血消炎。用于急性胃肠炎，痢疾，腹泻，刀枪伤，外伤出血，蛇咬伤；叶（水煎）：外用于外科洗药。

采集时间　2020.5

采 集 地　海南省吊罗山国家森林公园

鉴 定 人　张建行

2mm
1mm

平叶酸藤子

来　源　平叶酸藤子 *Embelia undulata* (Wall.) Mez，紫金牛科攀援灌木。

性　状　果核呈扁球形，直径约 9mm。表面浅黄褐色，具明显纵棱，20 余条，棱及棱间具刺状乳突，上部仅有 4～5 条棱在顶点连接并形成一短突尖，其他棱纹在上部逐渐变浅。

药用部位　果实。

功　效　驱虫。

采集时间　2018.12

采 集 地　广东省河源市

鉴 定 人　吴健梅

5mm

2mm

2mm

杜茎山

来　源　杜茎山 *Maesa japonica* (Thunb.) Moritzi.ex Zoll.，紫金牛科灌木。

性　状　种子略呈倒四棱锥形，长约 1mm，宽约 0.8mm。表面黑色，由众多中间略凹陷的不规则方块整齐排列组成；顶端宽大而稍平坦；基部稍细；种脐位于基部中间，黄白色。

药用部位　根、叶。

功　效　祛风，解疫毒，消肿胀。

采集时间　2019.1

采 集 地　广东省惠州市

鉴 定 人　吴健梅

1mm
0.5mm

鲫鱼胆

来　　源　鲫鱼胆 *Maesa perlarius* (Lour.) Merr.，紫金牛科小灌木。

性　　状　种子呈不规则多面体形，径约 0.8mm。表面黑色，密被小乳突；种脐位于基部棱角汇集处，黄白色至棕色，常有附属物。

药用部位　全株。

功　　效　接骨消肿，生肌祛腐。

采集时间　2020.10

采 集 地　广东省韶关市

鉴 定 人　张建行

0.5mm

过路黄

来　源　过路黄 *Lysimachia christinae* Hance，报春花科匍匐草本。

性　状　种子近馒头状，径 0.8～1.2mm。表面棕黑色，密生半透明红褐色小乳突；顶部宽圆而平截；基部渐窄；种脐位于基部，圆形。

药用部位　全草。

功　效　利湿退黄，利尿通淋，解毒消肿。

采集时间　2019.12

采 集 地　广东省广州市

鉴 定 人　周良云

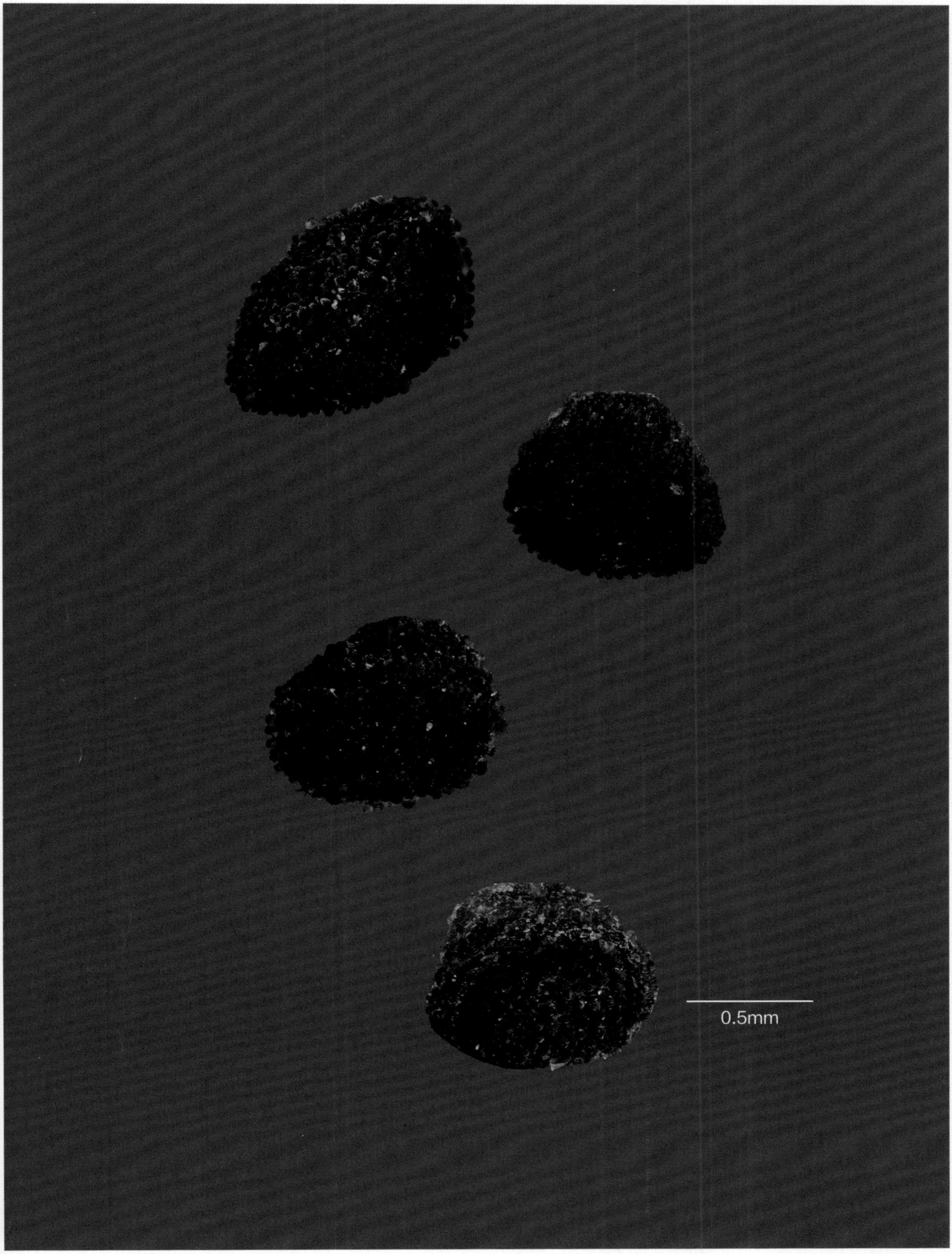
0.5mm

三叶香草

来　　源　三叶香草 *Lysimachia insignis* Hemsl.，报春花科草本。

性　　状　种子呈不规则多面体形，棱角分明，长0.8～1mm，宽 0.6～0.8mm。表面黑褐色，具细密疣状凸起；顶端平直宽大；基部稍窄；种脐位于基部中心处，红褐色。

药用部位　全株、根。

功　　效　活血散瘀，行气止痛，平肝。

采集时间　2019.11

采 集 地　广西壮族自治区百色市

鉴 定 人　郑海磊

1mm
0.5mm

人心果

来　　源　人心果 *Manilkara zapota* (L.) van Royen，山榄科乔木。

性　　状　种子呈长倒卵形，稍扁，长约 2.5cm，宽约 1cm。表面深棕褐色，光滑，具蜡质光泽；顶端钝圆；基部稍偏斜呈喙状；背部弓曲；腹部平；种脐位于腹部，白色，线形。

药用部位　树皮。

功　　效　清热凉血。

采集时间　2019.12

采 集 地　海南省文昌市

鉴 定 人　郑海磊

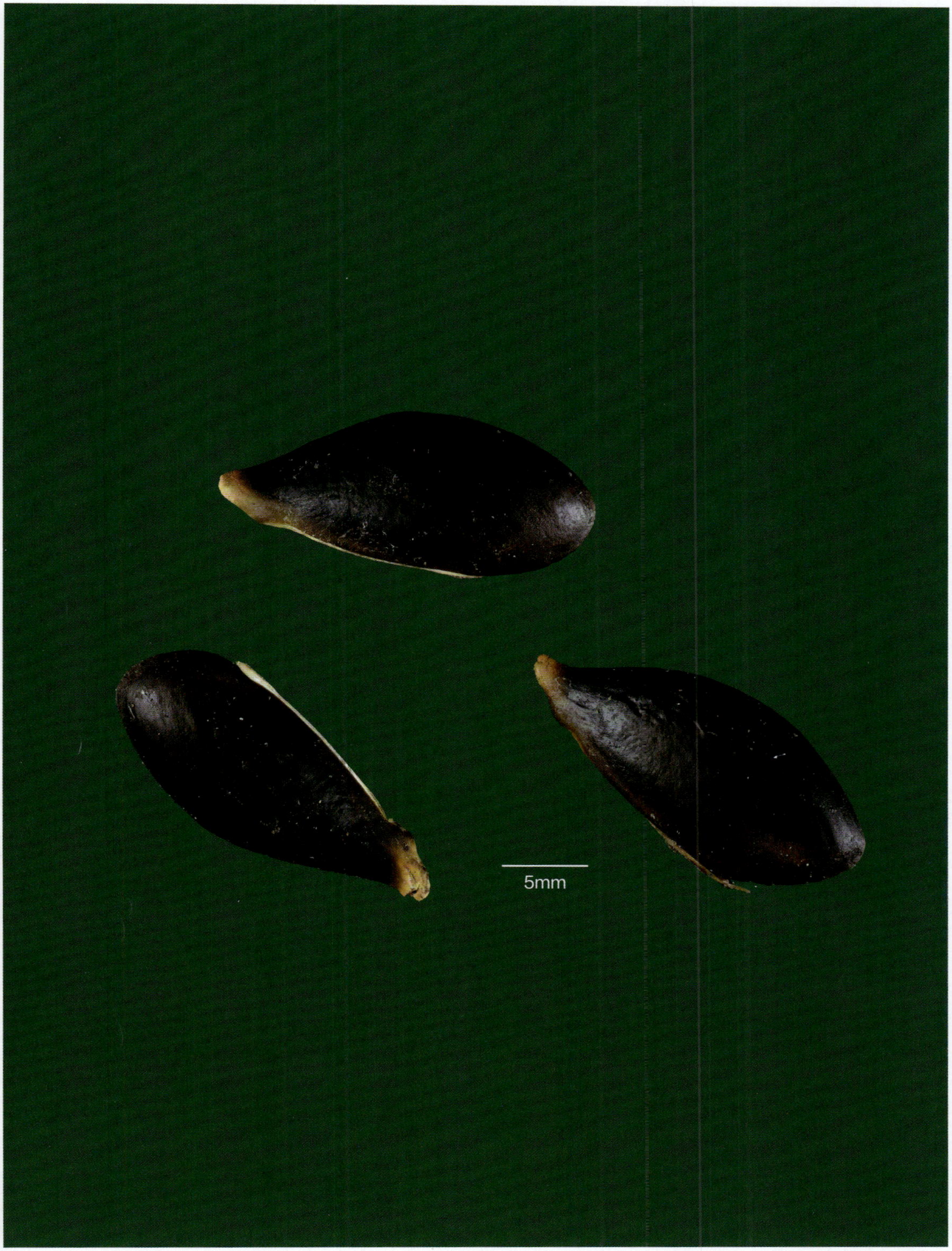
5mm

神秘果

来　　源 神秘果 *Synsepalum dulcificum* Daniell，山榄科常绿灌木。

性　　状 果核长椭圆形，长 1.2～1.4cm，宽 7～8.5mm。表面二型，背面棕色，光滑，有光泽；腹面黄白色，粗糙有白粉，中间有一土黄色纵向条纹；两端稍尖。

药用部位 果。

功　　效 矫味剂。

采集时间 2019.10

采 集 地 广东省广州市

鉴 定 人 李书渊

5mm

2mm
2mm

白檀

来　源 白檀*Symplocos paniculata* (Thunb.) Miq.，山矾科落叶灌木或小乔木。

性　状 果核呈倒卵球形，长约5mm，宽4～5mm。表面灰棕色至红褐色，略粗糙，生有多条纵向的白条纹，之间少有连接和分叉，在顶部汇集；顶端圆钝，中央稍内陷；基部稍缢缩。

药用部位 全株。

功　效 消炎软坚，调气。

采集时间 2020.11

采 集 地 广东省韶关市

鉴 定 人 张建行

5mm
2mm

小蜡

来　源 小蜡 *Ligustrum sinense* Lour.，木犀科落叶灌木或小乔木。

性　状 种子宽椭圆形，扁平，长约5mm，宽约3.8mm。表面黑褐色，密生疣状突起；背部轮廓稍隆起，不平整，腹部有3条沟，中间一条较明显；种脐位于基部，红褐色。

药用部位 树皮及枝叶。

功　效 清热利湿，解毒消肿。

采集时间 2018.11

采 集 地 广东省深圳市

鉴 定 人 周良云

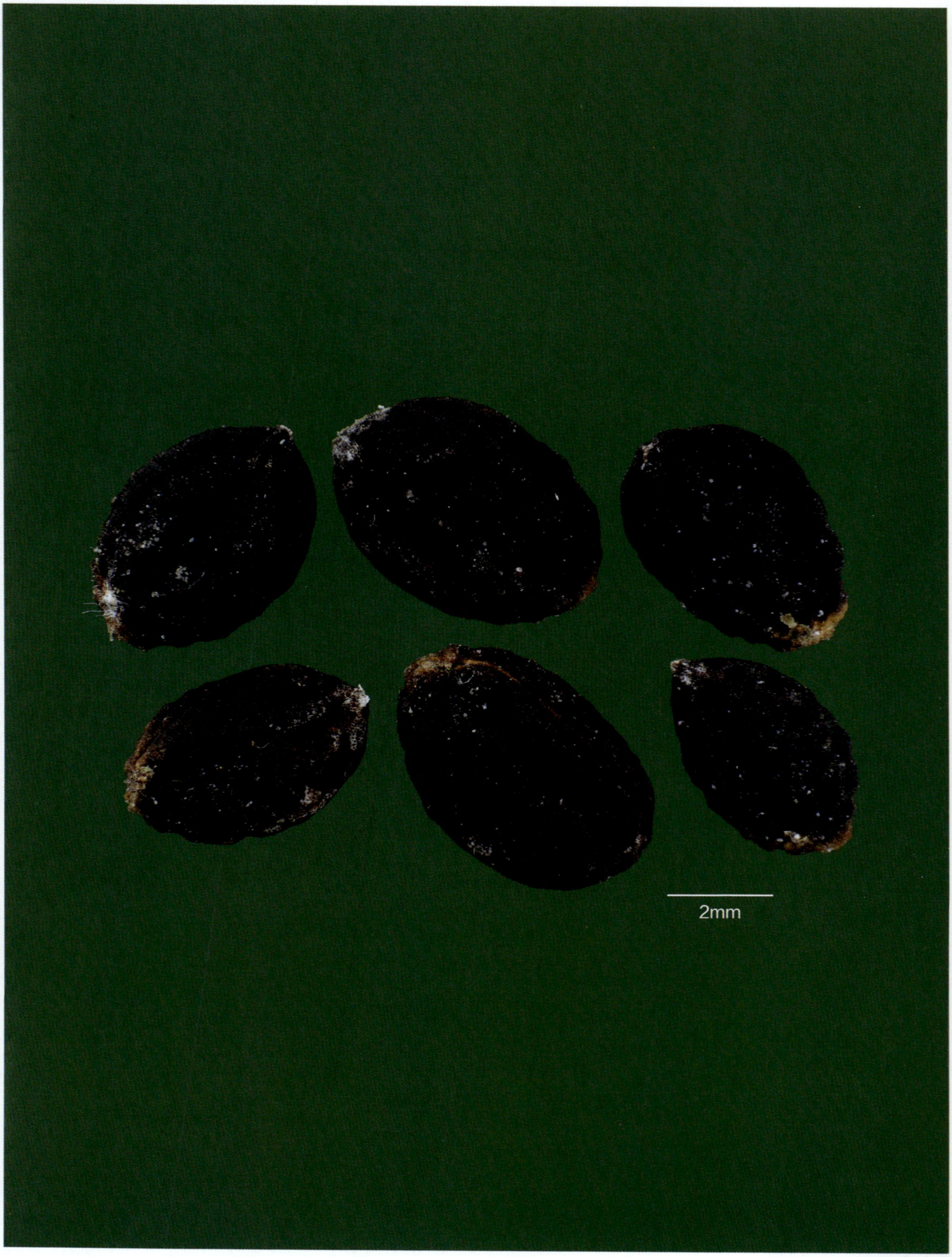
2mm

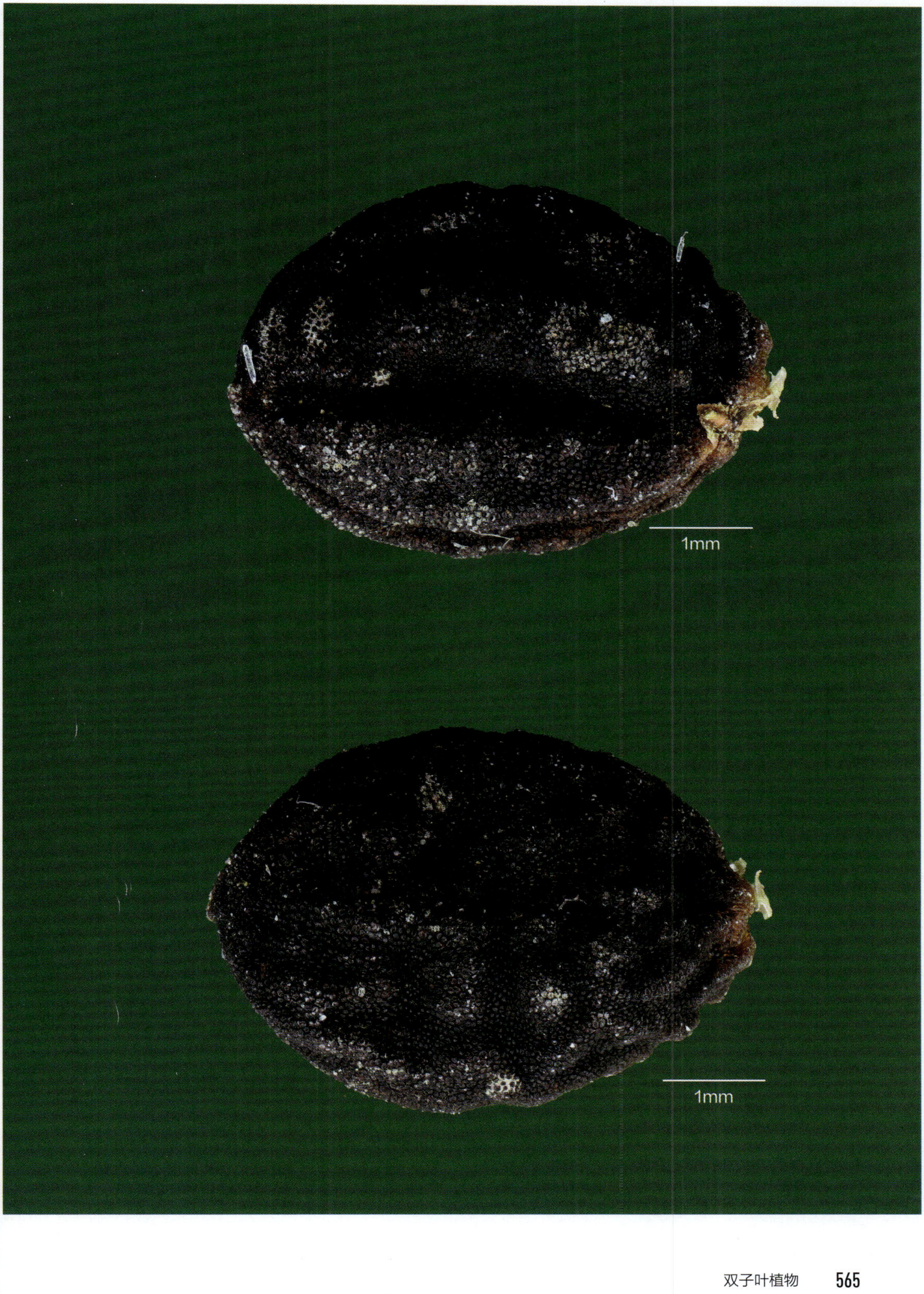
1mm
1mm

白背枫

来　源　白背枫 *Buddleja asiatica* Lour.，马钱科直立灌木或小乔木。

性　状　种子近楔形，长 0.8～0.9mm，宽约 0.2mm。表面黄棕色，生有半透明状网纹，网纹略呈纵向排布；顶端稍尖；基部较宽；种脐位于基部一侧，点状，黑色。

药用部位　全株、果。

功　效　全株：祛风利湿，行气活血，外用于皮肤湿痒，阴囊湿疹；果：用于小儿蛔虫。

采集时间　2020.11

采 集 地　广东省韶关市

鉴 定 人　张建行

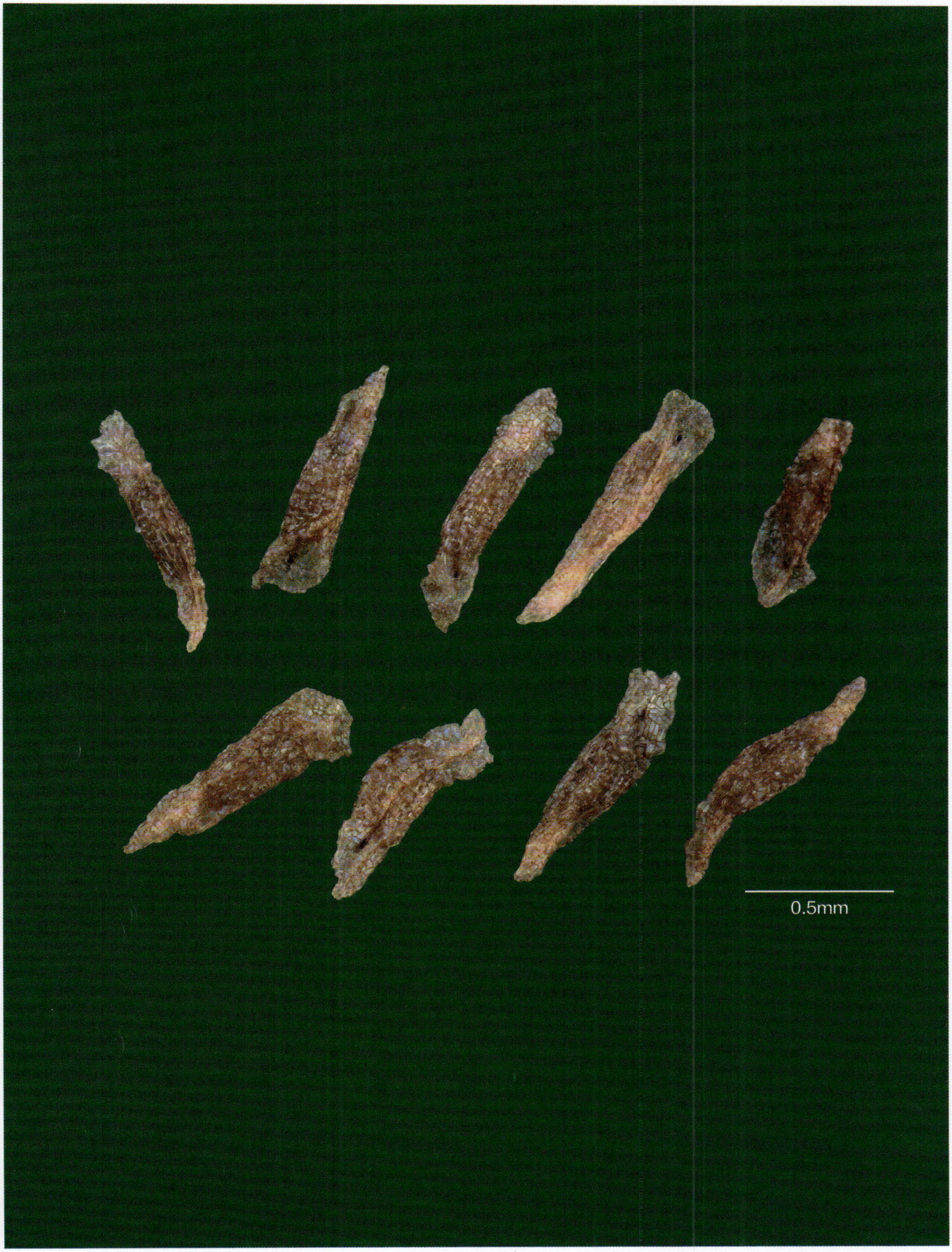
0.5mm

灰莉

来　源　灰莉 *Fagraea ceilanica* Thunb.，马钱科乔木。

性　状　种子近肾形，长约 2mm，宽约 1.5mm；表面红褐色，间杂黄棕色的斑块，通体生有多边形网纹；种脐位于基部一侧凹陷处，圆形，色浅。

药用部位　叶。

功　效　收敛止血，止痛。

采集时间　2019.2

采 集 地　广东省广州市

鉴 定 人　周良云

2mm
1mm

钩吻

来　源　钩吻 *Gelsemium elegans* (Gardn. & Champ.) Benth.，马钱科常绿木质藤本。

性　状　种子呈椭圆形或肾形，扁平，径长约4.2mm（含翅）。表面棕褐色，具细密网状纹理（翅上也有），近中央处有长短不一的瘤状突起；边缘具有黄白色不规则齿裂状膜质翅；种脐位于腹部中央凹缺内，红褐色。

药用部位　全草。

功　效　祛风，攻毒，消肿，止痛。

采集时间　2019.4

采 集 地　广东省云浮市

鉴 定 人　周良云

2mm
1mm

牛眼马钱

来　　源　牛眼马钱 *Strychnos angusti ora* Benth.，马钱科木质藤本。

性　　状　种子呈圆饼状，直径约1.5cm。表面黑色，略带光泽；一面常明显下凹，另一面具不规则皱纹；侧面具一圈龙骨，种脐位于一面中心凹缺处。

药用部位　种子。

功　　效　通经络，消肿，止痛，外用于痈疽肿毒，跌打损伤。

采集时间　2017.8

采 集 地　广东省深圳市

鉴 定 人　吴健梅

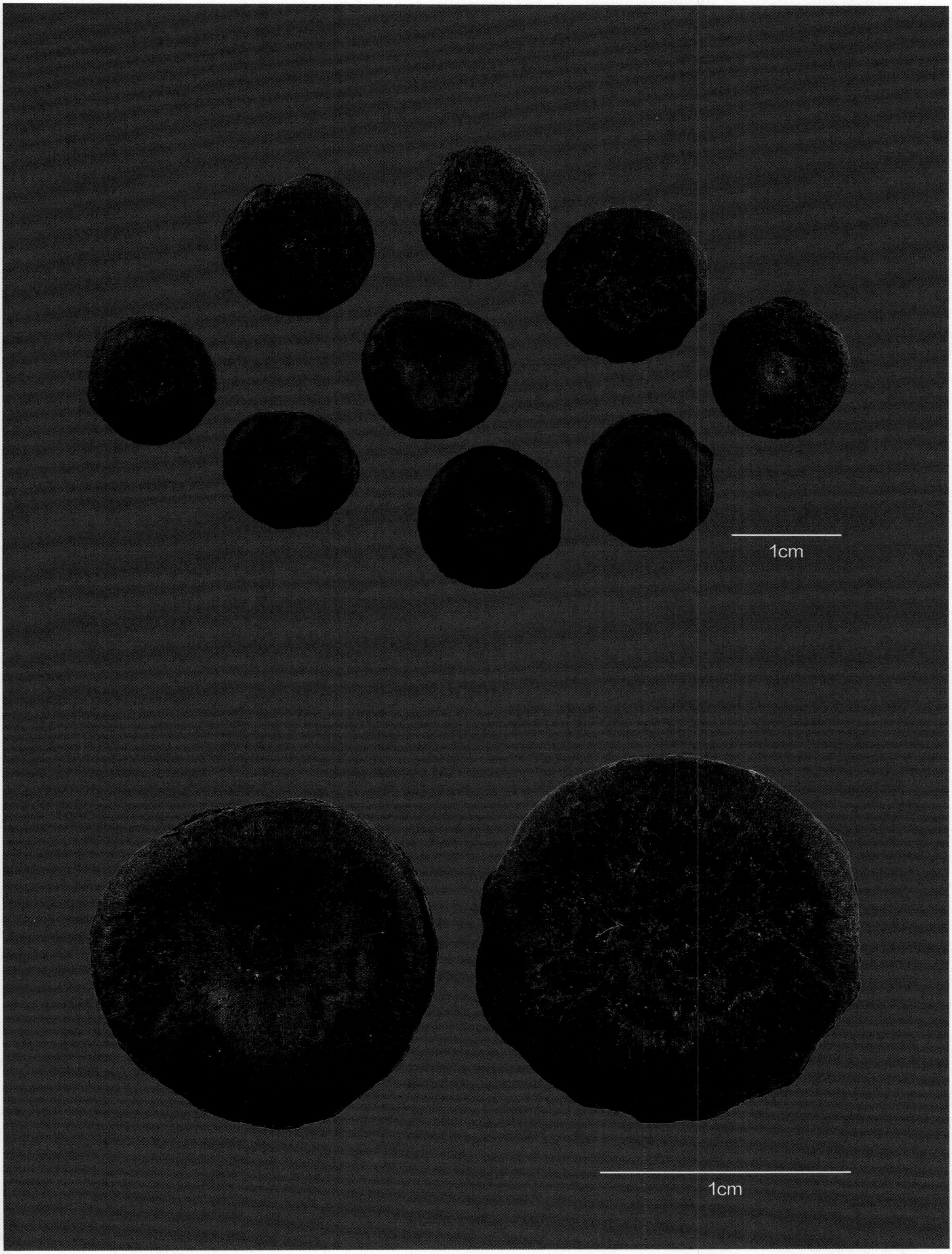
1cm
1cm

马钱

来　源 马钱 *Strychnos nux-vomica* L.，马钱科乔木。

性　状 种子呈钮扣状，扁平，直径约 2cm。表面密被灰棕或灰绿色绢状茸毛，自中间向四周呈辐射状排列；一面平整，另一面凹陷；种脐位于凹陷一面的中央，点状，稍突起。

药用部位 种子。

功　效 通络止痛，散结解毒。

采集时间 2018.1

采 集 地 广东省广州市

鉴 定 人 周良云

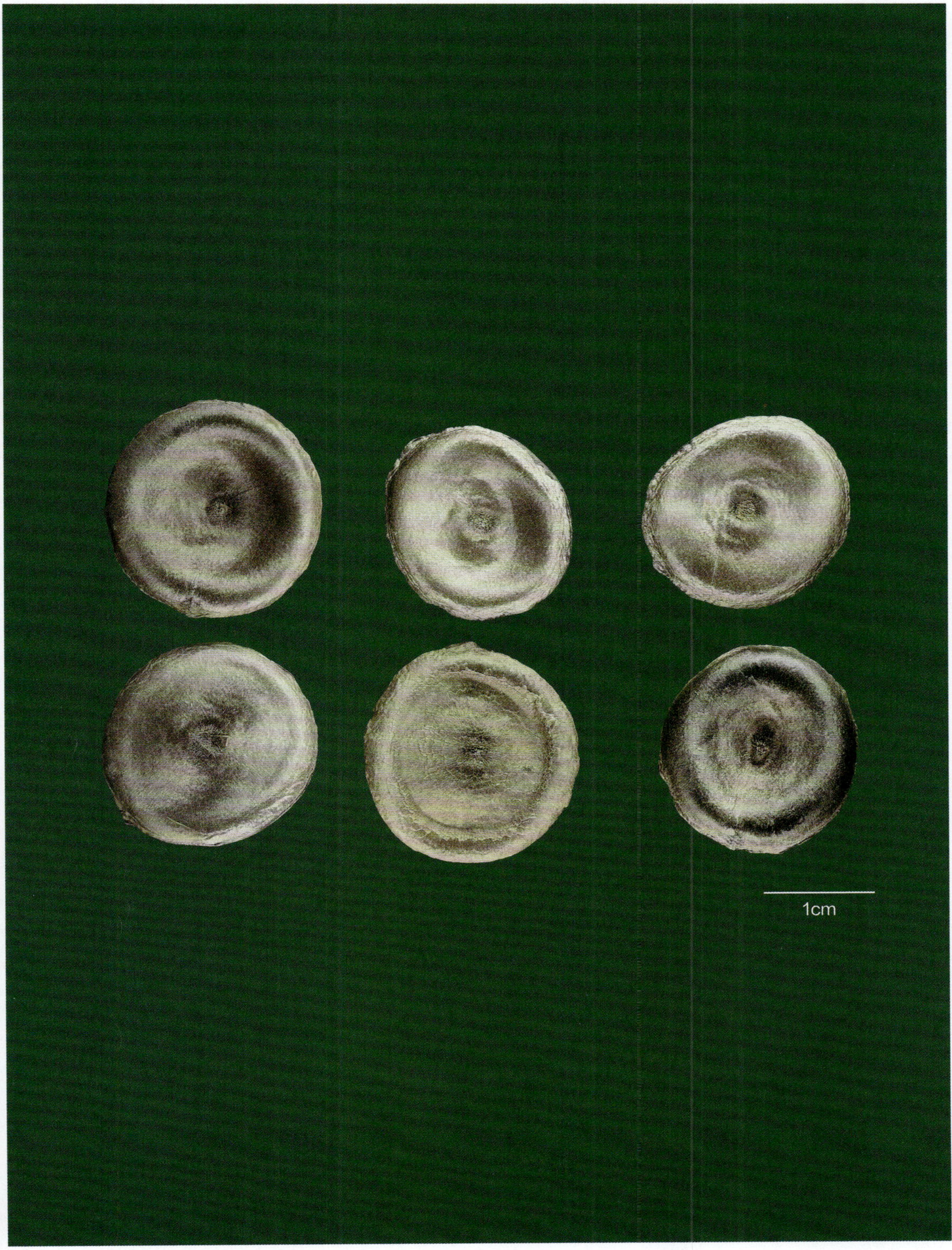
1cm

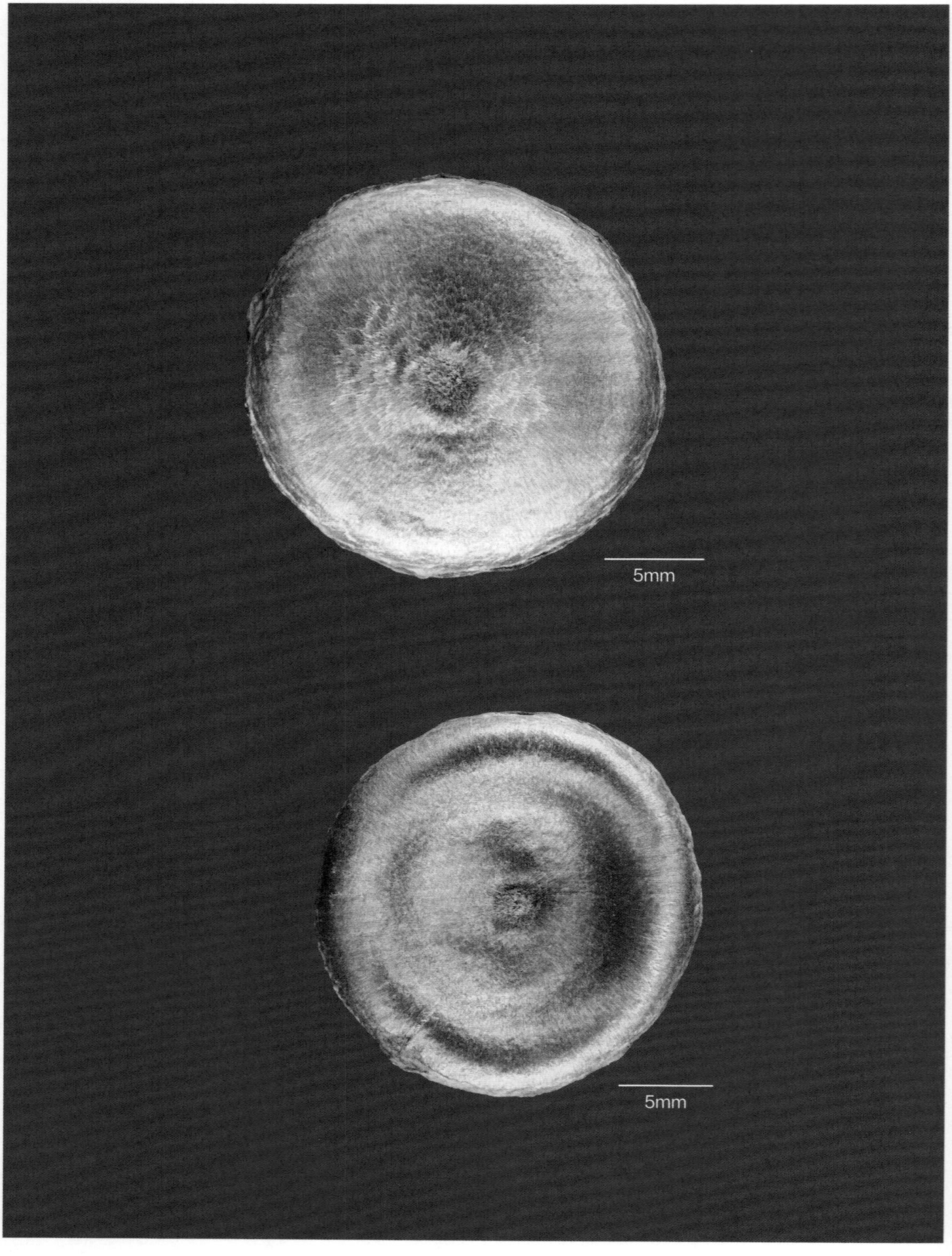
5mm
5mm

五岭龙胆

来　　源　五岭龙胆 *Gentiana davidii* Franch.，龙胆科多年生草本。

性　　状　种子呈卵圆形，长约0.8mm，宽约0.5mm。表面棕色至深褐色，具深蜂窝状网格，网壁浅黄色，质薄，孔隙口有透明薄膜，常破裂；种脐位于基部一侧，黑色，此处不生孔隙。

药用部位　全草。

功　　效　清热解毒，利尿。

采集时间　2018.11

采 集 地　广东省惠州市

鉴 定 人　吴健梅

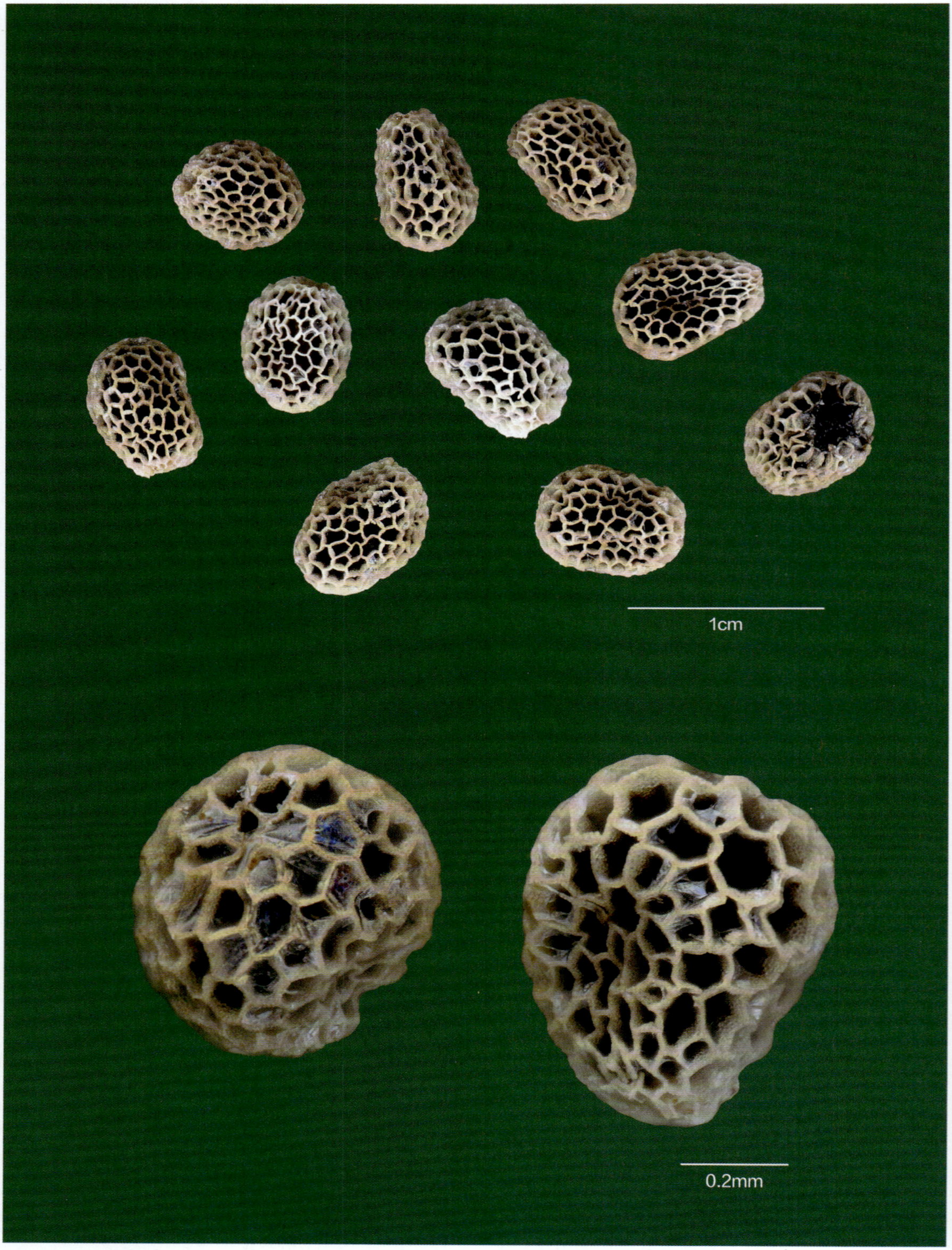
1cm
0.2mm

匙叶草

来　源　匙叶草 *Latouchea fokienensis* Franchet，龙胆科多年生草本。

性　状　种子呈梭形，长 1.3～1.6mm，宽 0.5～0.8mm。表面深褐色，覆生多条纵脊状突起，突起上具细密纵向纹理；种脐位于基部，褐色。

药用部位　全草。

功　效　活血化瘀，清热，止咳。

采集时间　2018.8

采 集 地　广西壮族自治区大瑶山

鉴 定 人　张建行

1mm
0.5mm

香港双蝴蝶

来　　源　香港双蝴蝶 *Tripterospermum nienkui* (Marq.) C. J. Wu，龙胆科多年生缠绕草本。

性　　状　种子呈扁三棱形，长约 2.5mm，宽约 1.7mm。表面褐色，具细密网纹；侧面常有贯穿挤压痕；种脐位于基部，生有白色附属物。

药用部位　全草。

功　　效　祛风湿，活血。

采集时间　2019.1

采 集 地　广东省惠州市

鉴 定 人　吴健梅

2mm
1mm

黄蝉

来　　源　黄蝉 *Allamanda schottii* Pohl，夹竹桃科直立灌木。

性　　状　种子呈椭圆形，扁平，长1.8～2.2cm，宽1.4～1.6cm。表面红褐色，粗糙；背面隆起，凹凸不平，中央生一明显纵脊；腹面凹陷，中心处灰黑色，具不明显的纵脊；边缘生一圈窄翅。

药用部位　全株。

功　　效　外用杀虫，灭孑孓。

采集时间　2020.10

采 集 地　广东省云浮市

鉴 定 人　周良云

1cm
5mm

长春花

来　源 长春花 *Catharanthus roseus* (L.) G. Don，夹竹桃科半灌木。

性　状 种子呈短柱状，酷似海参，长约 2.5mm，宽约 1.1mm。表面黑褐色，极粗糙，具众多小洼穴及不规则山脊状突起；腹面生有一明显纵沟；种脐位于纵沟中心处，点状，黄褐色。

药用部位 全草。

功　效 解毒抗癌，清热平肝。

采集时间 2018.11

采 集 地 广东省广州市

鉴 定 人 周良云

1mm

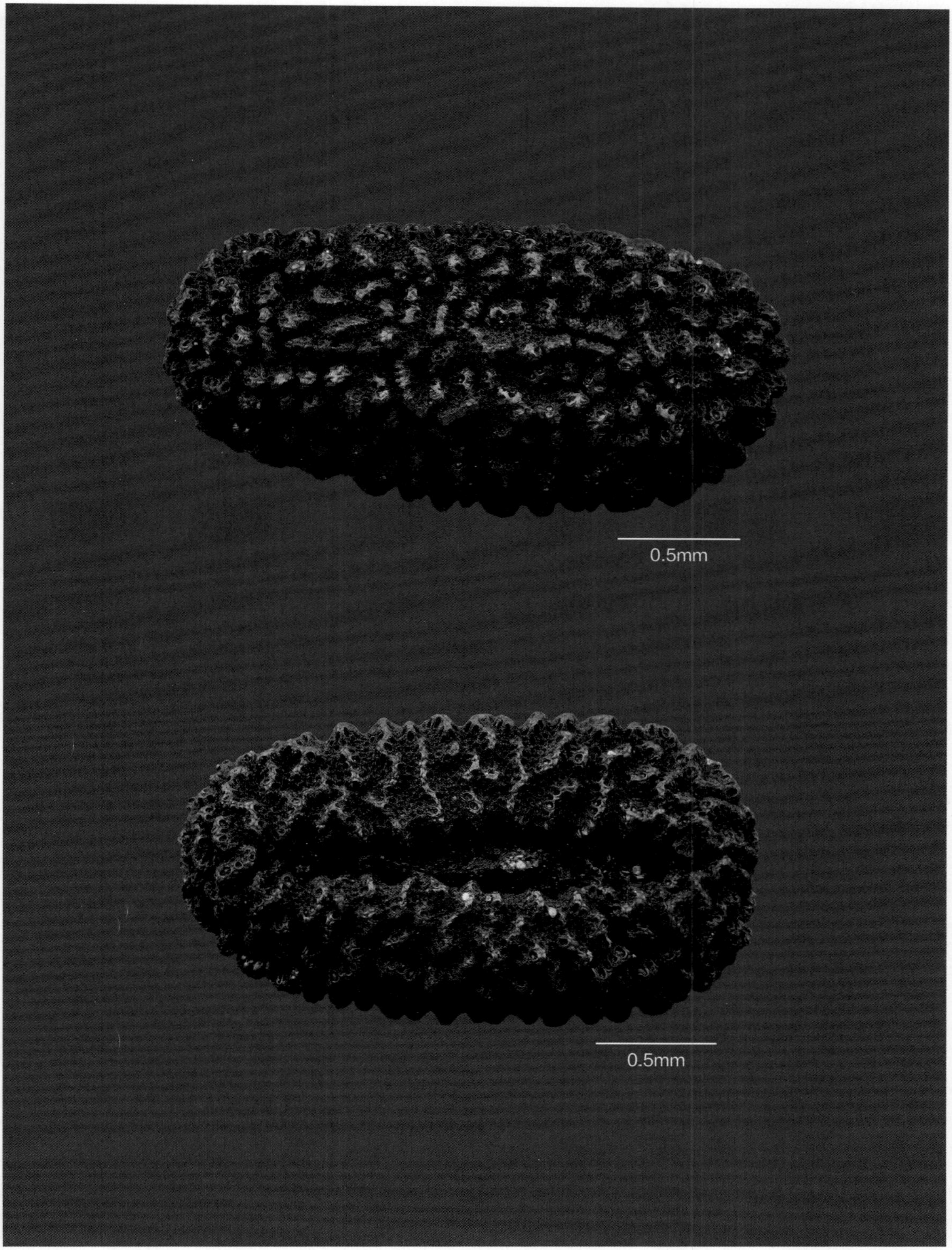
0.5mm
0.5mm

尖山橙

来　　源　尖山橙 *Melodinus fusiformis* Champ. ex Benth.，夹竹桃科粗壮木质藤本。

性　　状　种子近椭圆形，边缘不规则波曲，长8～10mm，宽6～8mm。表面褐色，粗糙，有明显的短的条状沟；背面微隆起；种脐位于腹面中心处，点状，凹陷，色浅。

药用部位　枝叶。

功　　效　祛风湿，活血。

采集时间　2018.11

采 集 地　广东省河源市

鉴 定 人　吴健梅

1cm
2mm

红鸡蛋花

来　　源　红鸡蛋花 *Plumeria rubra* L.，夹竹桃科小乔木。

性　　状　种子长圆形，扁平，长约1.5cm，宽7～9mm。表面浅棕色；顶端具长圆形膜质的翅，翅长约2.5cm，宽约8mm，翅的边缘波曲，翅上部黄白色，下部棕色，其上密生深褐色斑点；种子背面有纵棱；种脐位于腹面中央凹缺处，条形，白色。

药用部位　花、树皮。

功　　效　清热解暑，利湿，止咳。

采集时间　2017.11

采 集 地　广东省深圳市

鉴 定 人　吴健梅

1cm
5mm

萝芙木

来　　源　萝芙木 *Rauvolfia verticillata* (Lour.) Baill.，夹竹桃科灌木。

性　　状　果核呈椭圆形，长1～1.2cm，宽5～6mm。表面灰白色或黄白色，具不规则突起，全体覆有交连的白丝。

药用部位　根、叶。

功　　效　清热，降压，宁神。

采集时间　2016.11

采 集 地　香港特别行政区

鉴 定 人　吴健梅

5mm
2mm

羊角拗

来　源 羊角拗 *Strophanthus divaricatus* (Lour.) Hook. et Arn.，夹竹桃科灌木。

性　状 种子呈卵状披针形，略扁，长约 2cm，宽约 4mm。表面褐色，具长轴向细皱纹，被微毛；顶端渐尖，种毛常脱落；种脐位于腹面中心处，点状，黄白色。

药用部位 根或茎叶、种子。

功　效 根或茎叶：祛风湿，通经络，解疮毒，杀虫；种子：祛风通络，解毒杀虫。

采集时间 2016.8

采 集 地 广东省深圳市

鉴 定 人 吴健梅

1cm

2mm
2mm

箭毒羊角拗

来　　源 箭毒羊角拗 *Strophanthus hispidus* DC.，夹竹桃科灌木。

性　　状 种子披针形，稍扁，长 1～1.2cm，宽 2～3.5mm。表面密被黄棕色柔毛；顶端渐尖，长喙和种毛易脱落；种脐位于腹面中上部，条形，白色。

药用部位 种子。

功　　效 强心，利尿。

采集时间 2019.12

采 集 地 广东省广州市

鉴 定 人 周良云

2mm

络石

来　源 络石 *Trachelospermum jasminoides* (Lindl.) Lem.，夹竹桃科常绿木质藤本。

性　状 种子呈纺锤形，长1～1.6cm，宽2～2.8mm。表面黄褐色，凹凸不平，两端颜色较深；腹面具一沟；顶端平截，为白色绢质种毛着生痕迹；基部尖；种脐位于腹面中心处，条形，白色。

药用部位 带叶藤茎。

功　效 祛风通络，凉血消肿。

采集时间 2019.11

采 集 地 广东省广州市

鉴 定 人 周良云

5mm
2mm

马利筋

来　　源　马利筋 *Asclepias curassavica* L.，萝藦科多年生草本。

性　　状　种子呈卵圆形，盾状，长 5～6mm，宽约 3.5mm。中央表面深棕褐色，边缘棕色，表面具网纹和长条形隆起；背面弓形；腹面内凹，上部中央处具种脊；种脐位于腹面凹陷中心处，色深。

药用部位　全草。

功　　效　清热消炎，活血止血。

采集时间　2018.3

采 集 地　广东省广州市

鉴 定 人　周良云

2mm

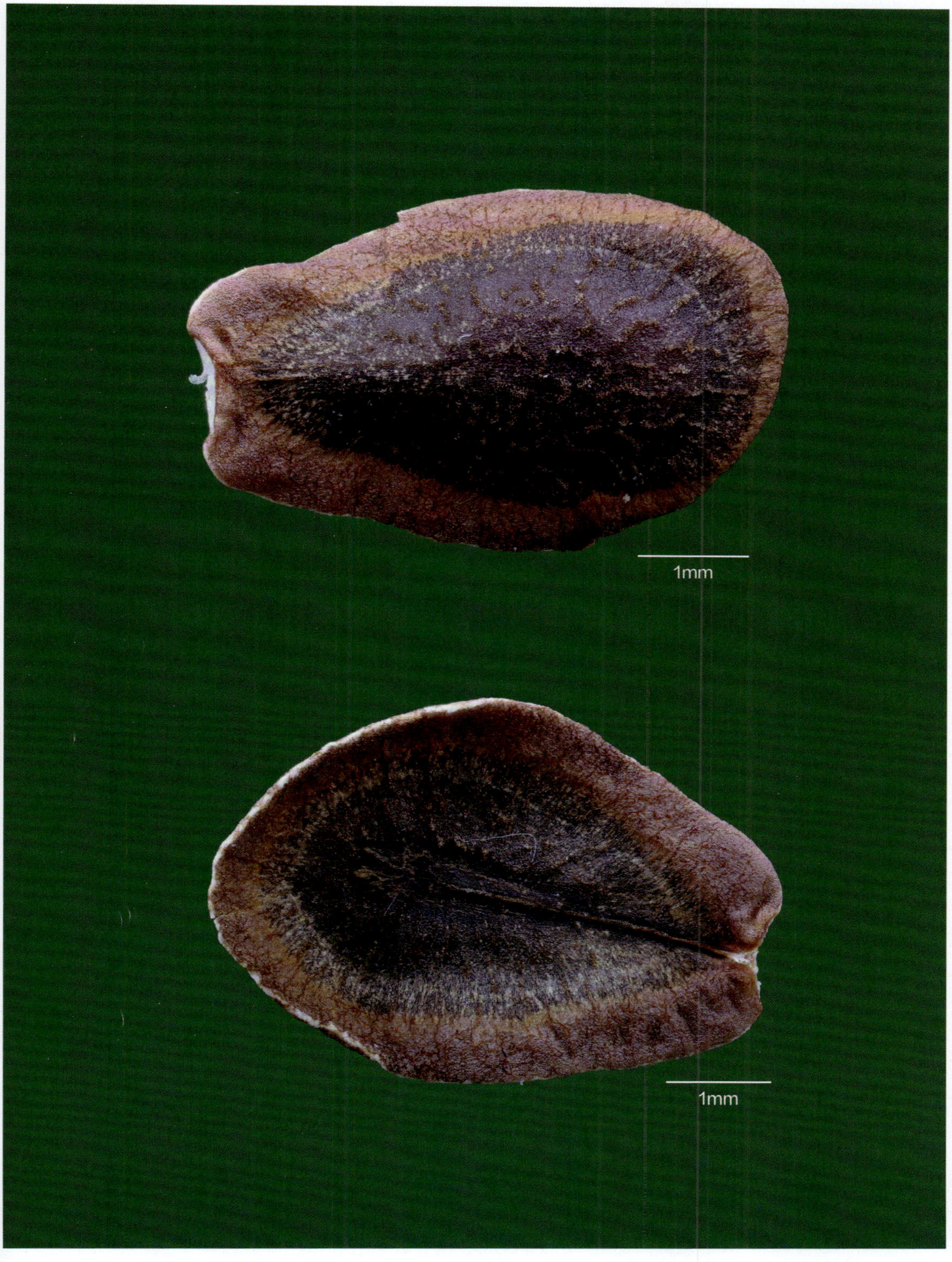
1mm
1mm

南山藤

来　　源　南山藤 *Dregea volubilis* (L. f.) Benth. ex Hook. f.，萝藦科木质藤本。

性　　状　种子呈卵形，极扁，长约1cm，宽6～7mm。表面棕黄色，边缘一圈颜色稍深；顶端有长种毛，常脱落，断面椭圆形；背面稍隆起，腹面内凹，中上部有纵棱；种脐位于腹面中上部，近于种毛脱落处，条形，白色。

药用部位　全株、根茎、茎。

功　　效　全株、根茎：清热，消炎，止吐；茎：利尿。

采集时间　2020.11

采 集 地　广东省韶关市

鉴 定 人　张建行

5mm
2mm

匙羹藤

来　　源　匙羹藤 *Gymnema sylvestre* (Retz.) Schult.，萝藦科木质藤本。

性　　状　种子卵形，极扁，长约7mm，宽约4mm。表面红棕色，粗糙，有一圈薄的窄翅；背面稍隆起，有一偏Y形印痕；腹面凹陷，中心处深棕色，并上延变为一条细线，并在顶处变宽为白色，此白色区域即为种脐。

药用部位　根及全株。

功　　效　清热解毒，祛风止痛。

采集时间　2017.12

采 集 地　广东省深圳市

鉴 定 人　吴健梅

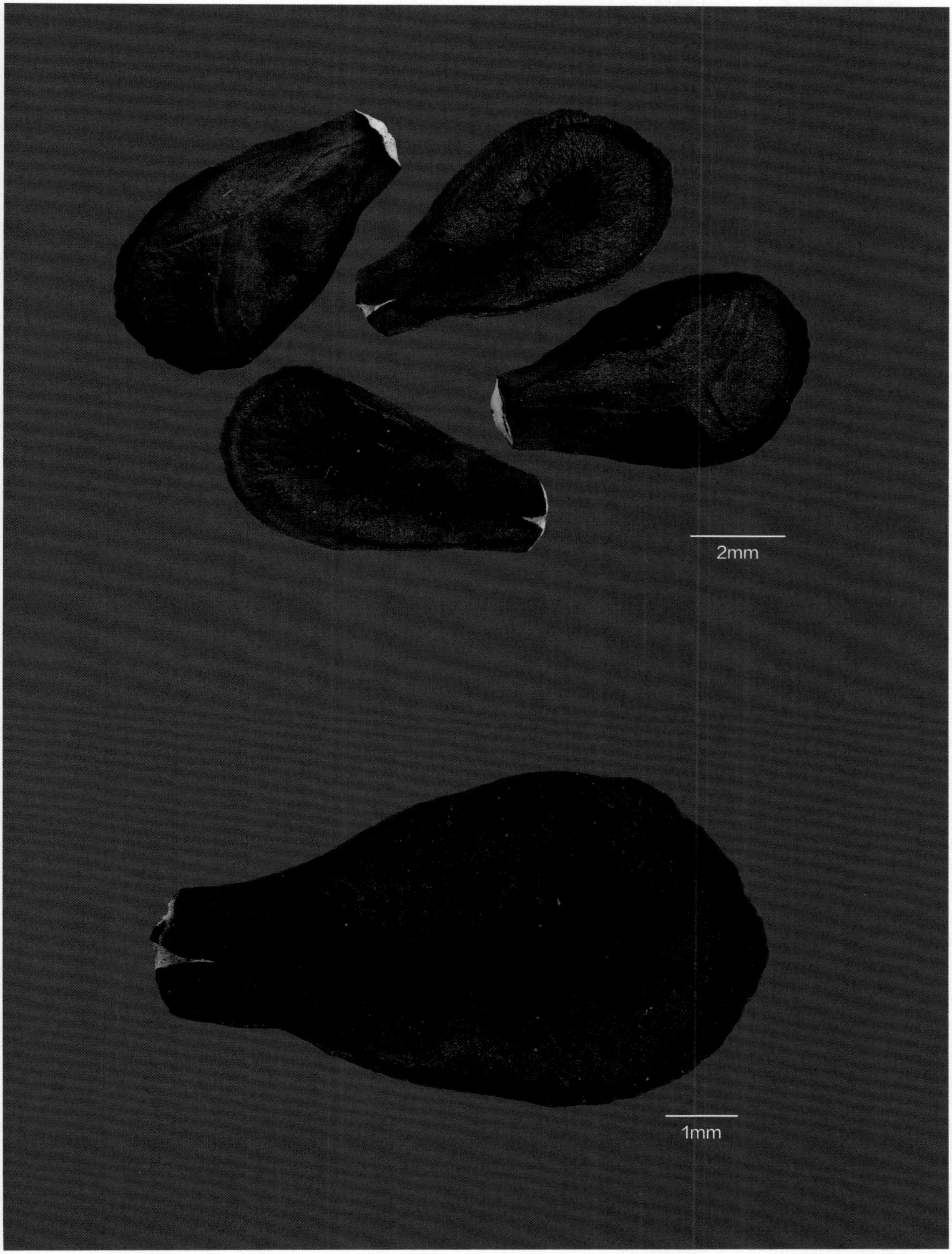
2mm
1mm

球兰

来　源　球兰 *Hoya carnosa* (L. f.) R. Br.，萝藦科攀援灌木。

性　状　种子长卵形，长6～7mm，宽1.8～2.2mm。表面红棕色，粗糙，有细密网状皱纹；顶端颜色较深；基部尖，边缘有薄翅；腹面上部生有中肋，向下渐不明显；种脐位于腹面中肋的近上部，线性，白色。

药用部位　叶、藤茎、全草。

功　效　清热解毒，祛风利湿。

采集时间　2018.12

采 集 地　广东省深圳市

鉴 定 人　吴健梅

2mm

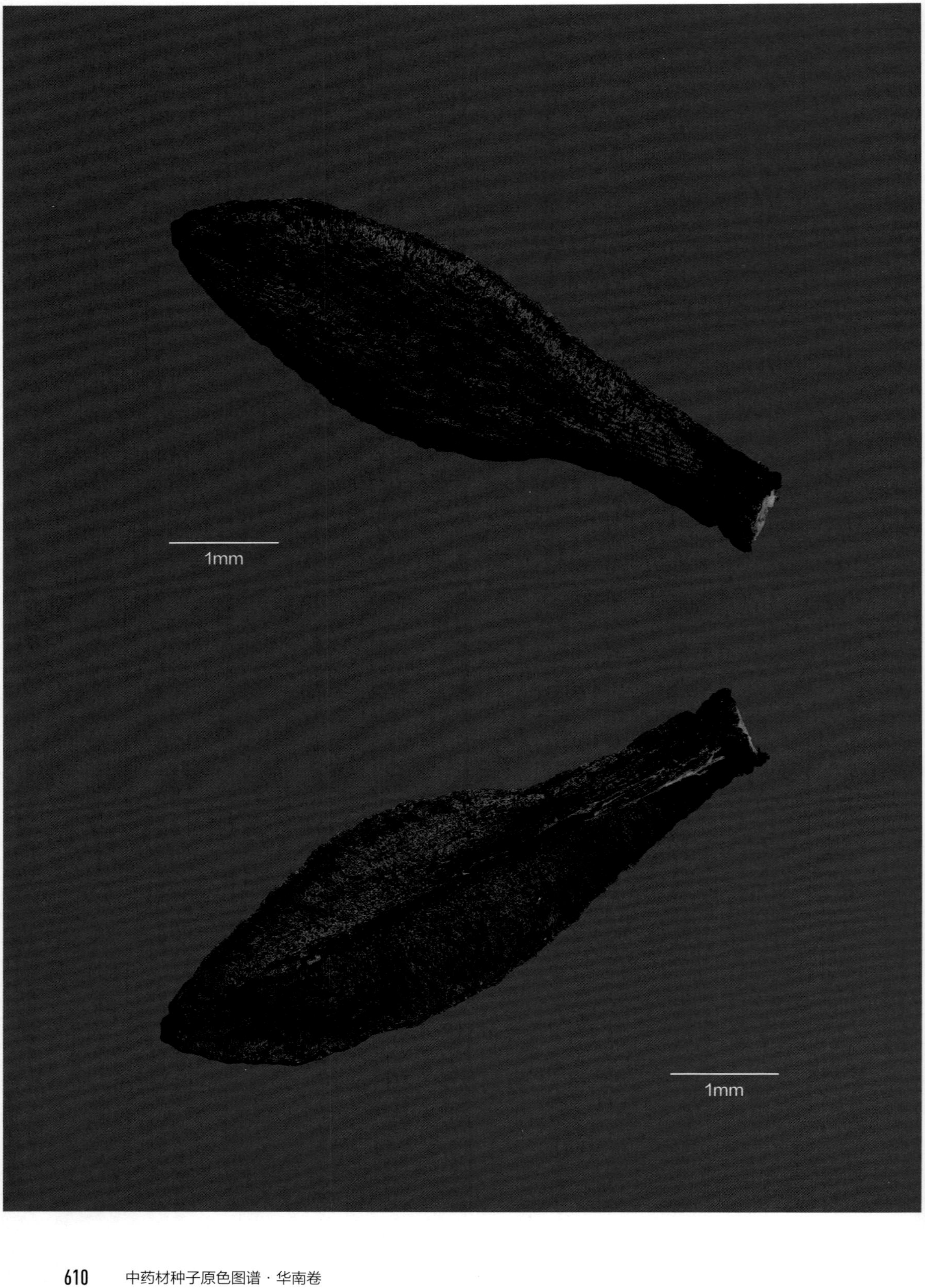
1mm
1mm

弓果藤

来　源　弓果藤 *Toxocarpus wightianus* Hook. et Arn.，萝藦科攀援灌木。

性　状　种子呈长卵形，长 7～9mm，宽约 4mm。表面棕褐色，具网纹，边缘具一圈薄翅，颜色浅；顶端截形，为种毛脱落之痕迹；有一种脊由顶部延伸至近基部；种脐位于种脊的上部，线性，白色，稍隆起。

药用部位　全株。

功　效　化气祛风，祛瘀止痛，消肿解毒。

采集时间　2019.11

采 集 地　广东省深圳市

鉴 定 人　纪瑞锋

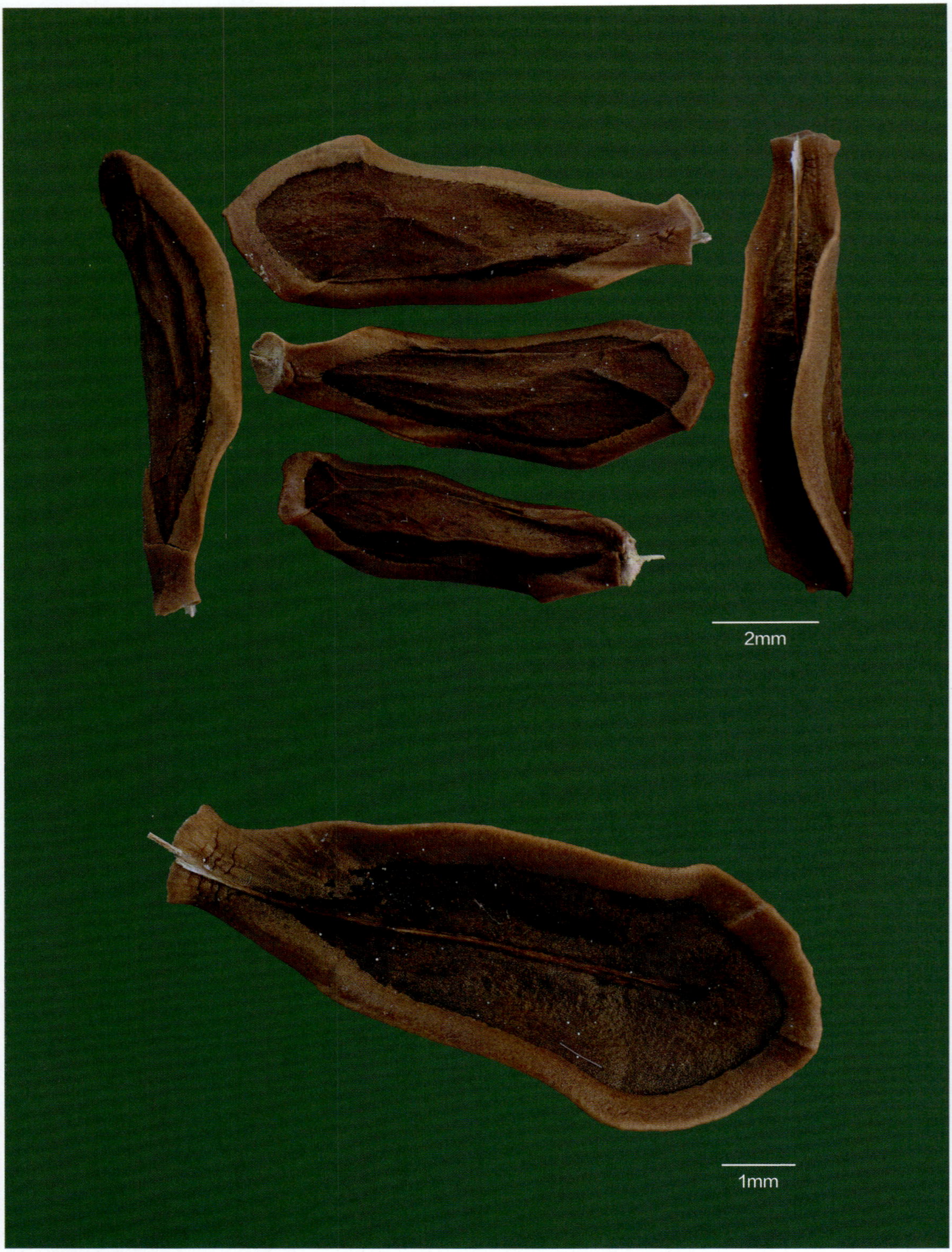
2mm
1mm

娃儿藤

来　　源　娃儿藤 *Tylophora ovata* (Lindl.) Hook. ex Steud.，萝藦科攀援灌木。

性　　状　种子呈卵形，长 9～11mm，宽约 5mm。表面棕褐色，粗糙；顶端平截，白色，为种毛脱落之痕迹；周围具一圈薄翅；腹面颜色稍深，有一种脊由顶端延伸至中下部，分散成曲折细纹；种脐位于种脊上部，近于种毛脱落处，线形，白色。

药用部位　根及根茎、全草。

功　　效　祛风除湿，散瘀止痛，止咳定喘，解蛇毒。

采集时间　2017.12

采 集 地　广东省深圳市

鉴 定 人　吴健梅

2mm
1mm

南方菟丝子

来　源　南方菟丝子 *Cuscuta australis* R. Br.，旋花科一年生寄生草本。

性　状　种子呈卵形，直径 1.2～1.5mm。表面黄棕色至棕褐色，粗糙，散布白色鳞片；种脐位于基部一侧，点状，周围色浅。

药用部位　种子。

功　效　补益肝肾，固精缩尿，安胎，明目，止泻。外用消风祛斑。

采集时间　2018.12

采 集 地　广东省广州市

鉴 定 人　周良云

1mm
0.5mm

篱栏网

来　　源　篱栏网 *Merremia hederacea* (Burm. f.) Hall. f.，旋花科缠绕或匍匐草本。

性　　状　种子呈橘瓣状，长 3～3.4mm，宽约 2mm。表面红棕色，密生网纹，疏被锈色短柔毛；背部弓曲；腹面平直；种脐位于腹面近基部，内陷，色深，密被锈色短柔毛。

药用部位　全草。

功　　效　清热解毒，利咽喉。

采集时间　2020.12

采 集 地　广东省云浮市

鉴 定 人　纪瑞锋

2mm
1mm

五爪金龙

来　　源 五爪金龙 *Ipomoea cairica* (L.) Sweet，旋花科多年生缠绕草本。

性　　状 种子近球形，直径 4～5mm。表面黑色至灰黑色，密被黑褐色柔毛；边缘生一圈龙骨，龙骨上杂有稀疏白色长柔毛；种脐圆形，棕褐色。

药用部位 叶、块根、花。

功　　效 叶、块根：清热解毒，止咳，除寒，通淋利水；花：止咳除蒸。

采集时间 2020.11

采 集 地 广东省广州市

鉴 定 人 周良云

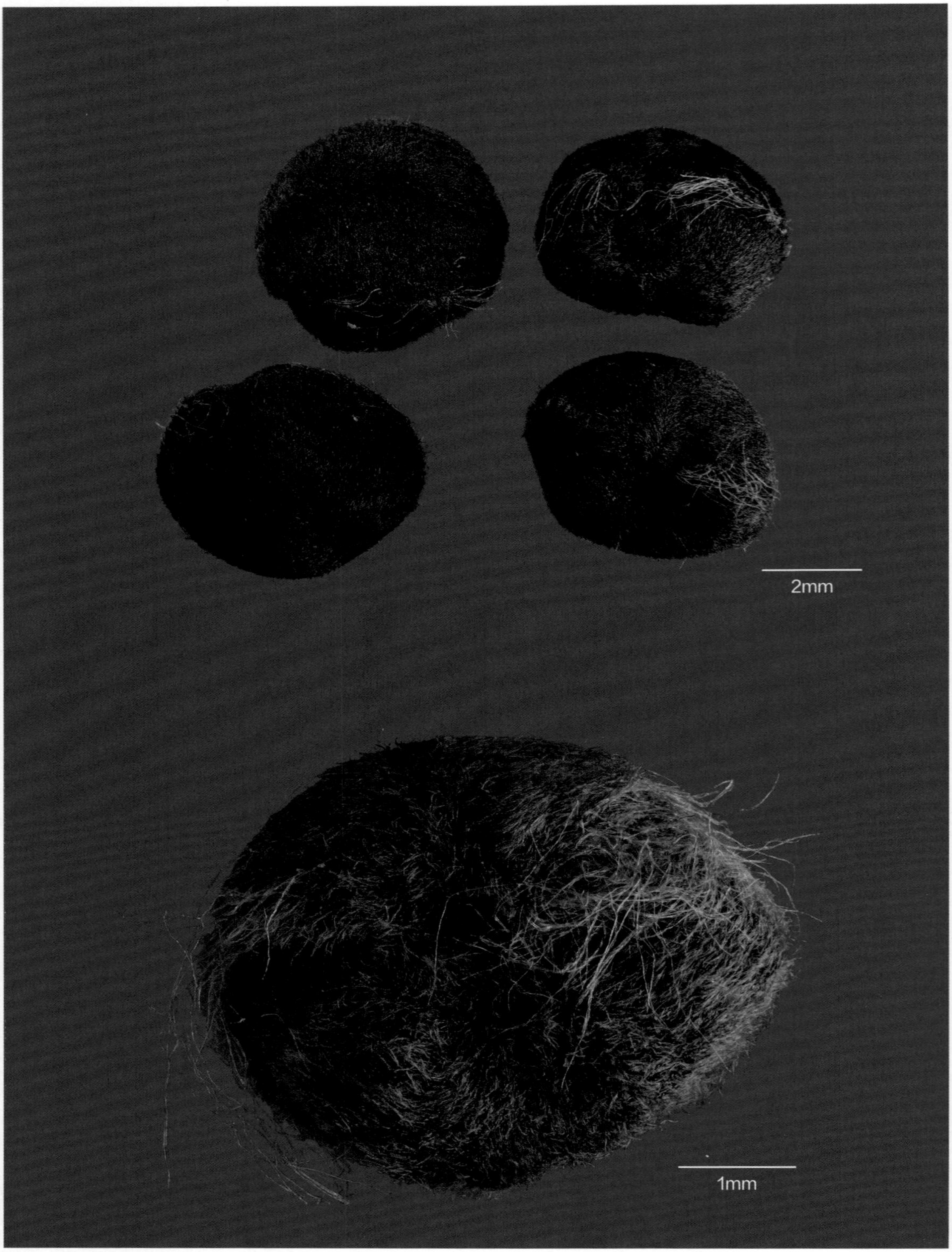
2mm
1mm

厚藤

来　　源　厚藤 *Ipomoea pes-caprae* (L.) R. Brown，旋花科多年生草本。

性　　状　种子呈三棱状球形，直径 6～7mm。表面黑色，密生黑褐色短茸毛，表面生有 3～4 条棱，棱不明显；种脐位于基部，内陷，周围茸毛颜色黄棕色。

药用部位　根。

功　　效　祛风除湿，拔毒消肿。

采集时间　2019.12

采 集 地　海南省文昌市

鉴 定 人　郑海磊

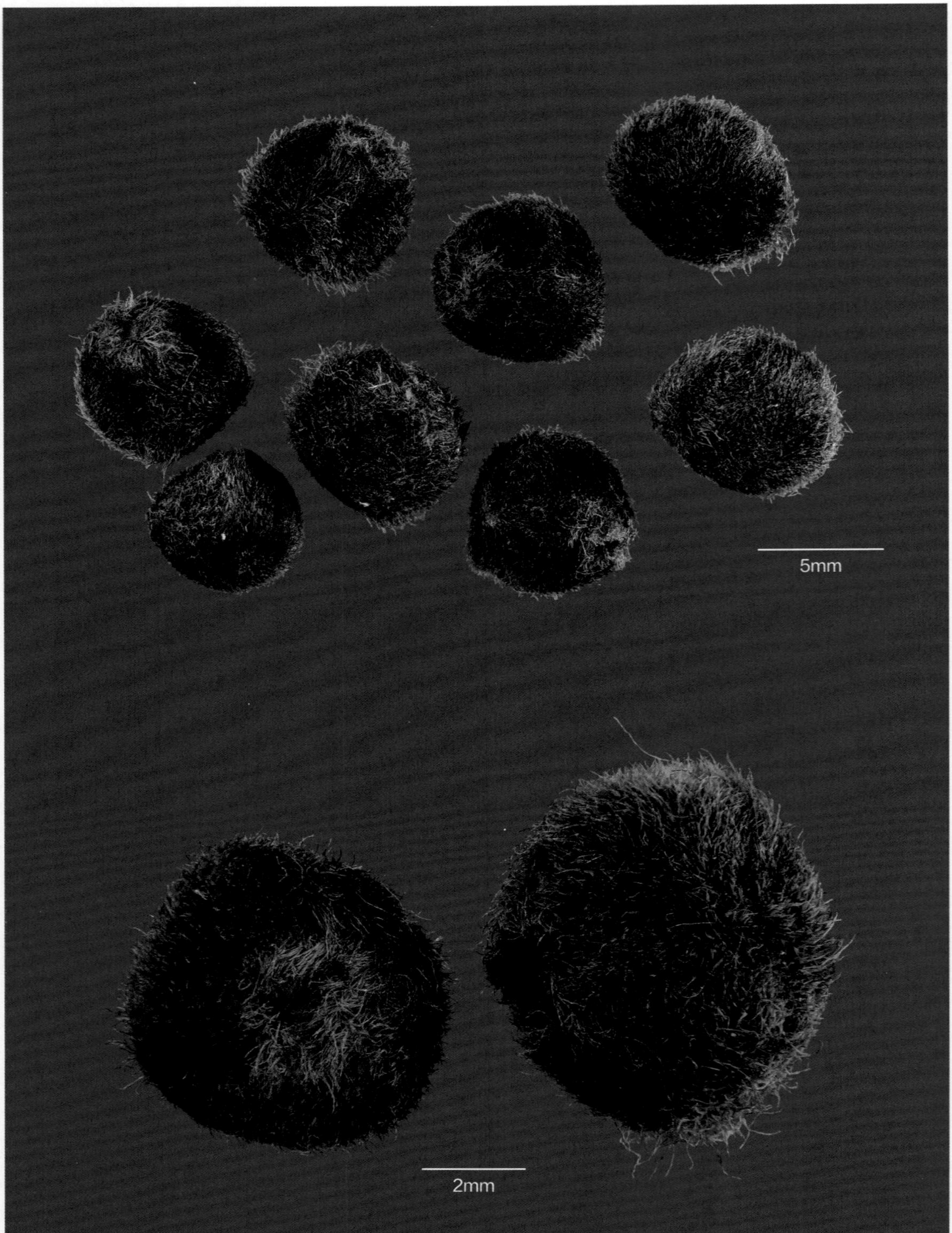
5mm
2mm

茑萝松

来　　源　茑萝松 *Quamoclit pennata* (Desr.) Boj.，旋花科一年生柔弱缠绕草本。

性　　状　种子呈卵状矩圆形，下部最宽，长约5mm，宽约2mm。表面黑褐色，粗糙，常具黄褐色或棕褐色毛斑（有时脱落仅有痕迹）和点斑；背面隆起，钝圆，毛斑较大并呈纵行排列；腹面毛斑小而分散；种脐位于腹面下部，横向椭圆形，凹陷，周围密生黑褐短毛。

药用部位　块根。

功　　效　清凉解热。

采集时间　2018.10

采 集 地　广东省广州市

鉴 定 人　周良云

2mm

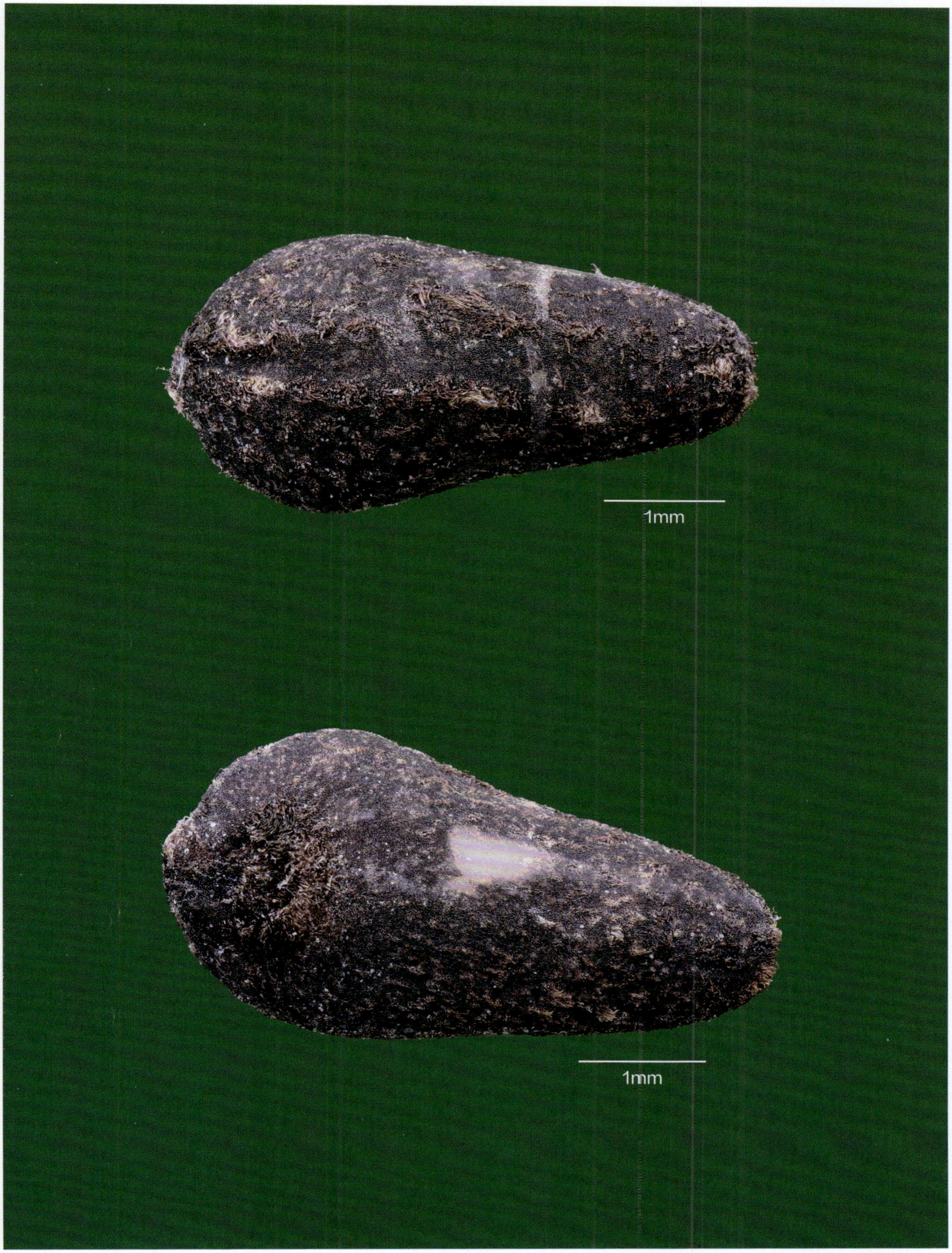
1mm
1mm

柔弱斑种草

来　源　柔弱斑种草 *Bothriospermum zeylanicum* (J. Jacquin) Druce，紫草科一年生草本。

性　状　果实呈肾形，长约 1.2mm，宽约 1mm。表面灰白至灰黑色，密被短柱状瘤，表面密生网纹；背面弓曲；腹面内弯，中央具纵向的椭圆形凹陷，内部生有椭圆形黄色半透明附属物；果柄痕位于基部，黄白色，圆形。

药用部位　全草、根、叶。

功　效　全草：止咳；根：外用于疔疮；叶：外用于蛇咬伤。

采集时间　2019.4

采 集 地　广东省佛山市

鉴 定 人　周良云

1mm

琉璃草

来　源　琉璃草 *Cynoglossum furcatum* Wallich，紫草科直立草本。

性　状　果实呈卵球形，径长约3mm。表面黑褐色，密生锚状刺，锚状刺顶部白色；果柄痕位于基部，卵形，截平，灰褐色。

药用部位　根、叶。

功　效　清热利湿，活血调经。外用疮疖痈肿，毒蛇咬伤，跌打损伤，骨折。

采集时间　2020.11

采 集 地　广东省韶关市

鉴 定 人　张建行

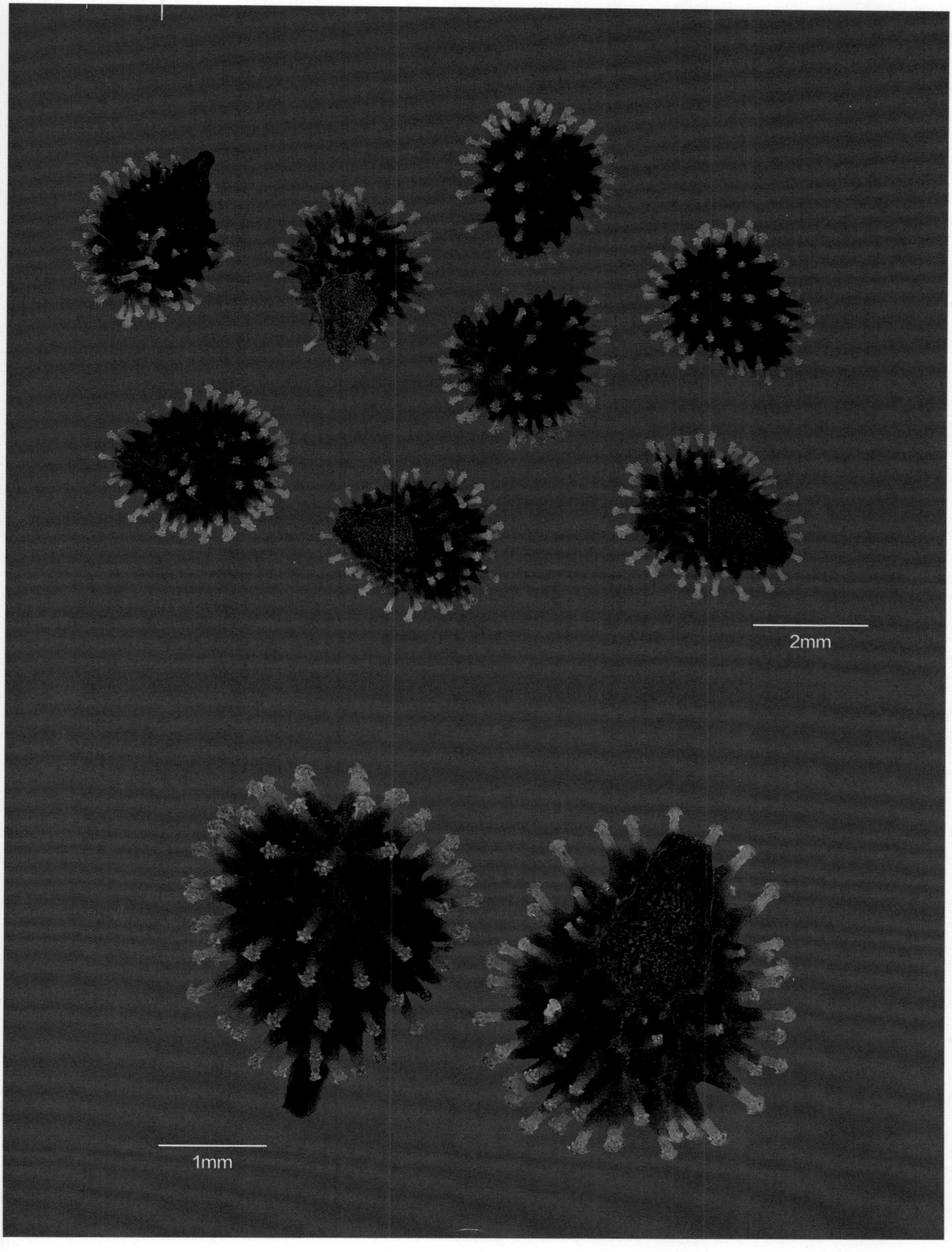
2mm
1mm

小花琉璃草

来　　源　小花琉璃草 *Cynoglossum lanceolatum* Forsk.，紫草科多年生草本。

性　　状　果实呈卵球形，径长约 2mm。表面棕色，密生锚状刺，刺顶部白色，刺和表面均粗糙；上部突起；基部较细；果柄痕位于基部，椭圆形，截平。

药用部位　全草、根。

功　　效　清热解毒，利尿消肿，活血。外用痈疮肿毒，毒蛇咬伤。

采集时间　2020.11

采 集 地　广东省韶关市

鉴 定 人　张建行

1mm
1mm

华紫珠

来　　源　华紫珠 *Callicarpa cathayana* H. T. Chang，马鞭草科灌木。

性　　状　果核呈三角状卵形，略扁，长约 2mm，宽约 1.4mm。表面黄褐色；背面拱起，可见细密的纹理；腹面稍内凹，表面极粗糙，中间生有一环状隆起。

药用部位　叶、根。

功　　效　叶：止血散瘀，祛风逐湿；根：跌打损伤，风湿痹痛。

采集时间　2018.11

采 集 地　广东省河源市

鉴 定 人　吴健梅

1mm

0.5mm
0.5mm

枇杷叶紫珠

来　　源 枇杷叶紫珠 *Callicarpa kochiana* Makino，马鞭草科灌木。

性　　状 果核椭圆形，似船，长约1.5mm，宽约1mm。背面拱起，白色，有细密的网状纹理；腹面粗糙，中间下凹，黄褐色，外缘可见有一浅凹沟，沟内绿色。

药用部位 叶。

功　　效 收敛止血。

采集时间 2018.12

采 集 地 广东省河源市

鉴 定 人 吴健梅

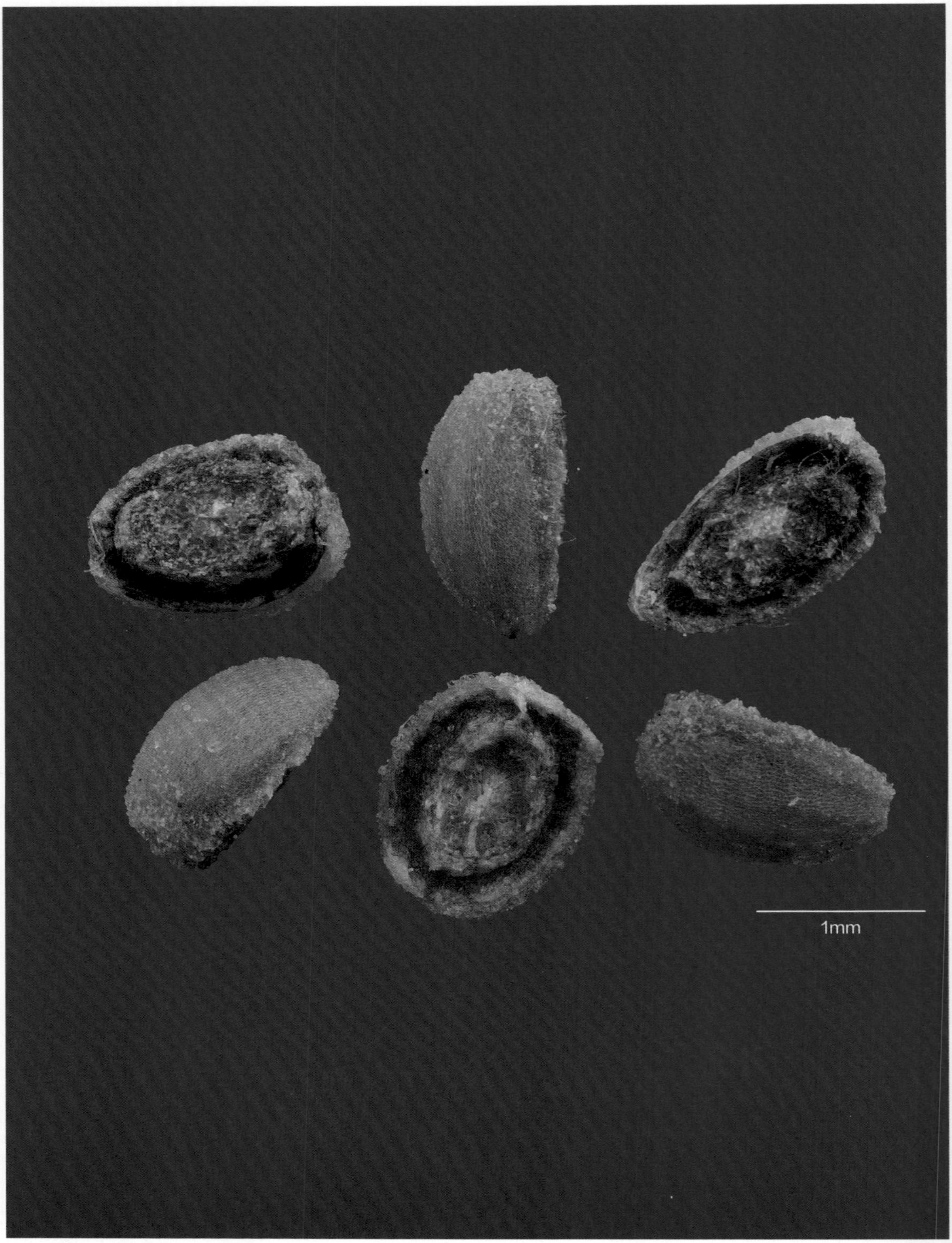
1mm

0.5mm
0.5mm

广东紫珠

来　　源　广东紫珠 *Callicarpa kwuang-tungensis* Chun，马鞭草科灌木。

性　　状　果核呈卵形，长 3～3.5mm，宽 2.2～2.5mm。背部弓曲，米白色，光滑；腹面黄褐色，粗糙，中央区域处下凹，中心点处突起，深红褐色，边缘处有一环状深沟。

药用部位　茎、叶。

功　　效　止痛，止血。

采集时间　2020.10

采 集 地　广东省韶关市

鉴 定 人　张建行

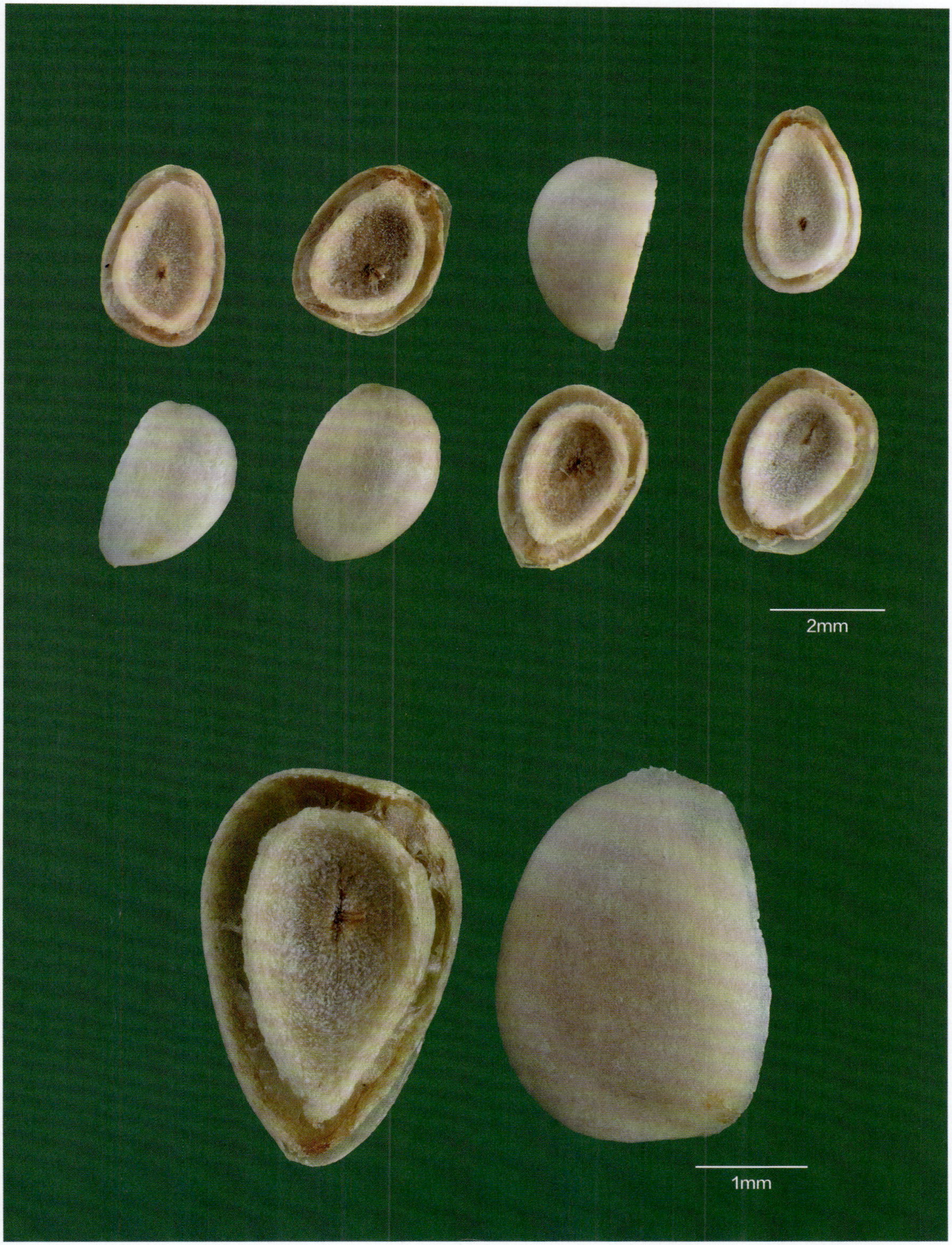
2mm
1mm

红紫珠

来　　源 红紫珠 *Callicarpa rubella* Lindl.，马鞭草科灌木。

性　　状 果核呈三角状卵形，略扁平，长约 2mm，宽约 1.6mm。背面弓曲，黄白色，网纹明显；腹面中央区域处下凹，黄褐色，边缘处有一圈浅沟，中心处有一个点状突起。

药用部位 叶及嫩枝。

功　　效 凉血止血，解毒消肿。

采集时间 2019.1

采 集 地 广东省惠州市

鉴 定 人 吴健梅

1mm

0.5mm
0.5mm

大青

来　源 大青 *Clerodendrum cyrtophyllum* Turcz.，马鞭草科灌木或小乔木。

性　状 果核长卵形，长约6mm，宽约4mm。表面黑褐色，粗糙；背面弓曲，具凸起的网纹；腹面平，一侧边缘具月牙形凹沟。

药用部位 根、叶。

功　效 清热利湿，凉血解毒。

采集时间 2019.10

采 集 地 广东省广州市

鉴 定 人 周良云

2mm
1mm

假连翘

来　源 假连翘 *Duranta erecta* Linnaeus，马鞭草科灌木。

性　状 果核呈椭球形，长3～4mm，宽2.5～3.5mm。表面骨质，红棕色；背面稍圆；腹面基部有一椭圆形凹缺，长宽约为果核的一半，凹缺两侧各有一纵沟，纵沟向上变浅。

药用部位 叶、果实。

功　效 散热透邪，行血祛瘀，止痛，杀虫，消肿解毒。

采集时间 2020.10

采 集 地 广东省广州市

鉴 定 人 周良云

2mm
1mm

马缨丹

来　　源　马缨丹 *Lantana camara* L.，马鞭草科直立或蔓性的灌木。

性　　状　果核呈圆锥状，长 4～5mm，宽 2.8～3.2mm。表面灰棕色，有黑色斑块，具皱褶；上部圆钝，覆有半蛋壳状帽，帽缘不整齐；基部纺锤状。

药用部位　根、枝、叶、花。

功　　效　根：清热解毒，散结止痛；枝、叶：祛风止痒，解毒消肿；花：清凉解毒，活血止血。

采集时间　2020.4

采 集 地　广东省广州市

鉴 定 人　周良云

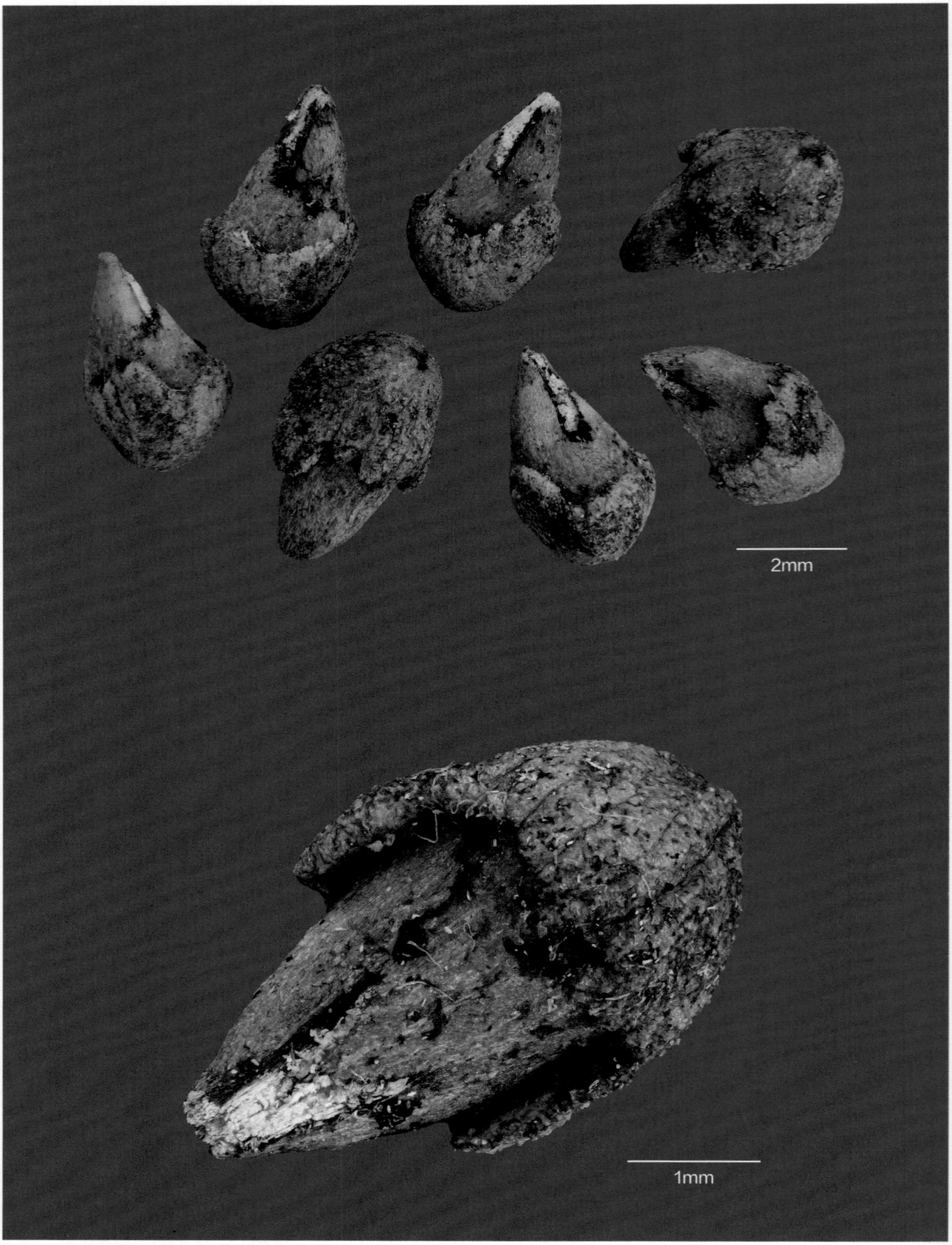
2mm
1mm

马鞭草

来　　源　马鞭草 *Verbena officinalis* L.，马鞭草科多年生草本。

性　　状　果核呈近矩形，长 1.6～1.8mm，宽 0.5～0.6mm。表面红棕色，具纵向大而疏的网状突起，突起内具细密网纹；背面弧形；腹面平，中央有脊，密被乳白色鳞片状附属物。

药用部位　全草。

功　　效　清热解毒，活血通经，利水消肿，截疟。

采集时间　2018.12

采 集 地　广东省广州市

鉴 定 人　周良云

1mm
0.5mm

蔓荆

来　　源　蔓荆 *Vitex trifolia* L.，马鞭草科落叶灌木。

性　　状　果实近球形，直径约4mm。表面黑色，具细密皱褶和白点；宿存果萼外被灰白色绒毛，半包果实；果柄宿存。

药用部位　果实、叶。

功　　效　果实：疏散风热，清利头目；叶：散瘀消肿。

采集时间　2019.10

采 集 地　广东省广州市

鉴 定 人　周良云

2mm
2mm

肉叶鞘蕊花

来　源　肉叶鞘蕊花 *Coleus carnosifolius* (Hemsl.) Dunn，唇形科多年生肉质草本。

性　状　小坚果呈卵状圆形，径约 1.5mm。表面黑棕色或黑色，凹凸不平，密生细疣突；果柄痕位于基部，灰白色，圆形。

药用部位　全株。

功　效　用于疥疮，蛇咬伤。

采集时间　2019.11

采 集 地　广西壮族自治区百色市

鉴 定 人　郑海磊

1mm
0.5mm

广防风

来　　源　广防风 *Anisomeles indica* (Linnaeus) Kuntze，唇形科草本。

性　　状　小坚果呈椭圆形，长约2mm，宽约1.5mm。表面黑色，稍有光泽，具突起的小点和细密的疣状乳突；背面稍弓曲；顶部钝圆；基部略窄；果柄痕位于基部，灰白色，类圆形。

药用部位　全草。

功　　效　祛风解表，理气止痛。

采集时间　2018.10

采 集 地　广东省河源市

鉴 定 人　吴健梅

1mm

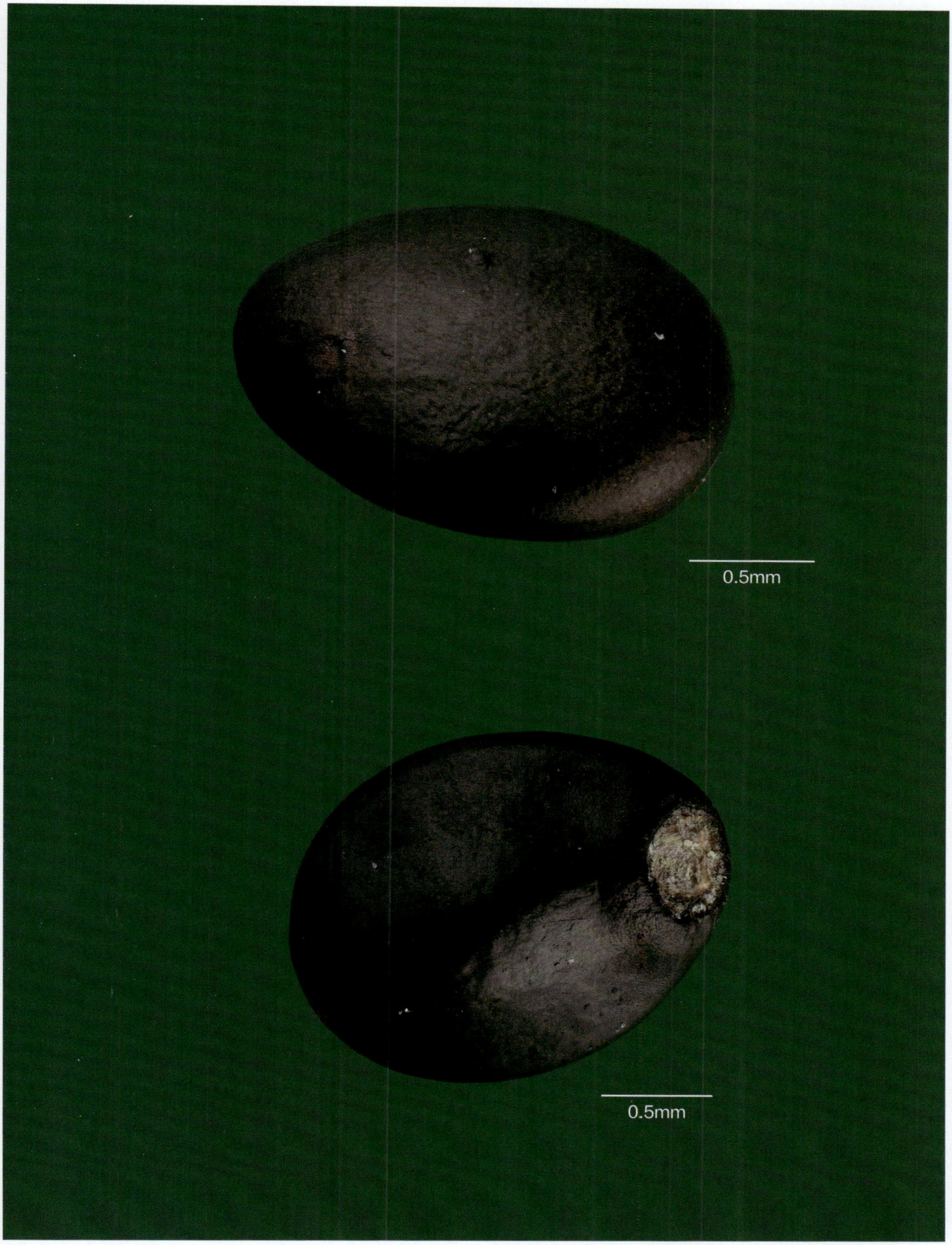
0.5mm
0.5mm

山香

来　　源　山香 *Hyptis suaveolens* (L.) Poit.，唇形科一年生草本。

性　　状　小坚果呈矩圆形，扁平，长约 4mm，宽约 3mm。表面黑棕色，凹凸不平；顶端中间微凹，基部有凸尖；背面中央两侧各有一条纵沟；腹面中央有一条明显的纵脊；果柄痕位于基部，近心形，在腹面灰褐色，在背面黄褐色。

药用部位　全草。

功　　效　疏风利湿，行气散瘀。外用于跌打肿痛，创伤出血，痈肿疮毒，虫蛇咬伤，湿疹皮炎。

采集时间　2019.12

采 集 地　海南省昌江黎族自治县

鉴 定 人　郑海磊

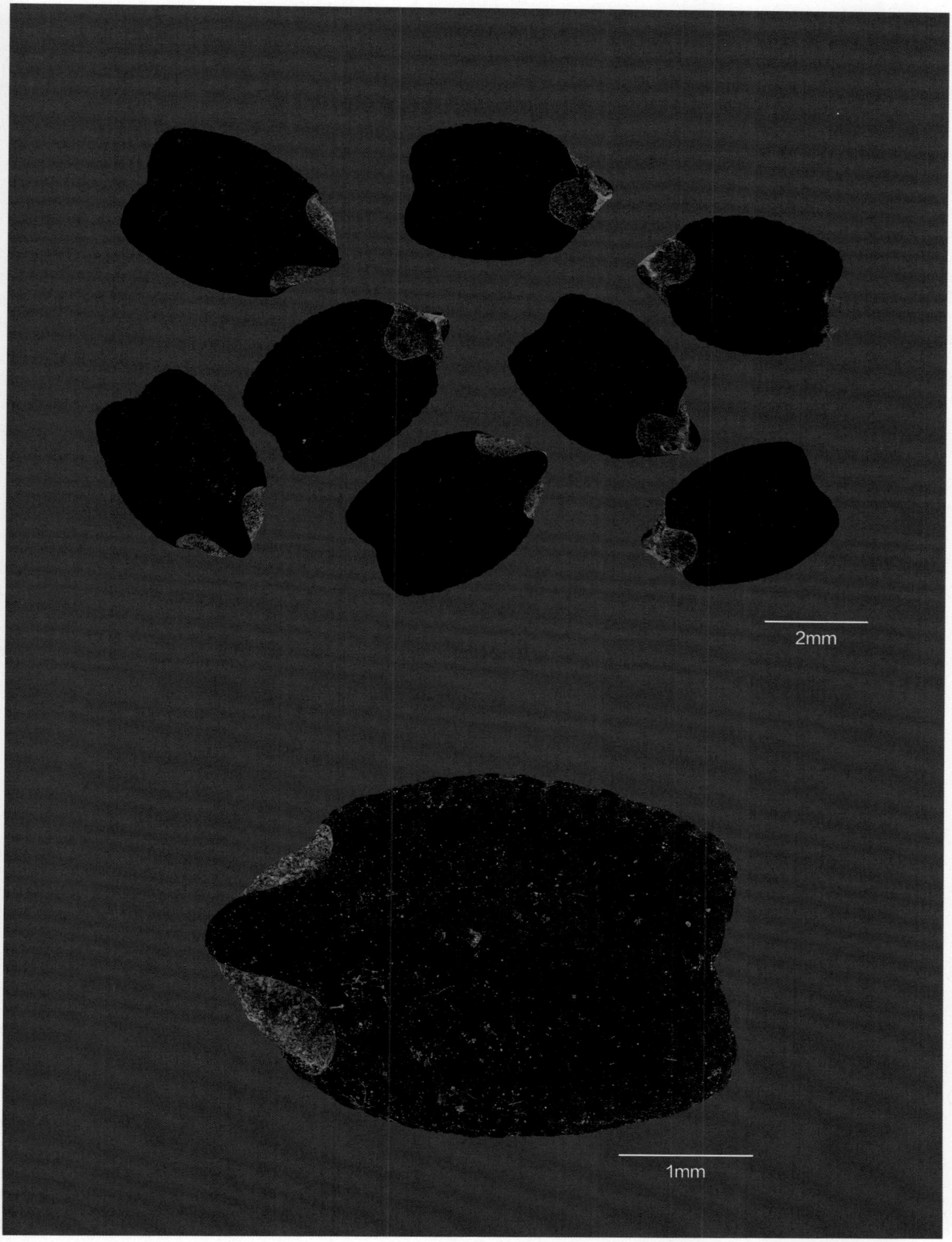

2mm
1mm

小鱼仙草

来　　源 小鱼仙草 *Mosla dianthera* (Buch.-Ham. ex Roxburgh) Maxim.，唇形科一年生草本。

性　　状 小坚果近圆形，直径约 1.2mm。表面棕色，具不规则大型网纹，网纹在下半部呈长方形放射状规则排列，网纹内密生小突起，突起颜色较深；果柄痕位于基部，较平整。

药用部位 全草。

功　　效 祛风发表，利湿止痒。

采集时间 2018.11

采 集 地 广东省深圳市

鉴 定 人 周良云

1mm
0.5mm

狭叶假糙苏

来　源　狭叶假糙苏*Paraphlomis javanica* (Bl.) Prain var. *angustifolia* (C.Y.Wu) C.Y.Wu & H.W.Li，唇形科草本。

性　状　小坚果呈三棱状倒卵形，长6～7mm，宽约3mm。表面黑色，具细密网纹；顶端钝圆；果柄端具黄棕色半透明附属物。

药用部位　全草。

功　效　润肺止咳，补血调经。

采集时间　2019.12

采 集 地　海南省保亭黎族苗族自治县

鉴 定 人　郑海磊

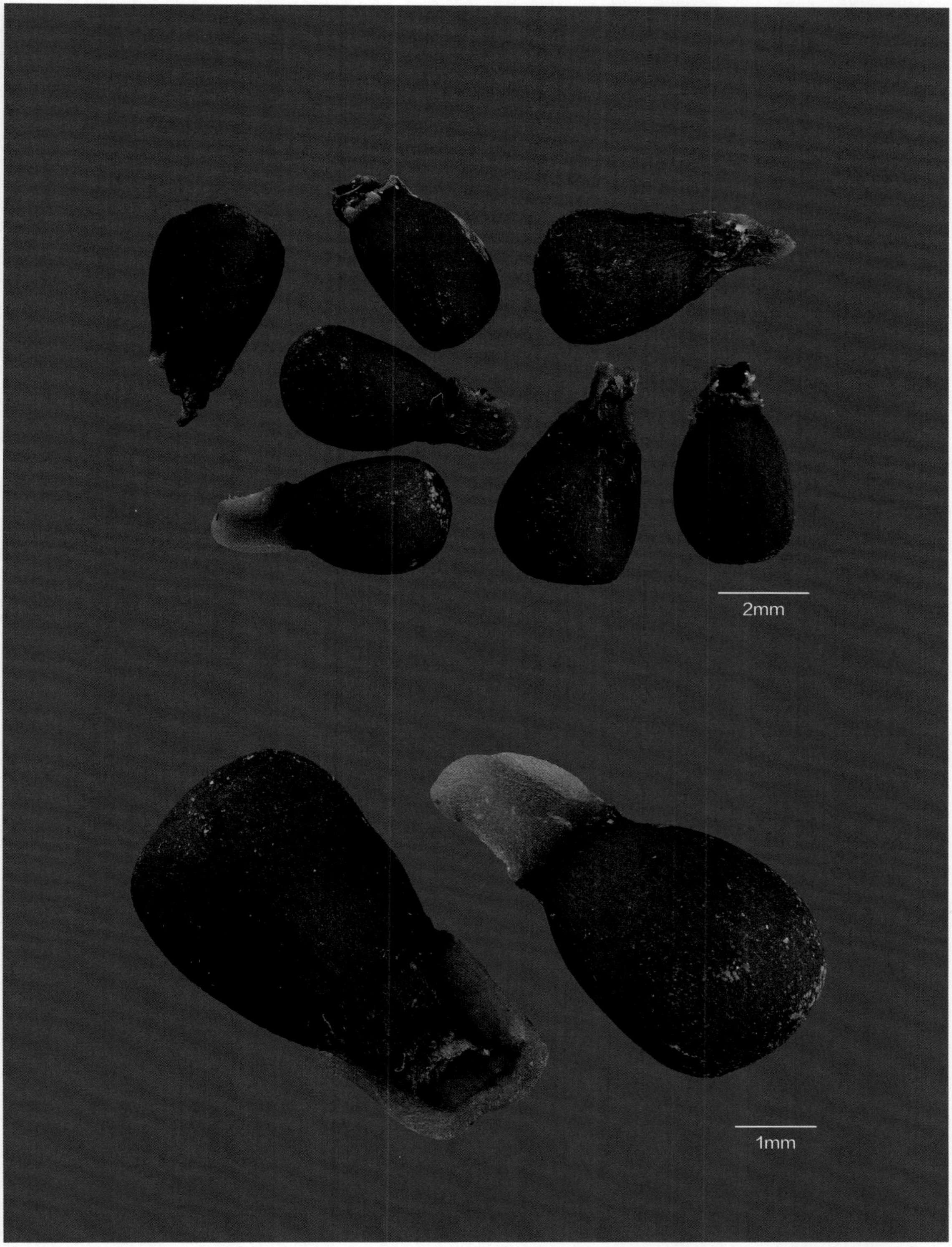
2mm
1mm

南丹参

来　源　南丹参 *Salvia bowleyana* Dunn，唇形科多年生草本。

性　状　小坚果呈椭圆形，长1.5～2mm，宽1～1.2mm。表面褐色，具纵向网状突起；背面圆弧形；腹面中部隆起，两侧面平；顶端被稀疏黑色刺毛或无；果柄痕位于腹面一侧，圆形凹陷。

药用部位　根。

功　效　活血化瘀，调经止痛。

采集时间　2018.5

采 集 地　广东省广州市

鉴 定 人　周良云

1mm
0.5mm

荔枝草

来　　源　荔枝草 *Salvia plebeia* R. Br.，唇形科一年生或二年生草本。

性　　状　小坚果倒卵形，长约0.8mm，宽约0.6mm。表面红褐色，粗糙，密生瘤状小颗粒，被稀疏白色碎屑；背面稍隆起；腹面中间隆起明显，形成两个侧面；顶部圆钝；基部平截；果柄痕着生在平截面上，类圆形，白色。

药用部位　全草。

功　　效　凉血，利水，解毒，杀虫。

采集时间　2019.3

采 集 地　广东省广州市

鉴 定 人　周良云

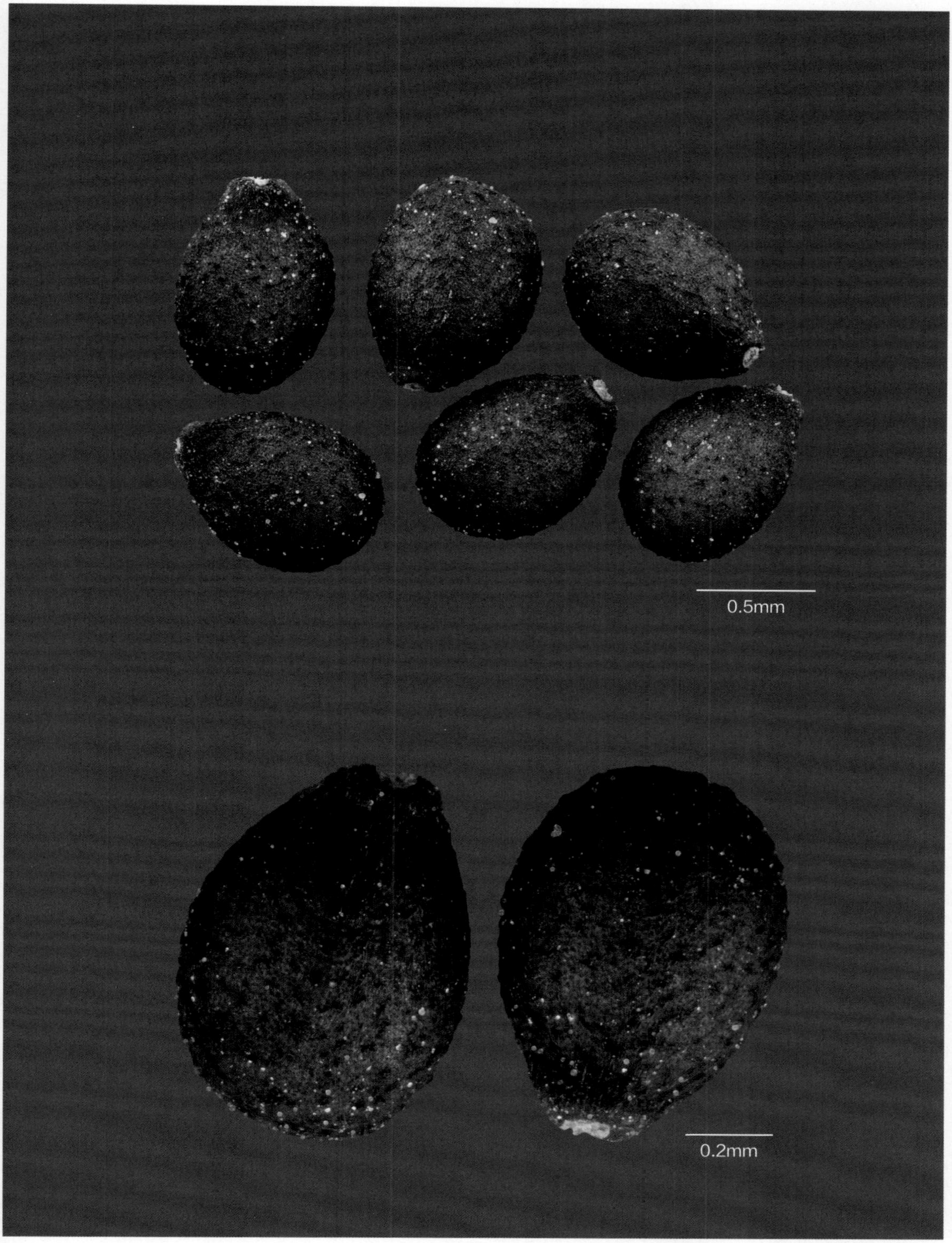
0.5mm
0.2mm

半枝莲

来　源　半枝莲 *Scutellaria barbata* D. Don，唇形科多年生草本。

性　状　小坚果呈圆肾形，长约 1mm。表面褐色至灰棕色，密生疣突，疣突表面粗糙；背部拱起；腹部稍平；果柄痕位于腹部中心，稍突起，周边不生疣突。

药用部位　全草。

功　效　清热解毒，化瘀利尿。

采集时间　2018.6

采 集 地　广东省广州市

鉴 定 人　周良云

1mm
0.5mm

韩信草

来　　源　韩信草 *Scutellaria indica* L.，唇形科多年生草本。

性　　状　小坚果呈卵形，长 1.5～1.6mm，宽 1～1.1mm。表面栗色或暗褐色，具瘤状突起；背面弓曲；腹面平，近中央具一果柄痕，微突起。

药用部位　全草。

功　　效　清热解毒，活血止痛，止血消肿。

采集时间　2019.4

采 集 地　广东省广州市

鉴 定 人　周良云

1mm
0.5mm

白花曼陀罗

来　　源　白花曼陀罗 *Datura metel* L.，茄科一年生半灌木状直立草本。

性　　状　种子近三角形，扁平，长约 5mm，宽约 3mm。表面黄褐色，粗糙，两面具半月形凹陷；背部弓曲，具 3 条波状棱，中棱粗，边棱细；腹部平直有凹缺；种脐位于腹部凹缺的下部，线形。

药用部位　花。

功　　效　平喘止咳，镇痛，解痉。

采集时间　2017.11

采 集 地　广东省广州市

鉴 定 人　周良云

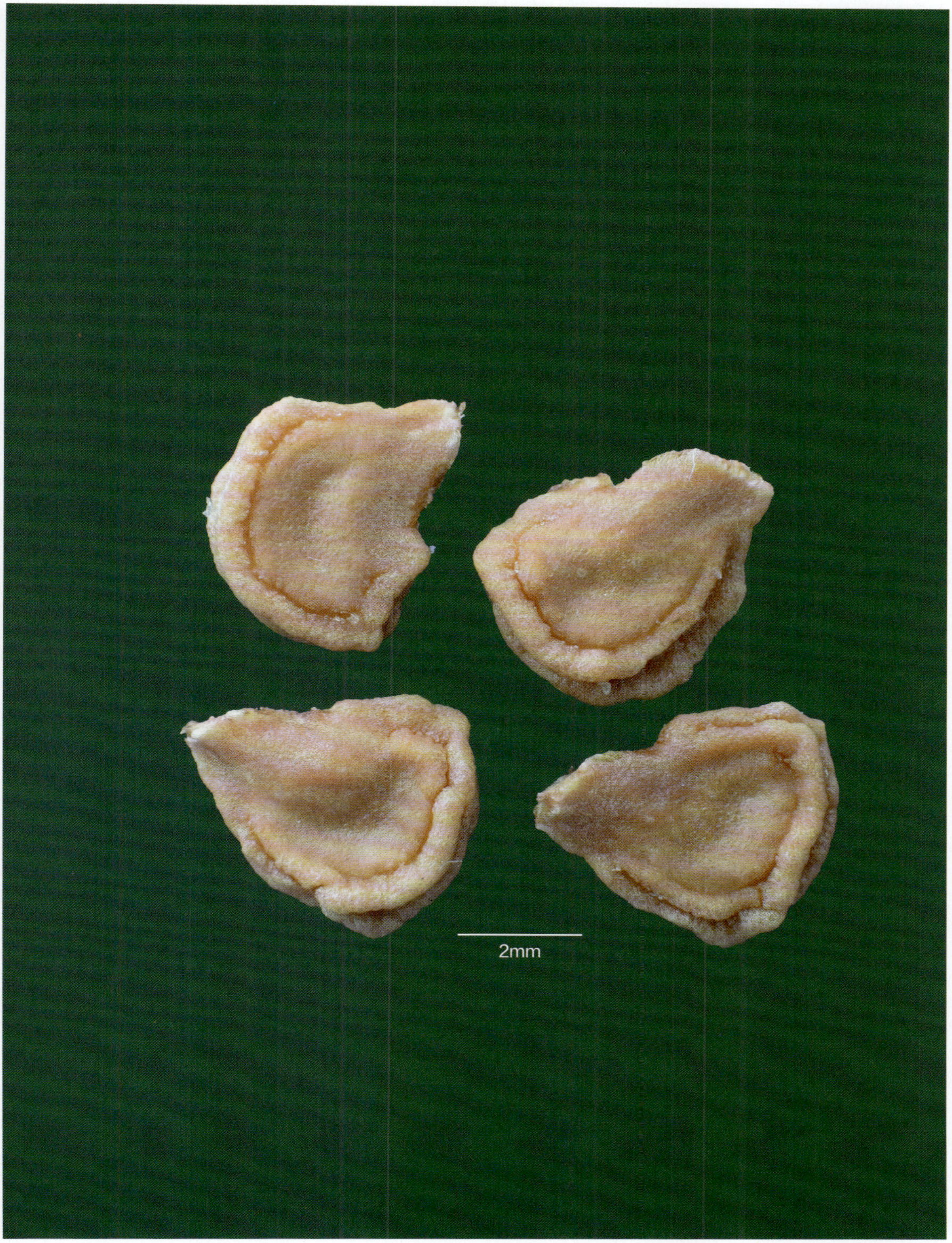
2mm

红丝线

来　　源　红丝线 *Lycianthes biflora* (Lour.) Bitter，茄科灌木或亚灌木。

性　　状　种子呈不规则三角状倒卵形，扁平，长约 2mm。表面黄棕色，稍有光泽，近外侧具不规则长条状鳞片紧密贴合成网状纹理，排列成数环，近中央及基部网状纹理稍小，排列紧密而不规则；种脐位于基部。

药用部位　全草。

功　　效　清肺止咳，散瘀止血。

采集时间　2018.10

采 集 地　广东省广州市

鉴 定 人　周良云

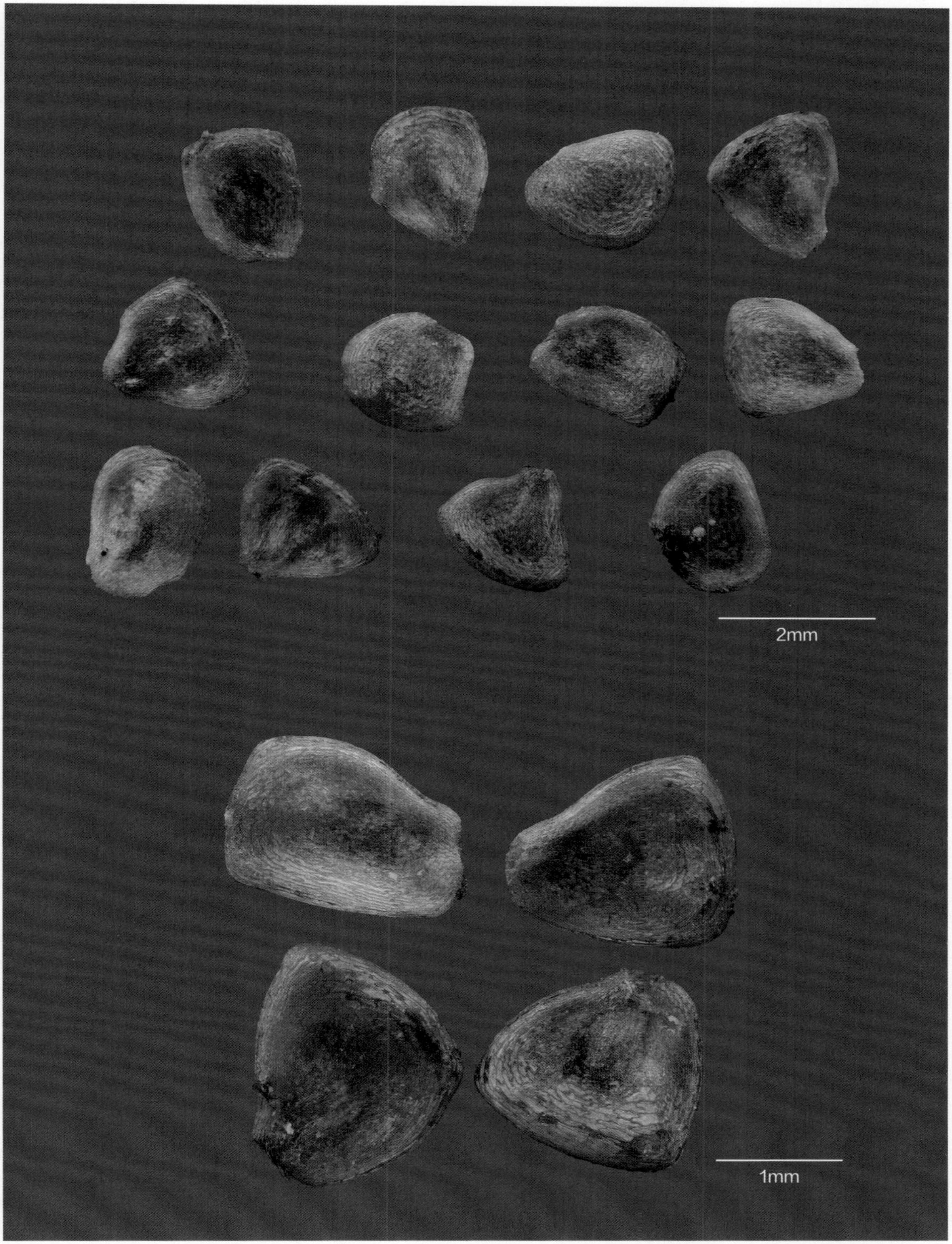
2mm
1mm

灯笼果

来　源　灯笼果 *Physalis peruviana* L.，茄科多年生草本。

性　状　种子呈近圆形，扁平，直径 1.5～2mm。表面黄色，凹凸不平；种脐位于基部。

药用部位　果实。

功　效　疏风解表。

采集时间　2019.2

采 集 地　广东省广州市

鉴 定 人　周良云

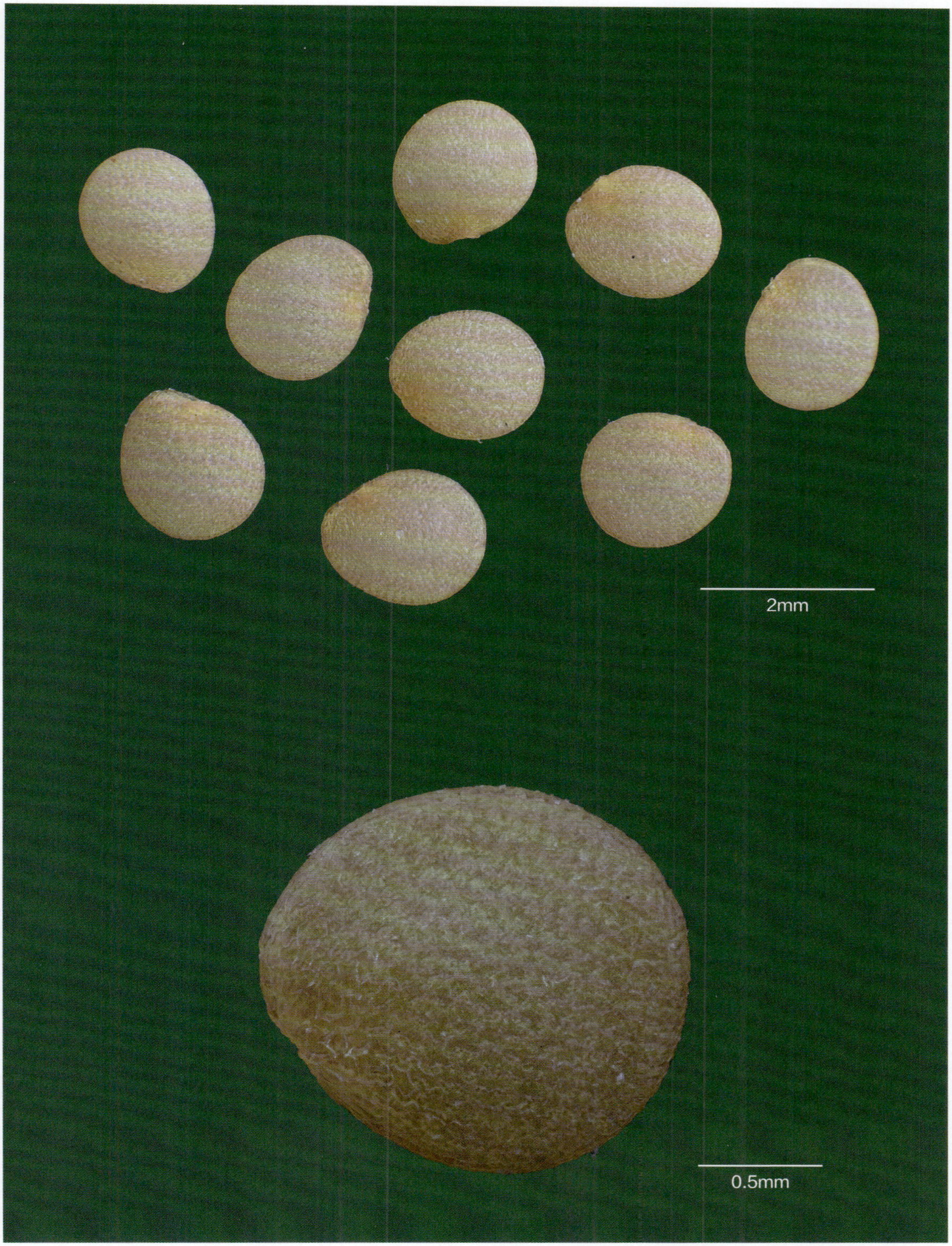
2mm
0.5mm

少花龙葵

来　源　少花龙葵 *Solanum americanum* Mill.，茄科纤弱草本。

性　状　种子呈不规则倒卵形，扁平，长约 2mm，宽约 1.5mm。表面黄白色，可见网状纹理；顶部圆钝；基部渐尖并变薄；种脐位于基部，线形。

药用部位　枝叶。

功　效　清热解毒，平肝，利尿排石。

采集时间　2018.12

采 集 地　广东省肇庆市

鉴 定 人　周良云

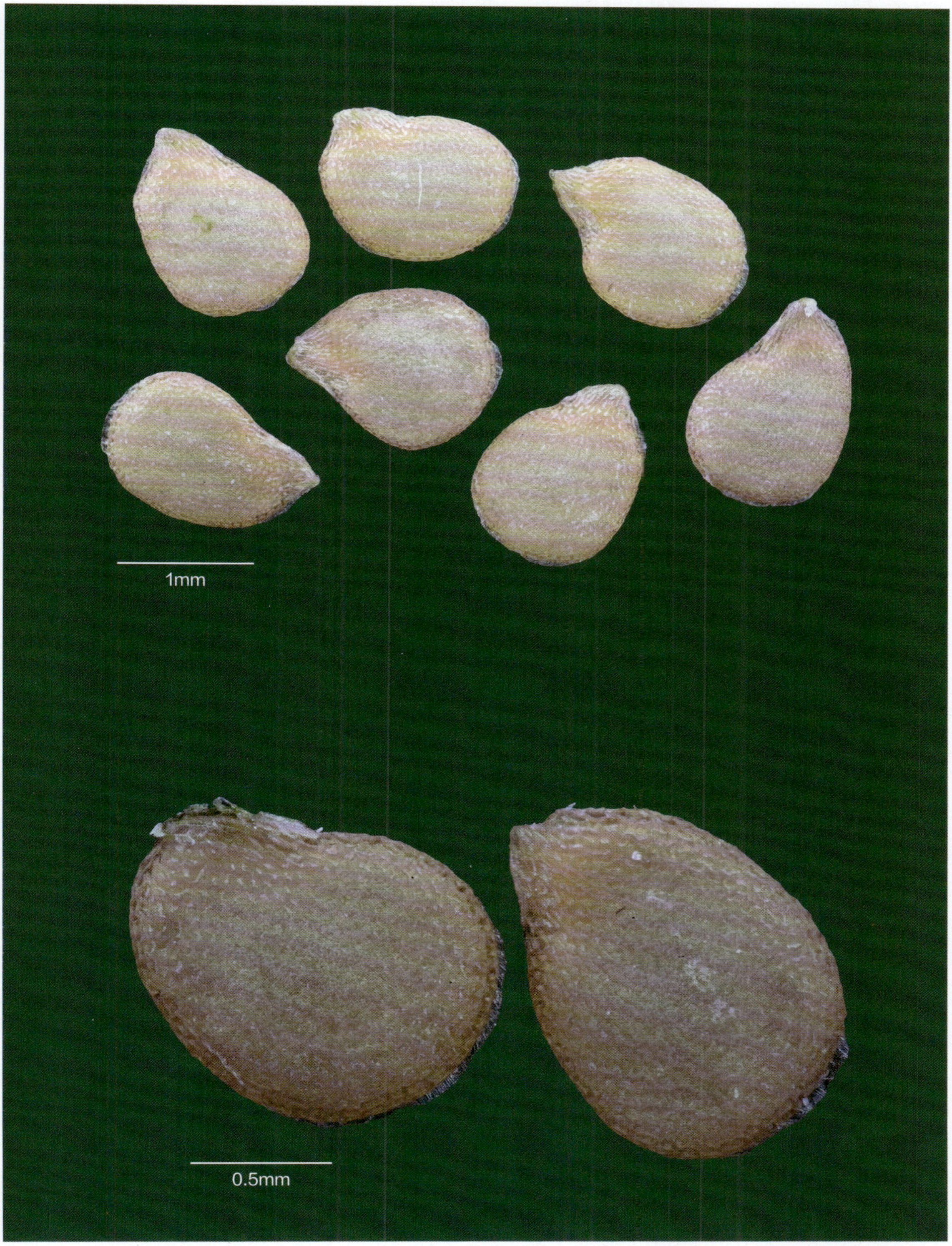
1mm
0.5mm

白英

来 源 白英 *Solanum lyratum* Thunb.，茄科草质藤本。

性 状 种子近盘状圆形，扁平，直径约 3mm。表面黄白色，具银白色突起的镂空网纹；种脐位于基部。

药用部位 全草。

功 效 清热解毒，利尿，祛风湿。

采集时间 2018.9

采 集 地 广东省惠州市

鉴 定 人 吴健梅

2mm
1mm

龙珠

来　　源　龙珠 *Tubocapsicum anomalum* (Franch. et Sav.) Makino，茄科多年生草本。

性　　状　种子呈倒卵形，扁平，长 2～2.5mm，宽 1.2～1.5mm。表面米白色，具网纹；种脐位于基部。

药用部位　全草或根、果实。

功　　效　清热解毒，利小便。

采集时间　2018.11

采 集 地　广东省韶关市

鉴 定 人　张建行

2mm
0.5mm

毛麝香

来　源　毛麝香 *Adenosma glutinosum* (L.) Druce，玄参科直立草本。

性　状　种子呈矩圆形，长 0.5～0.7mm，宽 0.3～0.4mm。表面浅褐色，具纵向排列整齐的网格；顶端具透明状短翅；种脐位于基部，深褐色。

药用部位　全草。

功　效　祛风止痛，散瘀消肿，解毒止痒。外用于湿疹，荨麻疹。

采集时间　广东省肇庆市

采 集 地　2019.7

鉴 定 人　周良云

0.5mm

长蒴母草

来　源　长蒴母草*Lindernia anagallis* (Burm. f.) Pennell，玄参科一年生草本。

性　状　种子近圆柱形，长约0.4mm，宽约0.2mm。表面浅黄棕色，有明显的蜂窝状凹穴，被银白色碎屑状鳞片；种脐位于基部，突出。

药用部位　全草。

功　效　清热解毒，活血消肿。

采集时间　2018.11

采 集 地　广东省广州市

鉴 定 人　周良云

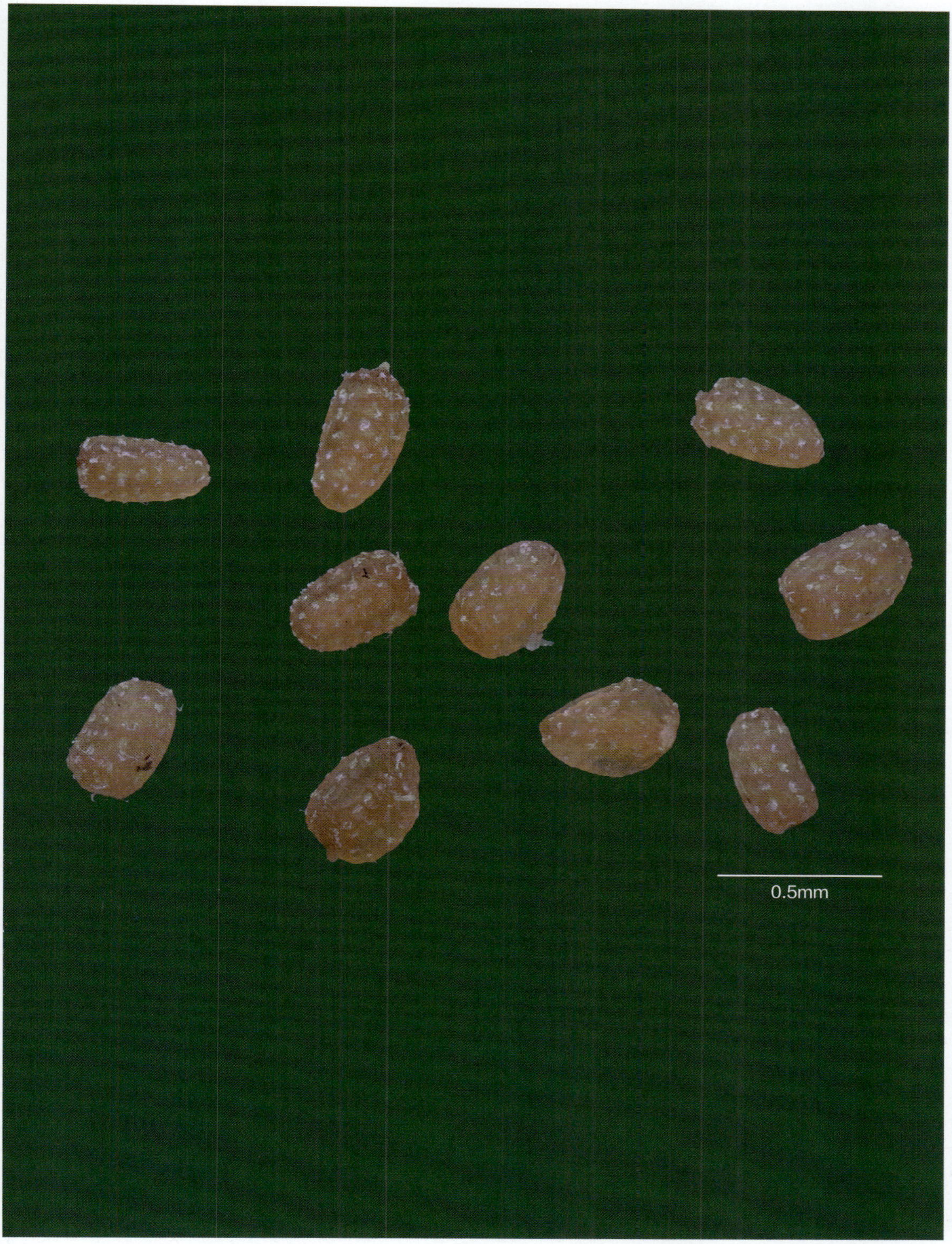
0.5mm

母草

来　　源　母草 *Lindernia crustacea* (L.) F. Muell，玄参科草本。

性　　状　种子近球形，直径 0.4～0.5mm。表面浅黄棕色，有明显的蜂窝状凹穴，被银白色碎屑状鳞片。

药用部位　全草。

功　　效　清热利湿，活血止痛。

采集时间　2018.11

采 集 地　广东省广州市

鉴 定 人　周良云

0.5mm

白花泡桐

来　源　白花泡桐 *Paulownia fortunei* (Seem.) Hemsl.，玄参科乔木。

性　状　种子呈蝴蝶形，长6～10mm（含翅）。表面褐色，具网格翅状突起，在两侧延伸成翅，翅黄白色，波浪状，具平行脉，两侧近对称，脉间蜂窝状。

药用部位　树皮、花、叶、果、根。

功　效　树皮：祛风除湿，消肿解毒；花：清肺利咽，解毒消肿；果：化痰，止咳，平喘；叶：清热解毒，止血消肿；根：祛风止痛，解毒活血。

采集时间　2018.11

采 集 地　广东省广州市

鉴 定 人　周良云

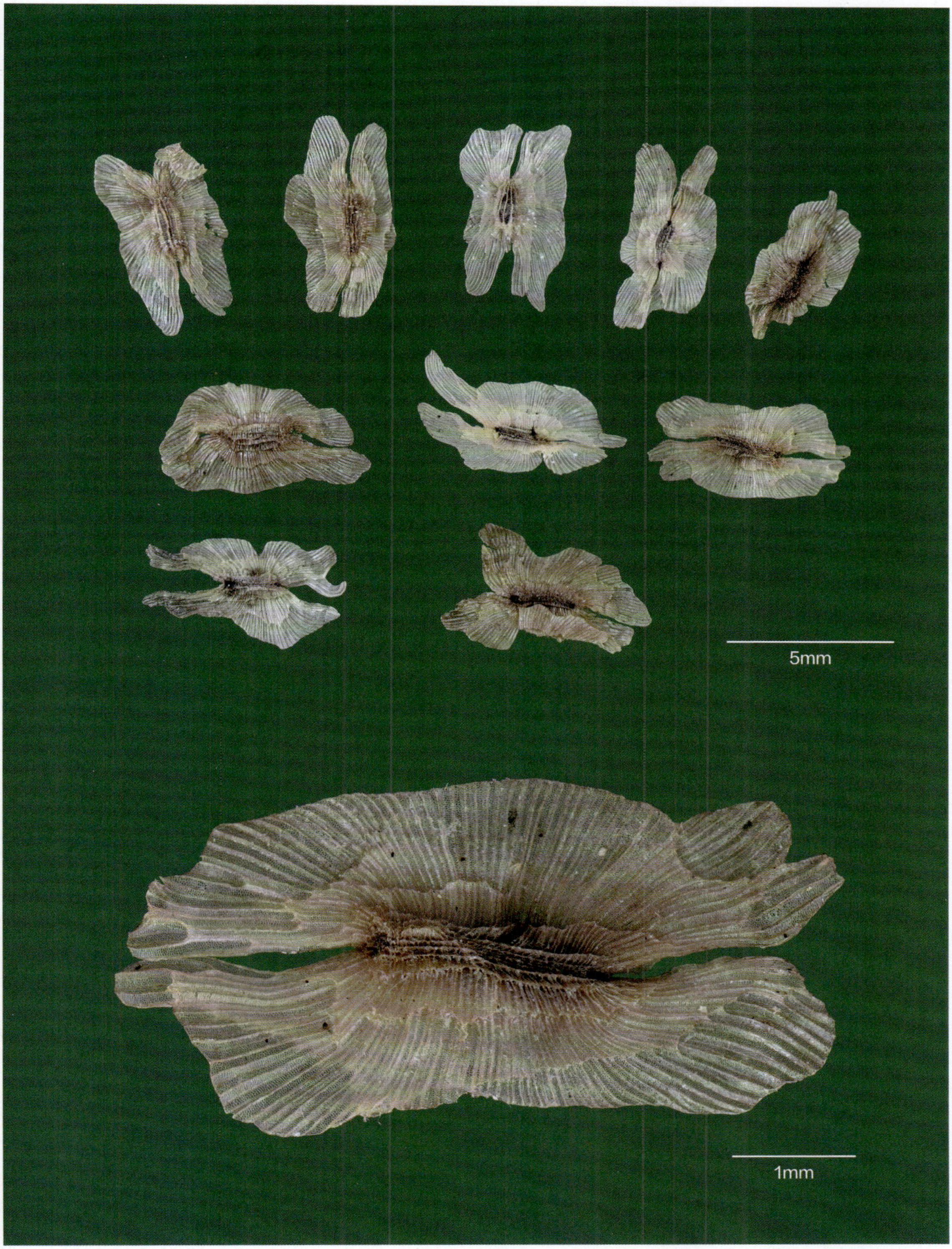
5mm
1mm

野甘草

来　　源　野甘草 *Scoparia dulcis* L.，玄参科直立草本或为半灌木状。

性　　状　种子呈卵圆形，长 0.3～0.4mm，宽 0.2～0.25mm。表面呈灰褐色，具明显网纹，网纹颜色较深，呈棕色，网纹纵向排布 6～8 个；种脐位于基部，颜色暗褐色。

药用部位　全株。

功　　效　疏风止咳，清热利湿。

采集时间　2018.6

采 集 地　广东省广州市

鉴 定 人　周良云

0.5mm

长叶蝴蝶草

来　　源　长叶蝴蝶草 *Torenia asiatica* L.，玄参科匍匐或多少直立草本。

性　　状　种子呈椭圆形，直径0.3～0.5mm。表面浅黄褐色，有明显的蜂窝状凹穴，被银白色碎屑状鳞片。

药用部位　全草。

功　　效　用于蛇伤，跌打损伤，痢疾，胃肠炎，消化不良，小便不利，疮疡肿毒。

采集时间　2018.11

采 集 地　广东省云浮市

鉴 定 人　周良云

0.2mm

凌霄

来　　源　凌霄 *Campsis grandi ora* (Thunb.) K. Schum.，紫葳科木质藤本。

性　　状　种子呈长椭圆形，翅位于种子两侧，长 1.6～2.4cm，宽 5～8mm（含翅）。种子本体倒宽卵形，深褐色，宽约 5mm。翅表面黄棕色，半透明，具横条纹，与种子本体边缘下弯后汇聚于种子本体基部。

药用部位　花。

功　　效　行血祛瘀，凉血祛风。

采集时间　2018.8

采 集 地　广东省广州市

鉴 定 人　周良云

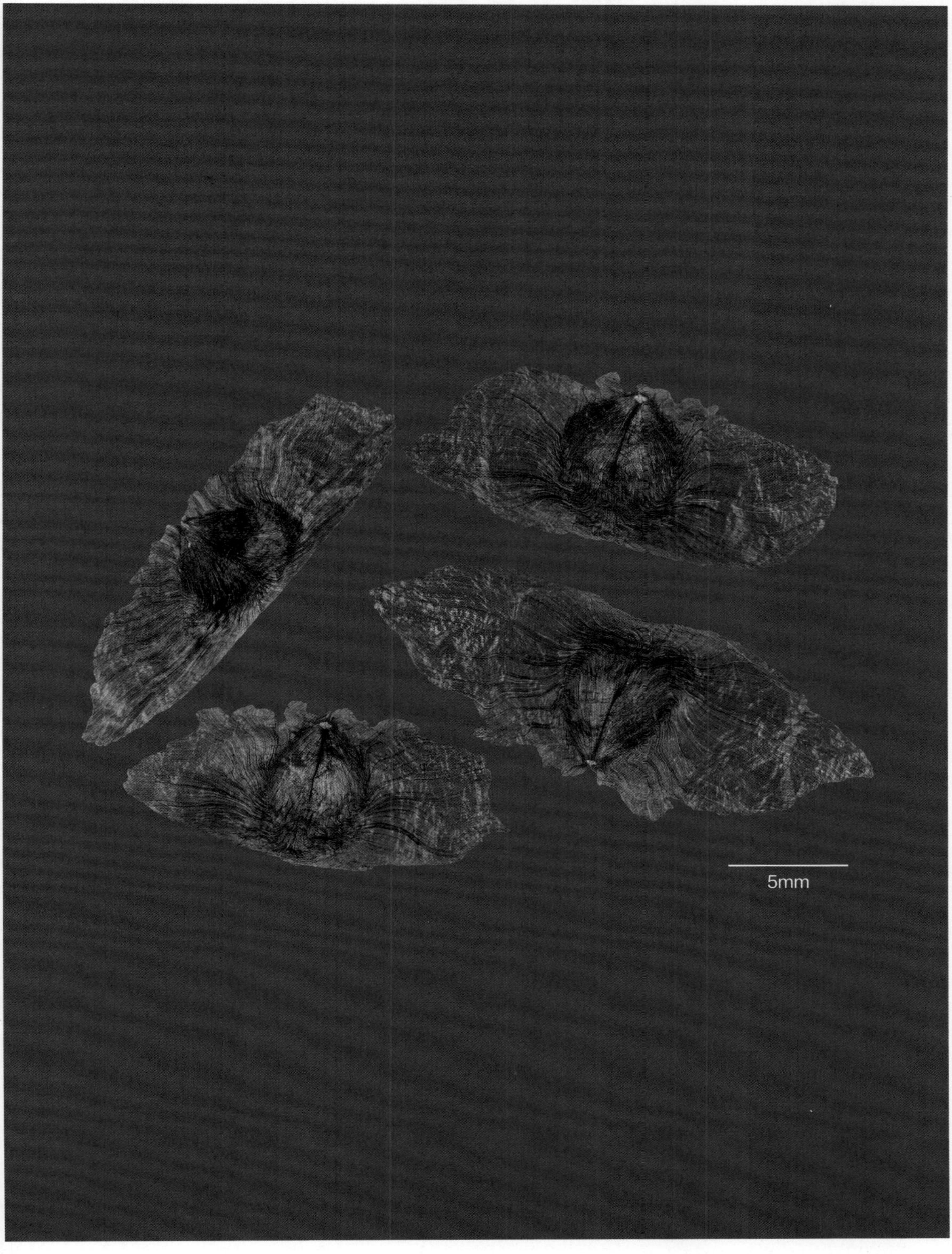
5mm

木蝴蝶

来　源　木蝴蝶 *Oroxylum indicum* (L.) Vent.，紫葳科直立小乔木。

性　状　种子呈椭圆形，扁平状，长6～7cm，宽3.5～4cm（含翅）。表面黄白色，具波纹状突起纹理；翅白色透明，薄纸质；种脐处平，被褐色短柔毛。

药用部位　种子、树皮。

功　效　清肺开音，疏肝理气。

采集时间　2017.9

采 集 地　香港特别行政区

鉴 定 人　吴健梅

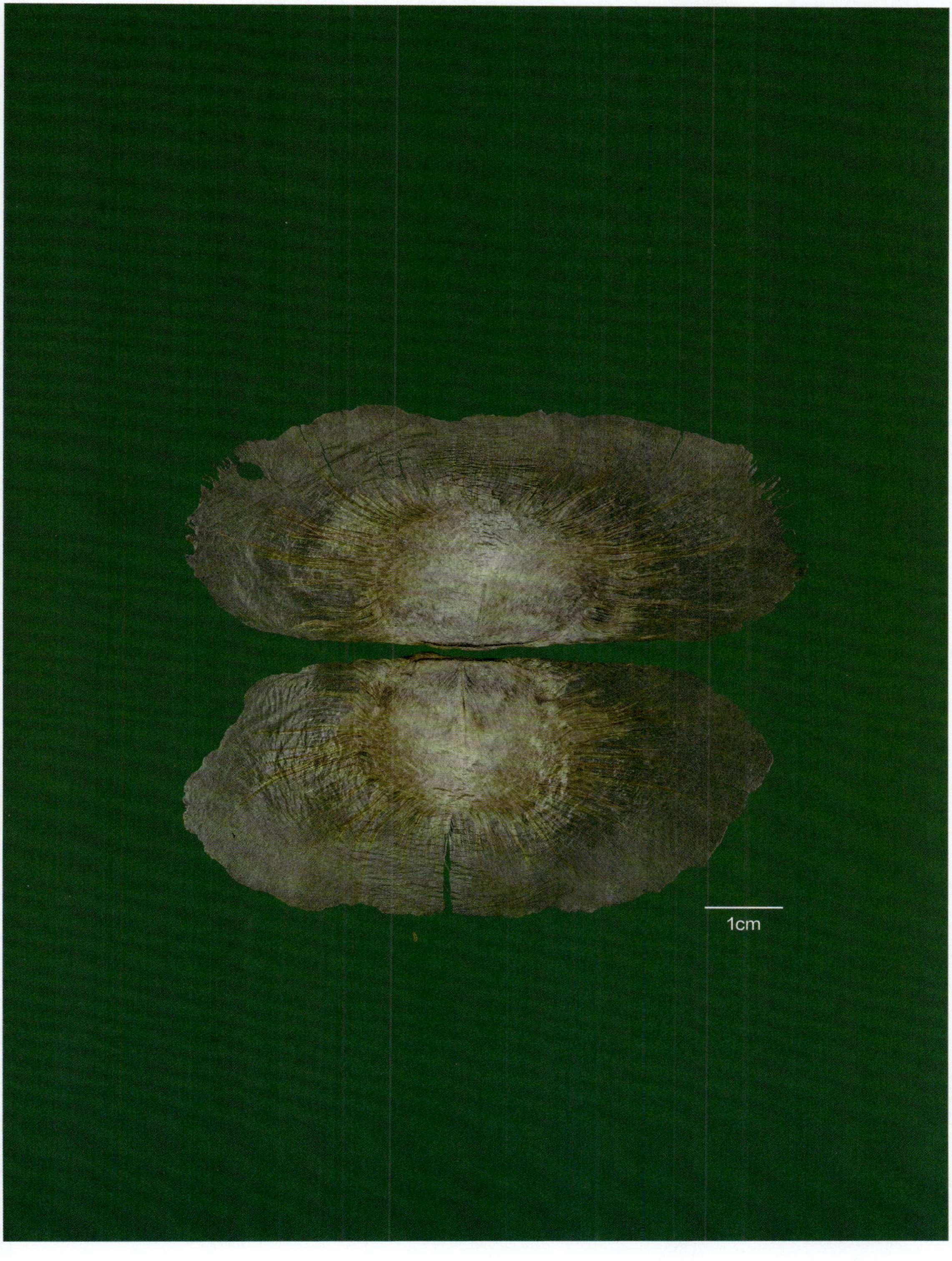
1cm

海南菜豆树

来　　源　海南菜豆树 *Radermachera hainanensis* Merr.，紫葳科乔木。

性　　状　种子呈蝶形薄片状，连翅长约 8mm。种子本体近心形，表面淡黄色；背面弓曲；腹面凹入，中部具一深色纵痕；翅透明，有绢丝样光泽；种脐位于腹面一侧，长沟状。

药用部位　根、叶、花、果实。

功　　效　凉血消肿。

采集时间　2019.12

采 集 地　海南省吊罗山国家森林公园

鉴 定 人　郑海磊

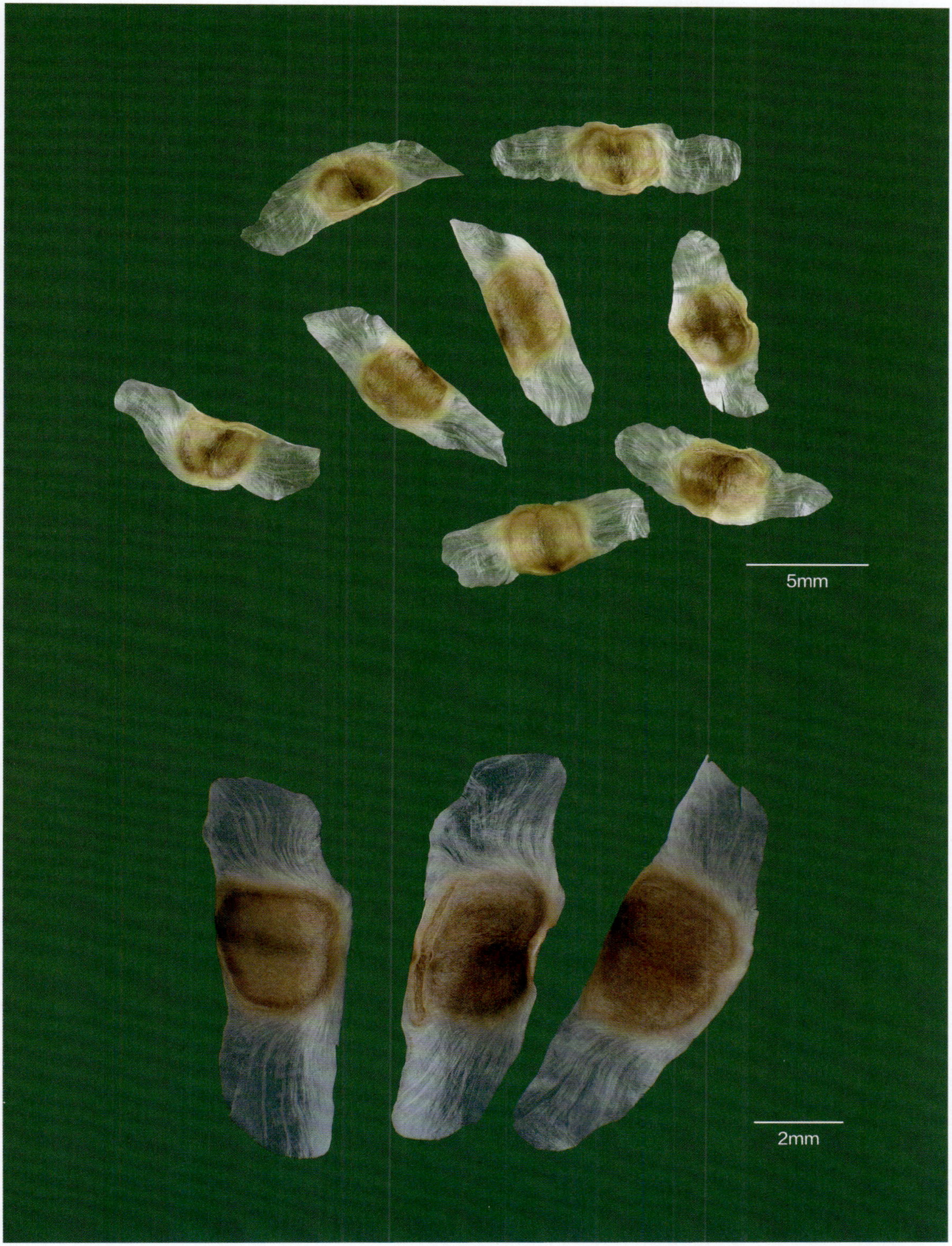
5mm
2mm

菜豆树

来　　源 菜豆树 *Radermachera sinica* (Hance) Hemsl.，紫葳科小乔木。

性　　状 种子呈蝶形薄片状，连翅长1～1.7cm，宽约3mm。种子本体椭圆形，表面黄棕色；翅半透明，具纵向长方形网状纹理。

药用部位 根、叶、果实。

功　　效 清热解毒，散瘀止痛。

采集时间 2018.11

采 集 地 广东省惠州市

鉴 定 人 吴健梅

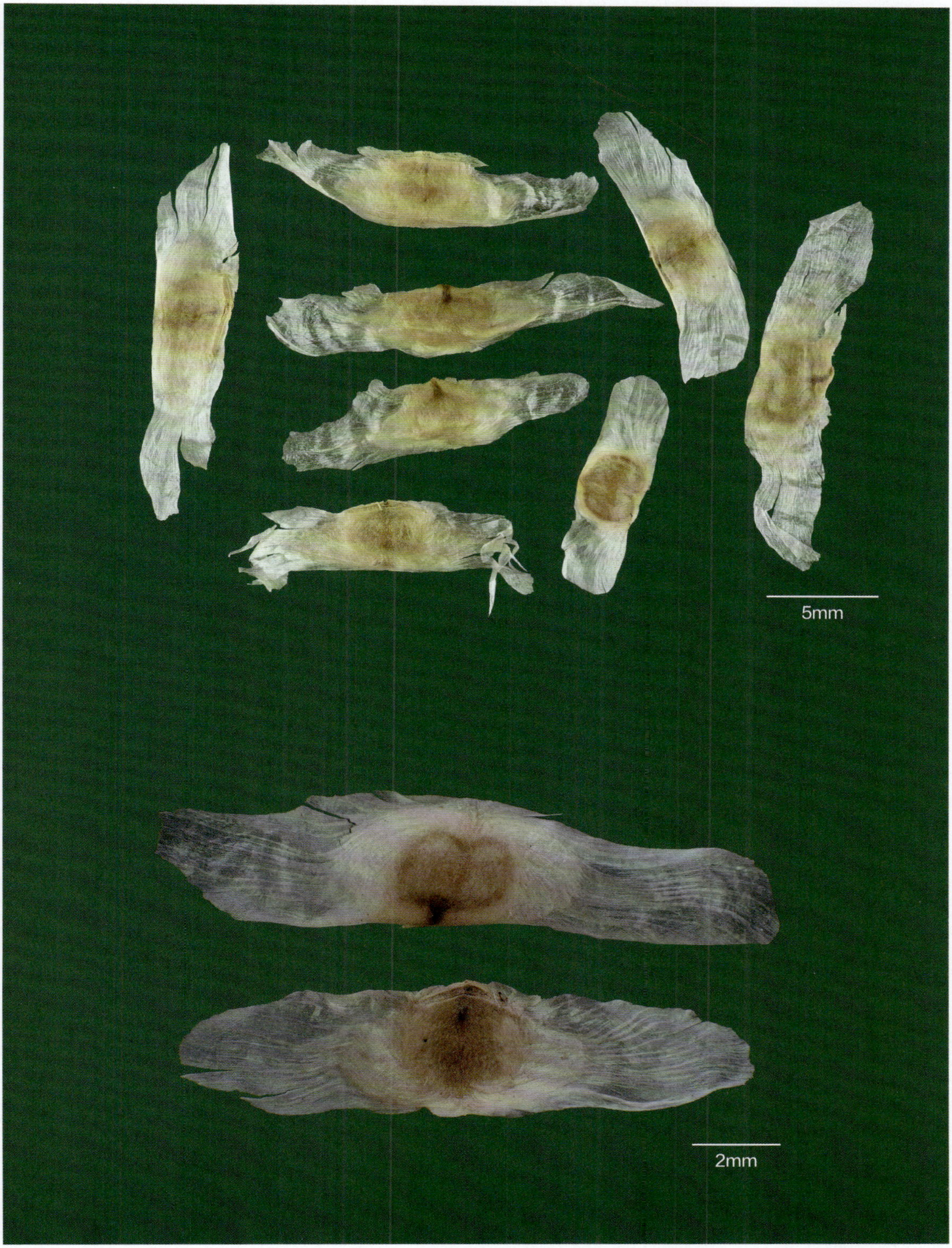
5mm
2mm

硬骨凌霄

来　　源　硬骨凌霄 *Tecoma capensis* Lindl.，紫葳科常绿披散灌木。

性　　状　种子呈蝶形薄片状，长约 2cm，宽约 5mm。表面黄褐色，两面中部均有一明显的黑色线纹；两侧具有长条状几乎透明的薄膜翅，每侧翅长 6mm；黑线纹向两侧薄膜翅形成绢丝样流线纹。

药用部位　茎叶及花。

功　　效　清热散瘀，通经，利尿。

采集时间　广东省深圳市

采 集 地　2017.8

鉴 定 人　吴健梅

5mm

野菰

来　源　野菰 *Aeginetia indica* L.，列当科一年生寄生草本。

性　状　种子呈不规则椭圆形，长 0.2～0.3mm，宽约 0.2mm。表面浅棕色，具蜂窝状网纹，网纹深内陷，网孔 5～6 个纵向排布。

药用部位　肉质茎、花或全草。

功　效　清热解毒。

采集时间　2018.10

采 集 地　广东省河源市

鉴 定 人　吴健梅

0.2mm

穿心莲

来　　源　穿心莲 *Andrographis paniculata* (Burm. f.) Nees，爵床科一年生草本。

性　　状　种子呈不规则卵形，长1～2mm。表面黄褐色或棕褐色，凹凸不平，具有“L”形或“V”形的凹痕。

药用部位　地上部分。

功　　效　清热解毒，凉血，消肿。

采集时间　2018.10

采 集 地　广东省广州市

鉴 定 人　周良云

1mm
0.5mm

假杜鹃

来　　源 假杜鹃 *Barleria cristata* L.，爵床科小灌木。

性　　状 种子呈不规则三角状卵形，直径约 4mm。表面灰褐色，被波浪状柔毛。

药用部位 全株。

功　　效 清肺化痰，止血截疟。

采集时间 2020.3

采 集 地 广东省广州市

鉴 定 人 周良云

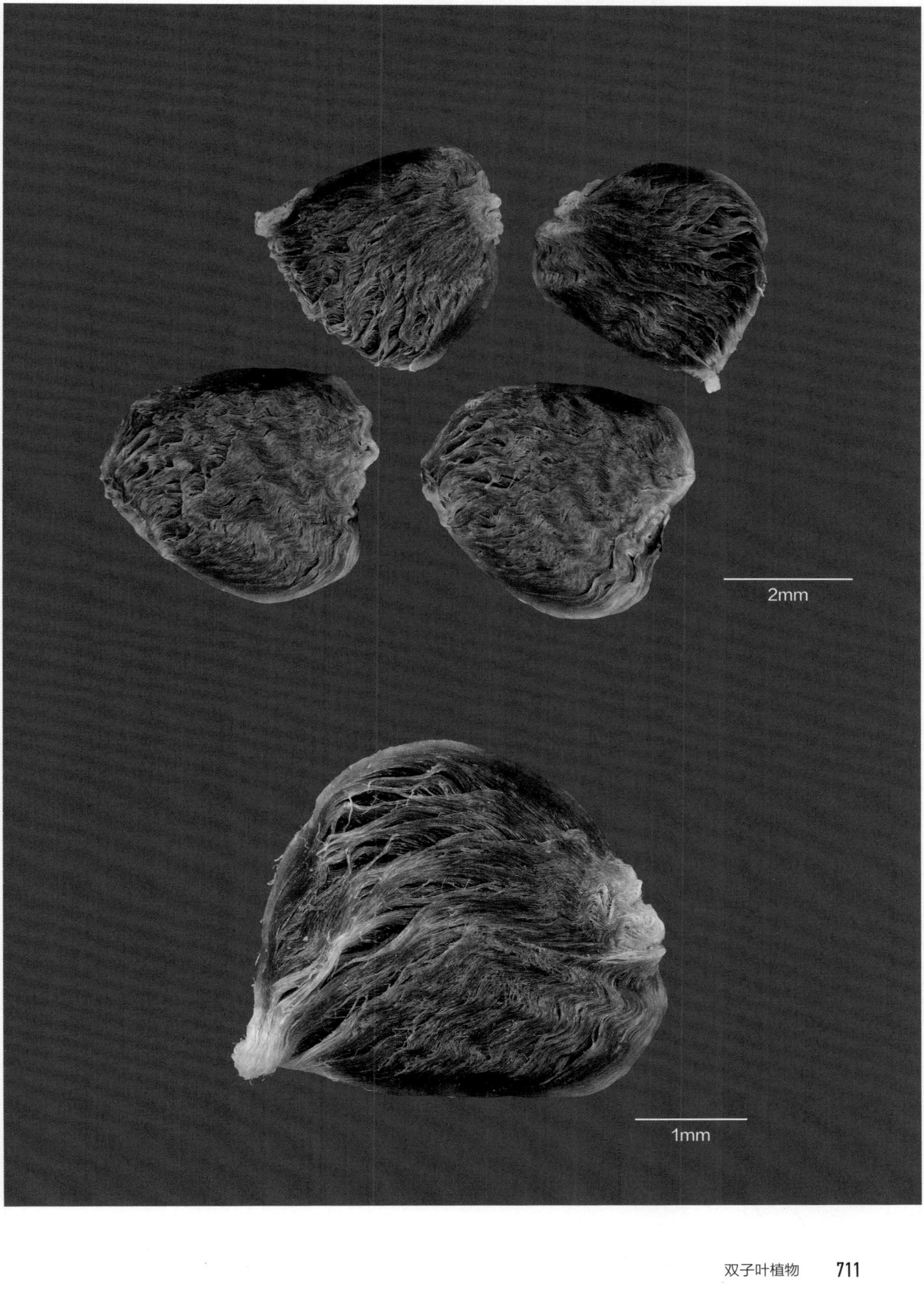
2mm
1mm

鳞花草

来　　源　鳞花草 *Lepidagathis incurva* Buch.-Ham. ex D. Don，爵床科直立草本。

性　　状　种子呈近圆形，扁平，长 1.6～2mm，宽 1.5～1.8mm。表面土褐色，凹凸不平，被白色短刺毛，在边缘处密集；种脐位于基部，平截，白色。

药用部位　全草。

功　　效　清热解毒，消肿止痛。

采集时间　2019.11

采 集 地　广东省广州市

鉴 定 人　周良云

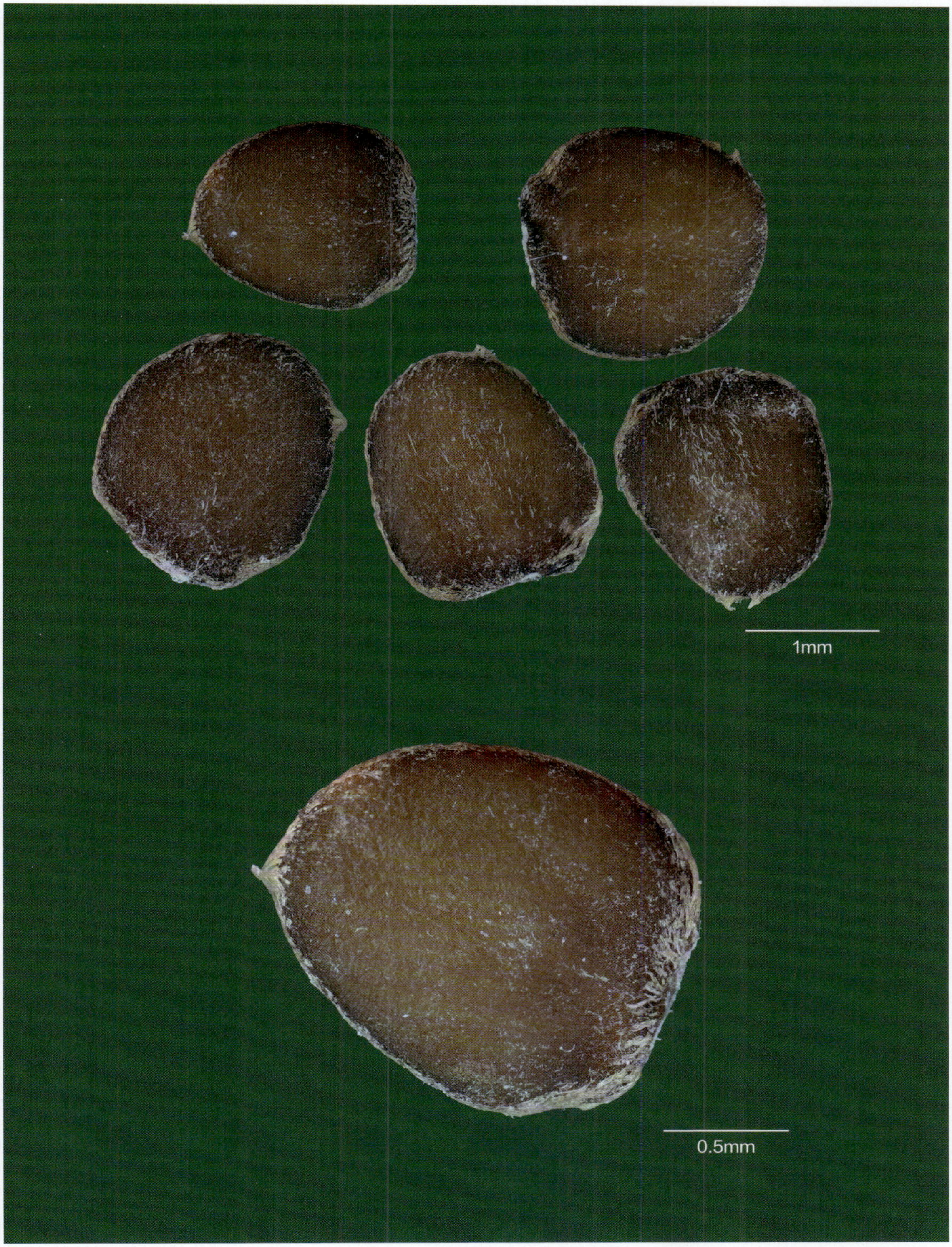
1mm
0.5mm

马蓝

来　源　马蓝 *Baphicacanthus cusia* (Nees) Bremek.，爵床科多年生草本。

性　状　种子近圆形，扁平，直径约 4.5mm。表面褐色至棕褐色，具皱褶；顶端略尖，颜色浅；基部宽大，棕褐色，被白色短柔毛；种脐位于基部近中央，微凹陷，周围灰白色，具蜂窝状网纹。

药用部位　茎叶加工制得的粉末、叶、根及根茎。

功　效　茎叶加工制得的粉末：清热解毒，凉血，定惊；叶：清热解毒，凉血，消斑；根及根茎：清热解毒，凉血利咽。

采集时间　2021.3

采 集 地　广东省广州市

鉴 定 人　周良云

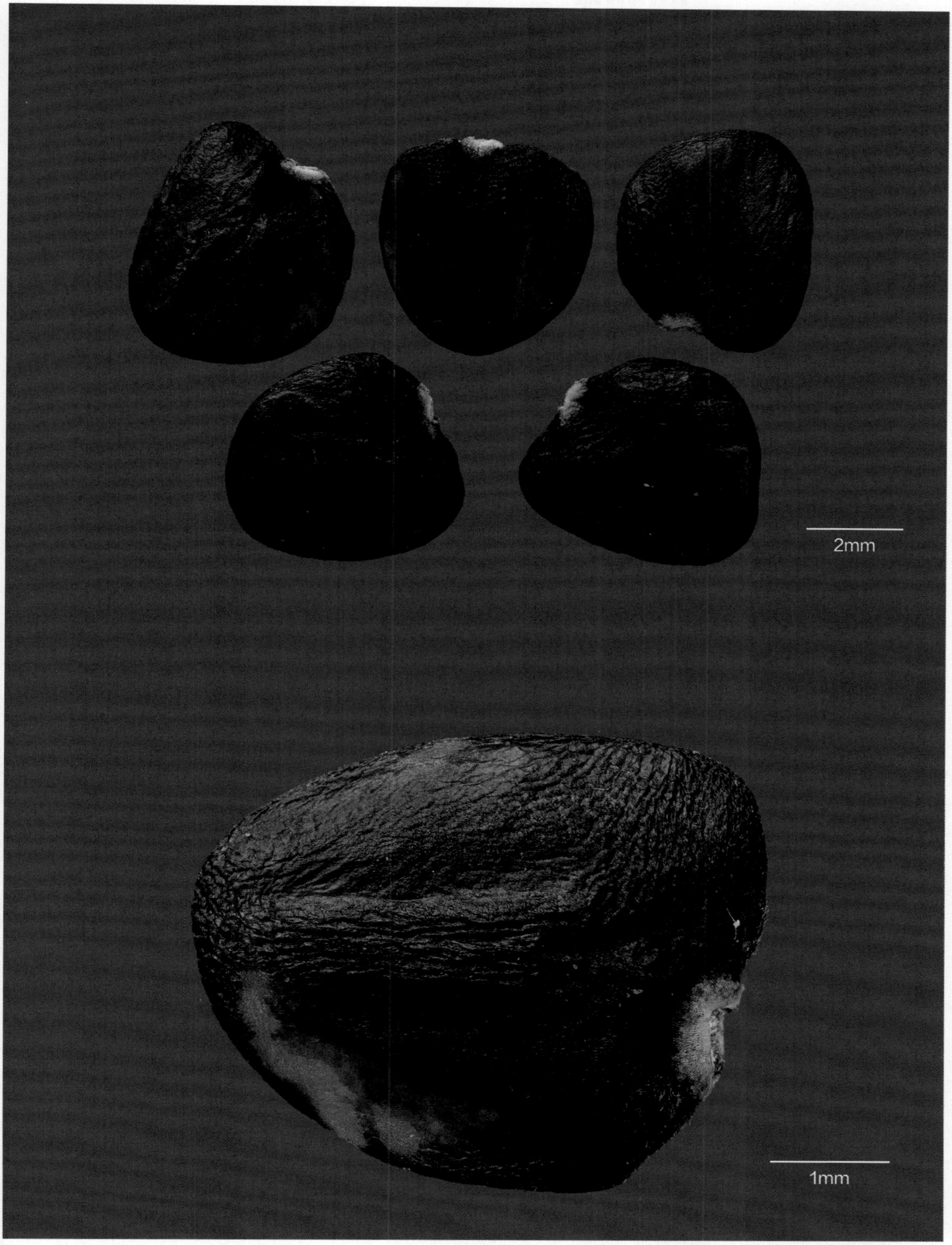
2mm
1mm

车前

来　源　车前 *Plantago asiatica* L.，车前科二年生或多年生草本。

性　状　种子呈不规则卵状椭圆形，两面微隆，具角，长1.5～2mm，宽1～1.2mm。表面浅黄褐色至棕褐色，具皱纹状小突起，疏被白色柔毛和碎屑状鳞片；种脐位于腹面中部，浅凹，被白色柔毛。

药用部位　种子、全草。

功　效　种子：清热，利尿，明目，祛痰；全草：清热利尿，明目，解毒。

采集时间　2018.10

采 集 地　广东省广州市

鉴 定 人　周良云

1mm
0.5mm

大车前

来　　源　大车前 *Plantago major* L.，车前科二年生或多年生草本。

性　　状　种子呈三角状卵形、不规则椭圆形，长约 1.5mm，宽约 1mm。表面黄棕色至黑褐色，有不规则网状皱纹；背面稍弓曲；腹面略突出；种脐位于腹面较突起的部位，周围山脊状皱纹呈不规则放射状排列，中央被白色碎屑。

药用部位　全草、种子。

功　　效　清热去湿，利尿通淋，止咳。

采集时间　2018.10

采 集 地　广东省广州市

鉴 定 人　周良云

1mm
0.5mm

水团花

来　　源　水团花 *Adina pilulifera* (Lam.) Franch. ex Drake，茜草科常绿灌木至小乔木。

性　　状　种子呈长三锥形，含翅长约 1.7mm。表面淡棕色，半透明状，具细小泡状突起；顶端二叉状分离；基部狭长。

药用部位　枝叶、花、果实。

功　　效　清热利湿，消瘀定痛，止血生肌。

采集时间　2019.11

采 集 地　广西壮族自治区十万大山

鉴 定 人　郑海磊

1mm
0.5mm

栀子

来　　源　栀子 *Gardenia jasminoides* Ellis，茜草科灌木。

性　　状　种子近卵形，长3.4～4mm，宽2.8～3.4mm。表面橙红色，具扭曲的网纹，被稀疏的白色碎屑；两端圆钝或具棱角。

药用部位　果实。

功　　效　泻火除烦，清热利湿，凉血解毒。外用消肿止痛。

采集时间　2020.11

采 集 地　广东省广州市

鉴 定 人　周良云

2mm
1mm

白花蛇舌草

来　源　白花蛇舌草 *Hedyotis diffusa* Willd.，茜草科一年生无毛纤细披散草本。

性　状　种子呈三角状卵形或不规则椭圆形，长约 0.4mm，宽约 0.2mm。表面棕色，具蜂窝状网纹，深褐色，网孔覆以透明薄膜。

药用部位　全草。

功　效　清热解毒，活血消肿，利湿退黄。

采集时间　2018.12

采 集 地　广东省广州市

鉴 定 人　周良云

0.5mm
0.2mm

鸡眼藤

来　　源　鸡眼藤 *Morinda parvifolia* Bartl. et DC.，茜草科攀援、缠绕或平卧藤本。

性　　状　果核近橘瓣状，长约 4mm，宽约 2.5mm。表面黄棕色，骨质，粗糙，有深浅不一的弯曲沟壑。

药用部位　全株。

功　　效　清热利湿，化痰止咳，散瘀止痛。

采集时间　2020.7

采 集 地　广东省肇庆市

鉴 定 人　刘基柱

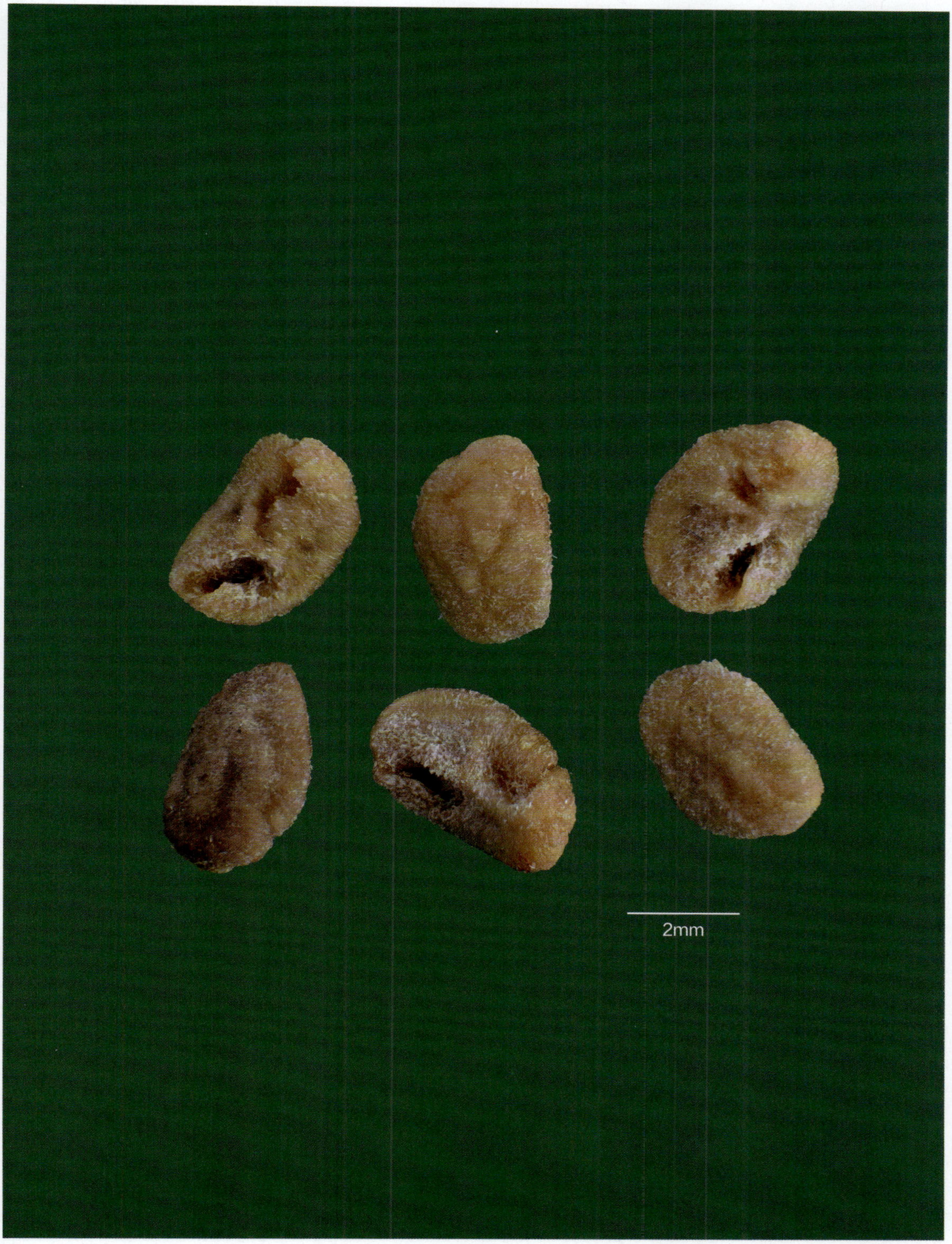
2mm

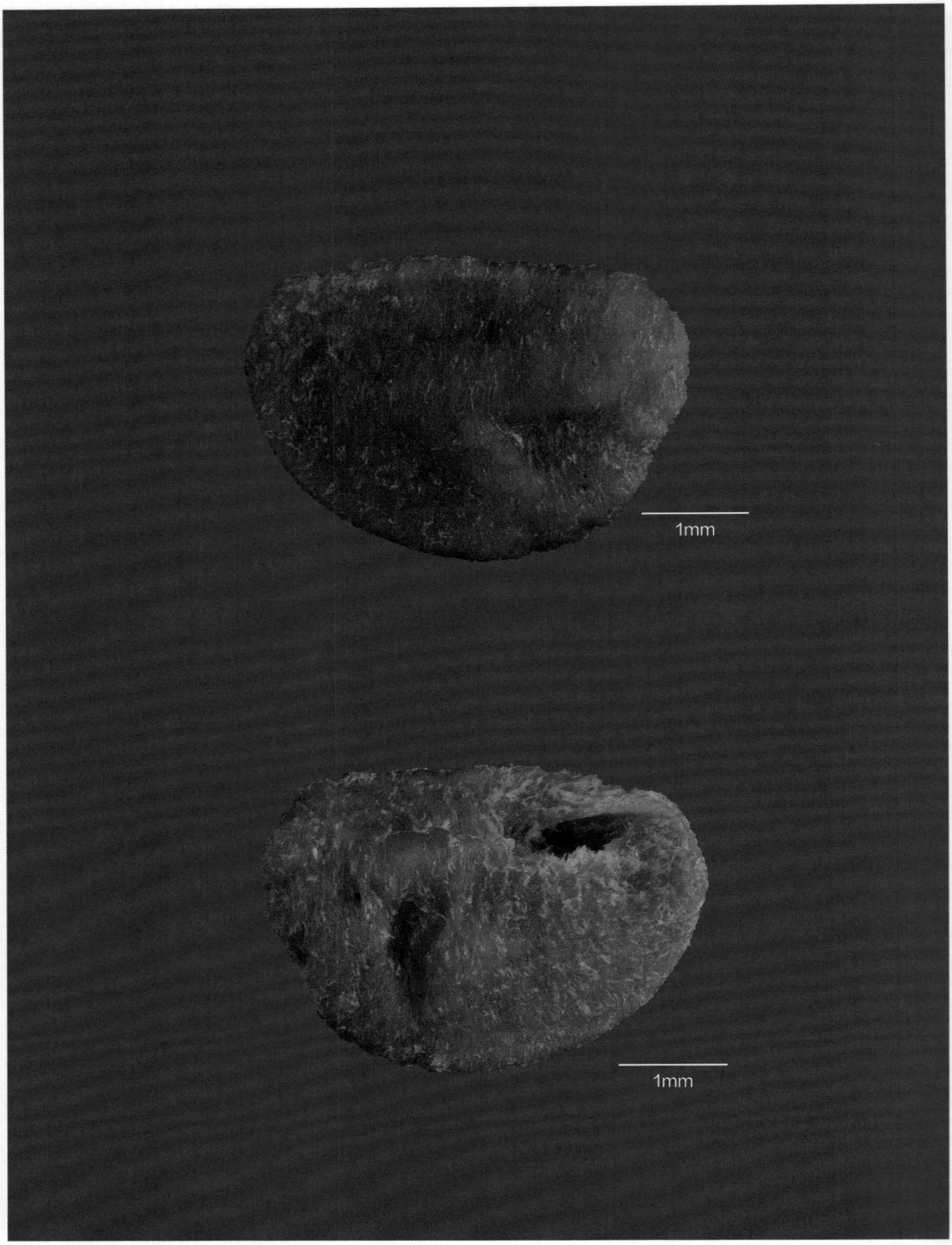
1mm
1mm

羊角藤

来　源　羊角藤 *Morinda umbellata* L. subsp. *obovata* Y. Z. Ruan，茜草科攀援或缠绕藤本。

性　状　果核呈近三棱形，长 2.8～3.8mm，宽 2～2.5mm。表面白色，半透明，具纽密纹饰；背面和腹面常生纵沟，沟内常残留黄褐色果肉。

药用部位　根或根皮。

功　效　祛风湿。

采集时间　2018.11

采 集 地　广东省河源市

鉴 定 人　吴健梅

2mm
1mm

玉叶金花

来　源　玉叶金花 *Mussaenda pubescens* W.T.Aiton，茜草科攀援灌木。

性　状　种子呈近卵圆形，直径 0.6～0.8mm。表面黑色，有光泽，具大孔镂空状的网纹，网孔内有小孔穴；顶端弧形；基部平直；种脐微突起，具黄白色胶质物。

药用部位　藤和根。

功　效　清热解暑，凉血解毒。

采集时间　2019.3

采 集 地　广东省广州市

鉴 定 人　周良云

0.5mm
0.2mm

大叶白纸扇

来　源　大叶白纸扇 *Mussaenda shikokiana* Makino，茜草科直立或攀援灌木。

性　状　种子倒卵形，稍扁，长约 0.6mm，最宽处约 0.4mm。表面黑褐色，有明显网纹，网孔内有褶皱；顶部圆钝；基部较薄而窄；种脐位于基部一侧，具黄棕色附属物。

药用部位　枝、叶、根。

功　效　枝、叶：清热解毒；根：降气化痰。

采集时间　2020.10

采 集 地　广东省韶关市

鉴 定 人　张振

0.5mm

鸡矢藤

来　　源　鸡矢藤 *Paederia foetida* L.，茜草科藤状灌木。

性　　状　种子呈圆盘形，径 3～3.5mm。背部紫褐色，稍粗糙，边缘内卷，可见一条边缘向内渐平的肋；内陷面红褐色，有网纹；种脐位于内陷面。

药用部位　根、全草。

功　　效　祛风利湿，消食化积，止咳，止痛。

采集时间　2018.11

采 集 地　广东省广州市

鉴 定 人　吴健梅

2mm

1mm
1mm

九节

来　源　九节 *Psychotria asiatica* Wall.，茜草科灌木或小乔木。

性　状　果核呈半球形，径约 5mm。表面骨白色；背面圆拱，有数条纵向的深沟，沟内棕色，同时散布白色米粒状颗粒；腹面平，亦散布白色米粒状附属物，可见一径向的脊。

药用部位　根、叶。

功　效　根、叶：清热解毒，消肿拔毒；叶：外用于跌打肿痛，外伤出血，毒蛇咬伤，疮疡肿毒，下肢溃疡。

采集时间　2020.10

采 集 地　广东省广州市

鉴 定 人　周良云

2mm

1mm
1mm

蔓九节

来　　源　蔓九节 *Psychotria serpens* L.，茜草科多分枝、攀援或匍匐藤本。

性　　状　果核呈椭圆状卵形，长约4mm，宽约2.6mm。表面红棕色，具排列不规则的细密的网状纹理；背面略弓曲，具5条粗纵棱；腹面略平坦，有横向浅褶皱，中间有纵棱；顶部渐尖，黄白色。

药用部位　全株。

功　　效　舒筋活络，壮筋骨，祛风止痛，凉血消肿。

采集时间　2018.11

采 集 地　广东省河源市

鉴 定 人　吴健梅

2mm

1mm
1mm

接骨草

来　　源　接骨草 *Sambucus javanica* Blume，忍冬科高大草本或半灌木。

性　　状　种子呈倒卵圆形，长2～2.2mm，宽约1.6mm。表面浅黄棕色，密生疣突，具网格状纹饰，纹饰半透明，外观呈白色，具光泽；顶端较圆钝；种脐位于基部，黄白色，较尖锐。

药用部位　根茎或全草。

功　　效　活血散瘀，消肿止咳。

采集时间　2018.9

采 集 地　广东省云浮市

鉴 定 人　周良云

2mm
1mm

南方荚蒾

来　　源 南方荚蒾 *Viburnum fordiae* Hance，忍冬科灌木或小乔木。

性　　状 果核呈卵形，压扁，长 5.5～6.3mm，宽 3.7～4.5mm。表面枣红色，不平整，边缘处稍厚；背面中部有两条不明显的脊；腹面中部有一条沟，沟内有不连续的脊。

药用部位 根、茎。

功　　效 祛风清热，散瘀活血。

采集时间 2020.11

采 集 地 广东省韶关市

鉴 定 人 张振

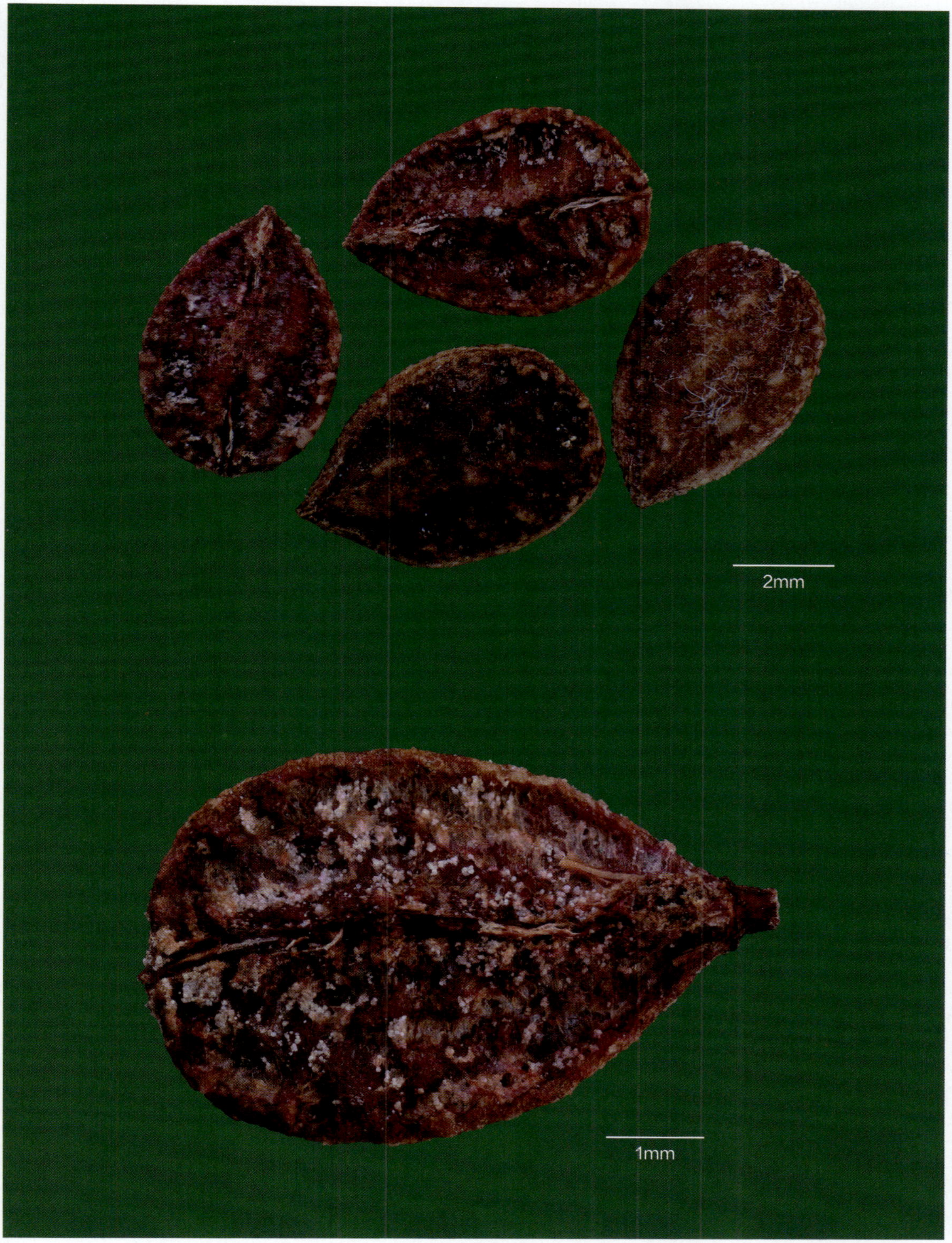
2mm
1mm

攀倒甑

来　　源　攀倒甑 *Patrinia villosa* (Thunb.) Juss.，败酱科多年生草本。

性　　状　瘦果（含果苞）呈倒卵形或椭圆形，有时圆形，直径3～4.5mm。表面灰褐色，膜质，网脉明显，具主脉2条；腹面中央具微糙毛。

药用部位　根。

功　　效　消炎利尿。

采集时间　2018.11

采 集 地　广东省惠州市

鉴 定 人　张建行

2mm

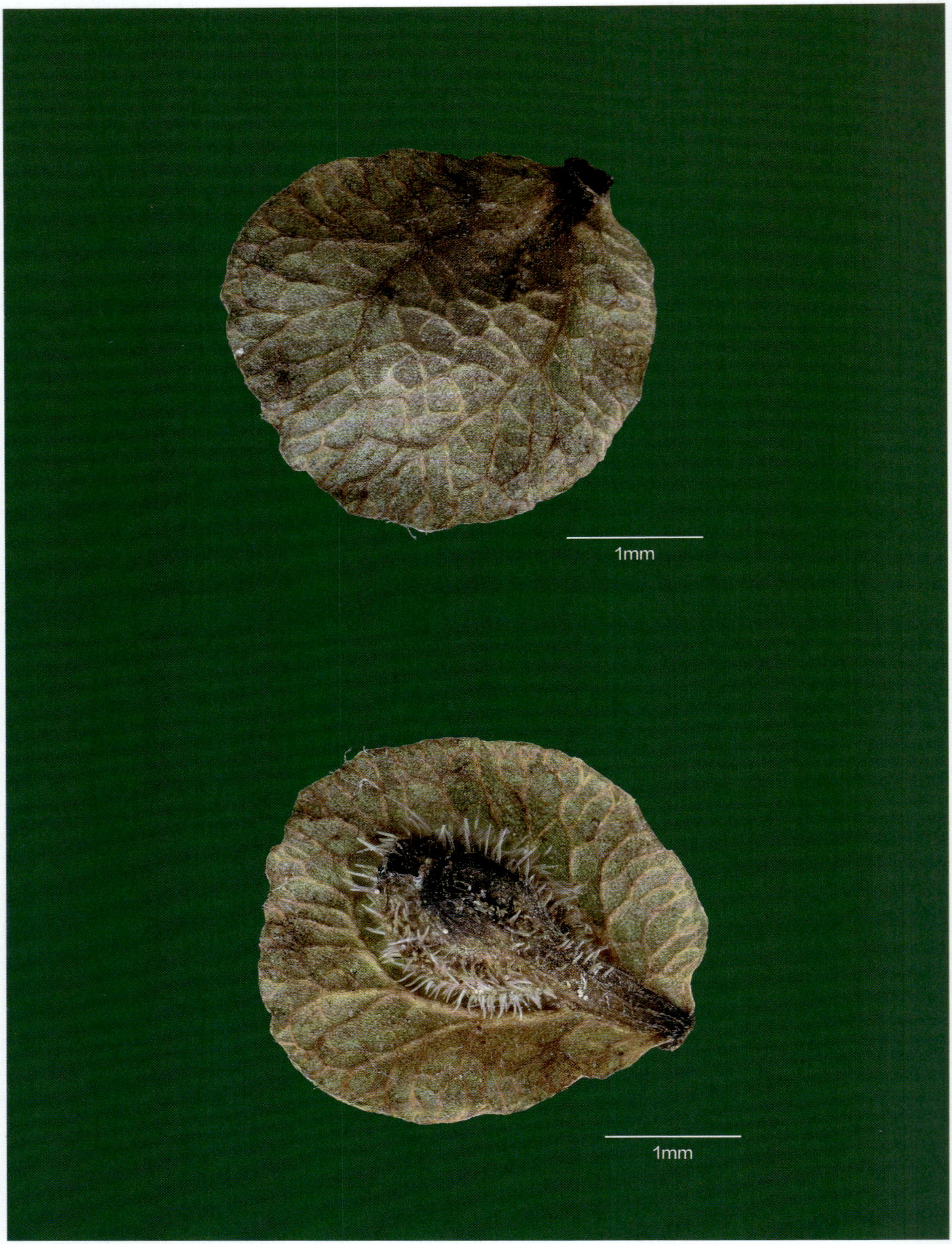
1mm
1mm

木鳖

来　源　木鳖*Momordica cochinchinensis* (Lour.) Spreng.，葫芦科粗壮大藤本。

性　状　种子呈不规则平圆盘状，直径2～3cm。表面灰褐色或黑色，凹凸不平，具凹陷的网状花纹；边缘具不规则的突起，似鳖甲。

药用部位　种子。

功　效　散结消肿，攻毒疗疮。

采集时间　2017.12

采 集 地　广东省广州市

鉴 定 人　周良云

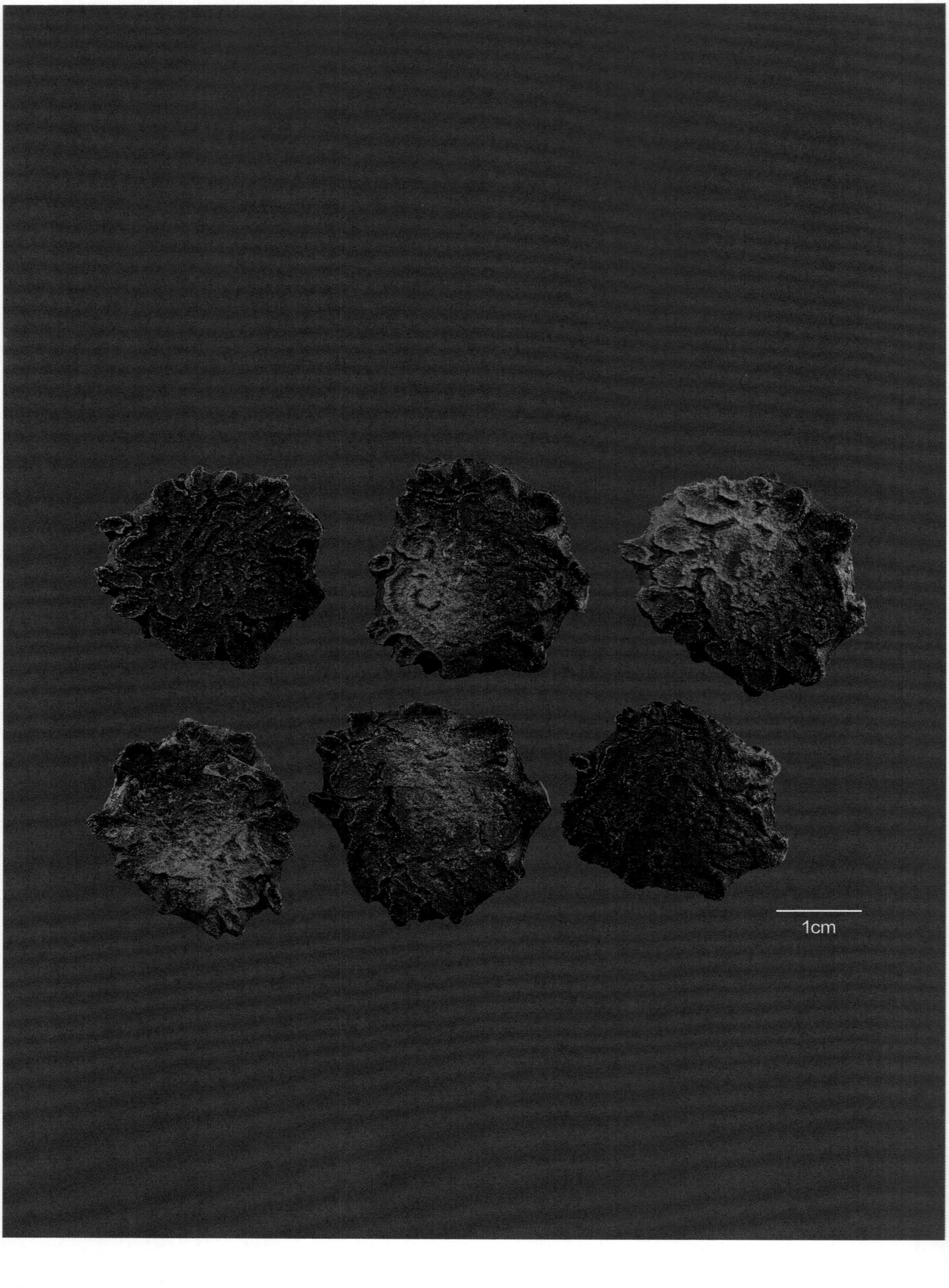
1cm

绞股蓝

来　源　绞股蓝 *Gynostemma pentaphyllum* (Thunb.) Makino，葫芦科攀援草本。

性　状　种子呈椭圆形，长3～4mm，宽2～3mm。表面灰褐色或深褐色，有乳突状凸起，具网状纹理；顶端中央凹陷；种脐位于基部，突起，两侧有沟槽。

药用部位　种子。

功　效　消炎解毒，止咳祛痰。

采集时间　2018.11

采 集 地　广东省广州市

鉴 定 人　周良云

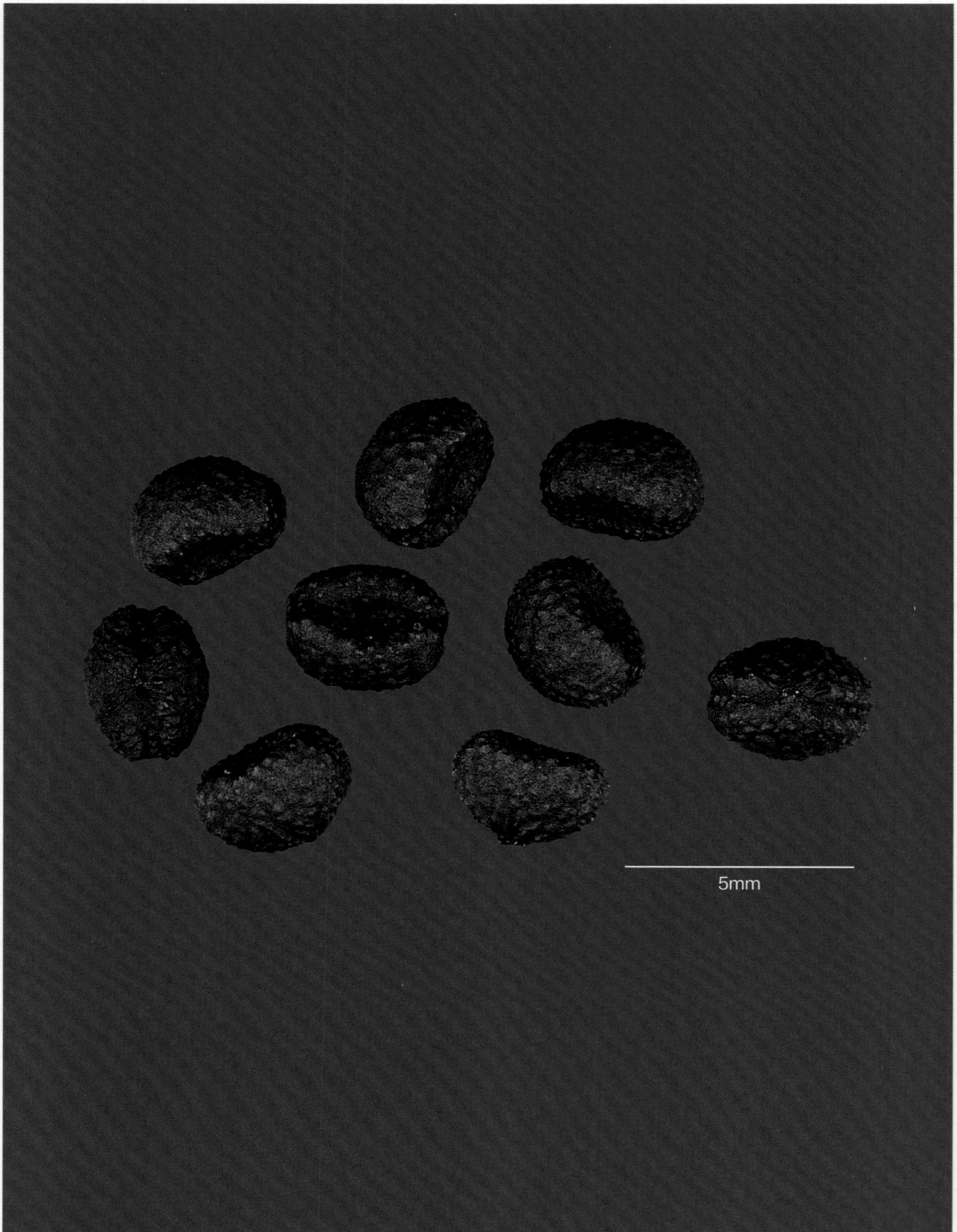
5mm

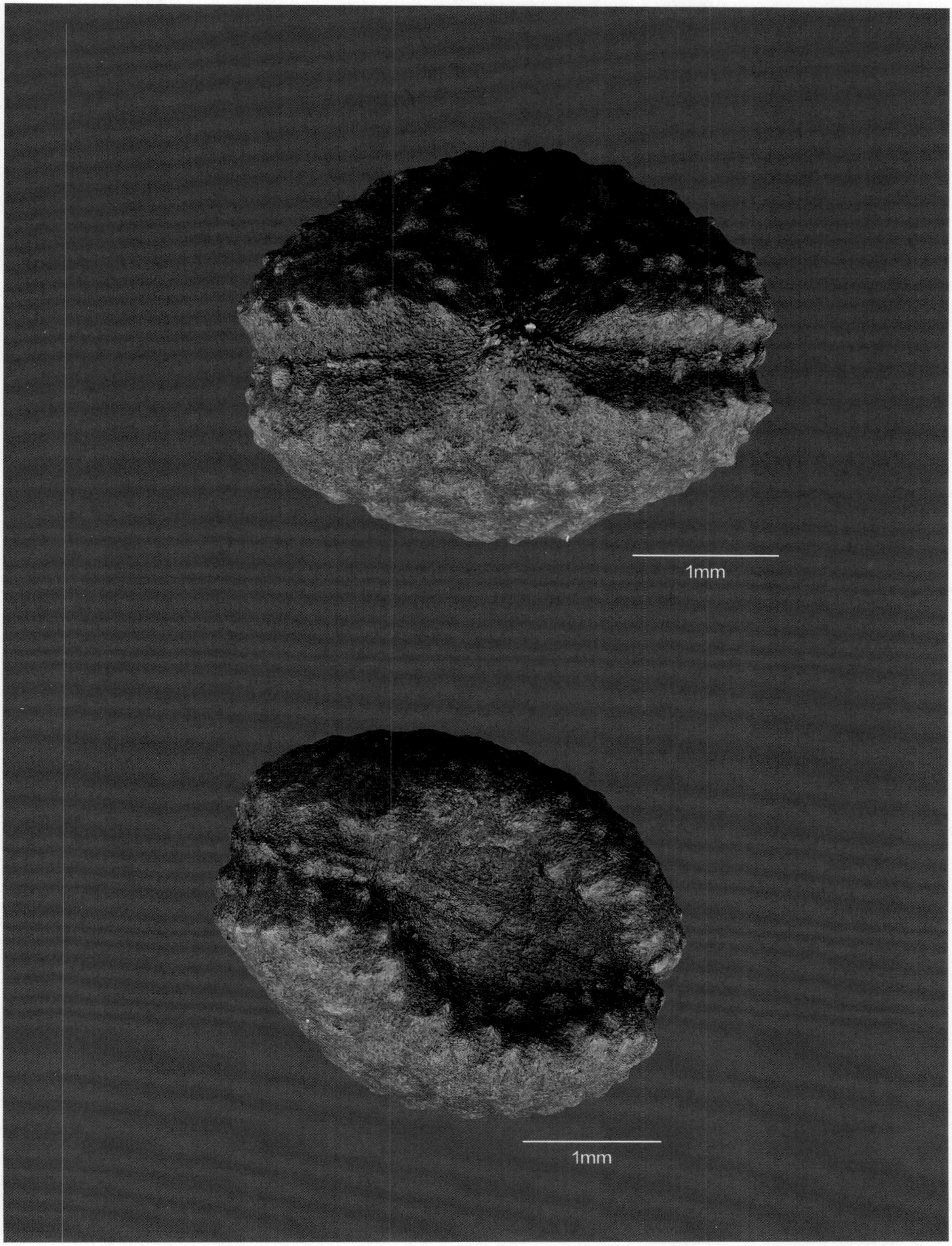

1mm
1mm

罗汉果

来　　源　罗汉果*Siraitia grosvenorii* (Swingle) C. Jeffrey ex A. M. Lu et Z. Y. Zhang，葫芦科攀援草本。

性　　状　种子近圆形，长约1.5cm，宽约1.2cm。表面黄褐色至棕褐色，两面中央微凹陷，四周有放射状沟纹。

药用部位　果实。

功　　效　清热润肺，利咽开音，滑肠通便。

采集时间　2015.11

采 集 地　广西壮族自治区桂林市

鉴 定 人　赵欢

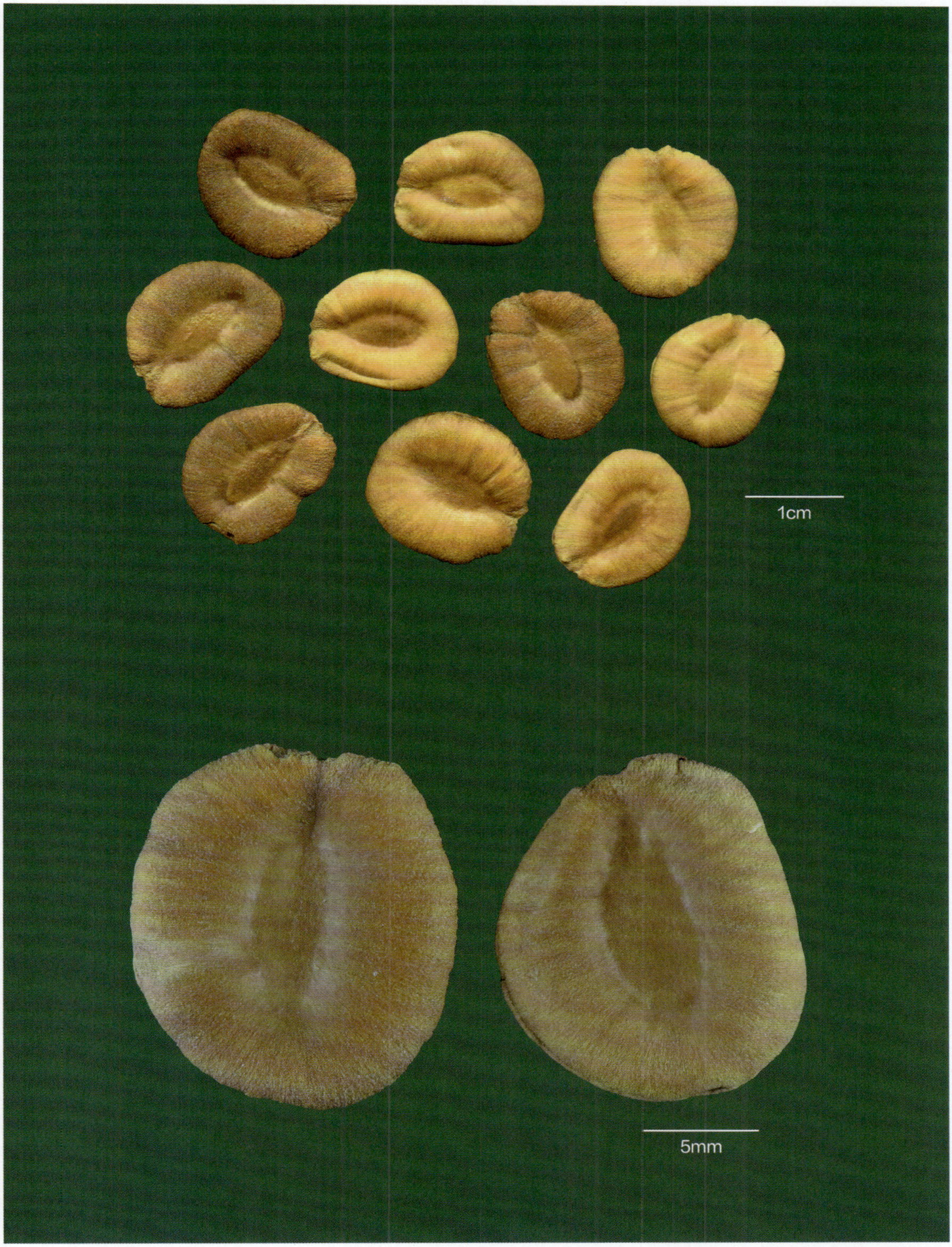
1cm
5mm

南赤瓟

来　源 南赤瓟*Thladiantha nudi ora* Hemsl. ex Forbes et Hemsl.，葫芦科藤本。

性　状 种子呈倒卵形，长4.6～5mm，宽3.5～3.8mm。表面灰黑色至黑色，密被小孔，两面稍拱起；顶端圆钝；种脐位于基部，平截。

药用部位 根或叶。

功　效 根：清热解毒，抗蛇咬伤；叶：消食化滞。

采集时间 2020.11

采 集 地 广东省韶关市

鉴 定 人 张振

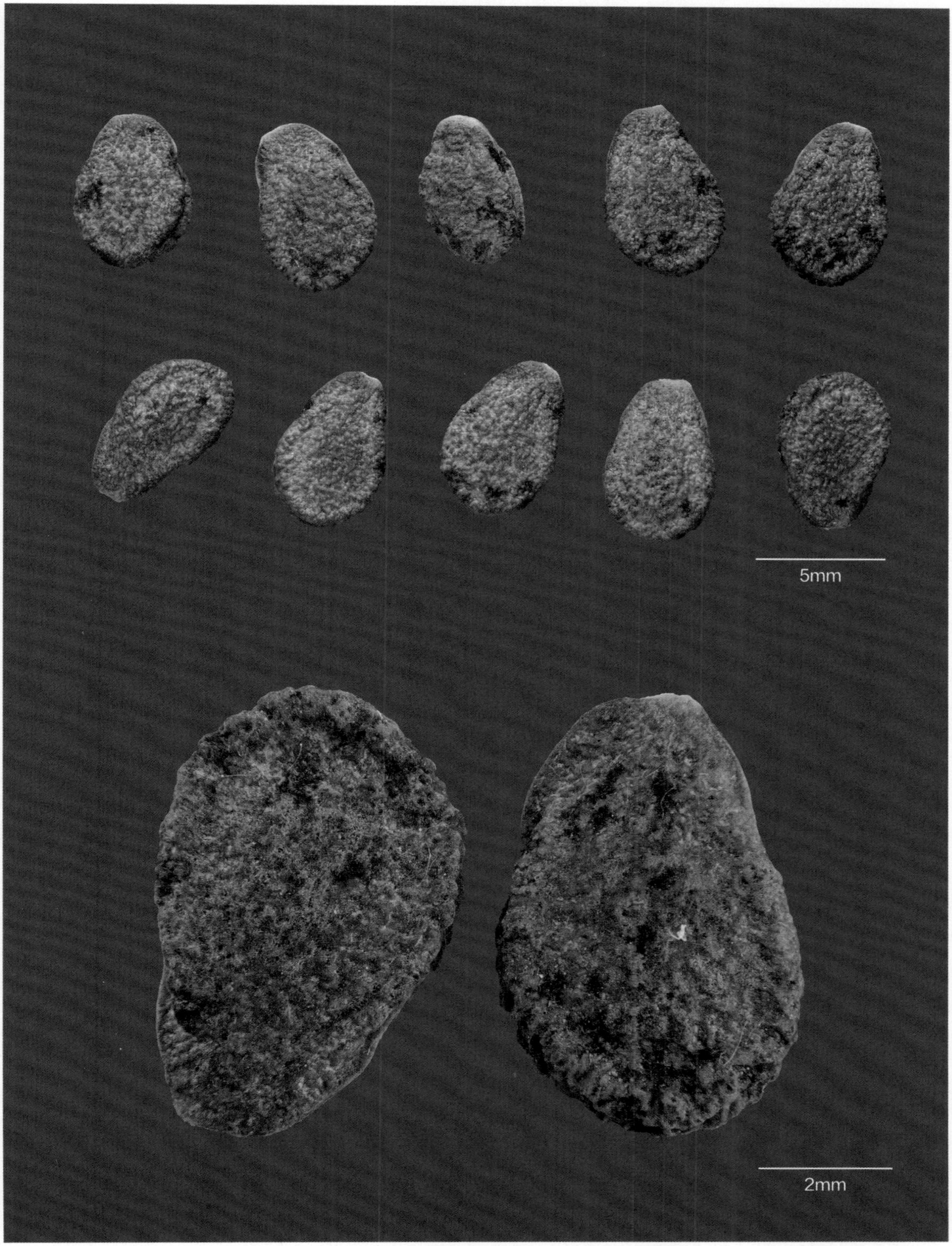
5mm
2mm

王瓜

来　　源　王瓜 *Trichosanthes cucumeroides* (Ser.) Maxim.，葫芦科多年生藤本。

性　　状　种子呈宽三角形，长约1～1.4cm，宽约7～10mm。表面深褐色，具瘤状突起；种子具3室，中间一室具环状增厚带，表面呈细密蜂窝状，增厚带在一侧生有月牙形附属物，附属物疏松，左右2室中空，两侧边缘截平。

药用部位　根。

功　　效　清热解毒，活血散瘀。

采集时间　2019.1

采 集 地　广东省深圳市

鉴 定 人　吴健梅

5mm
2mm

糙点栝楼

来　　源　糙点栝楼 *Trichosanthes dunniana* Lévl.，葫芦科攀援草本。

性　　状　种子呈矩圆形，扁平，长 1.6～1.9cm，宽 8～10mm。表面灰褐色，沿边缘见 1 圈浅色沟纹；顶端钝圆形或平截状；基部多平截；种脐位于基部。

药用部位　种子。

功　　效　润肺化痰，滑肠通便。

采集时间　2017.12

采 集 地　广西壮族自治区南宁市

鉴 定 人　吴健梅

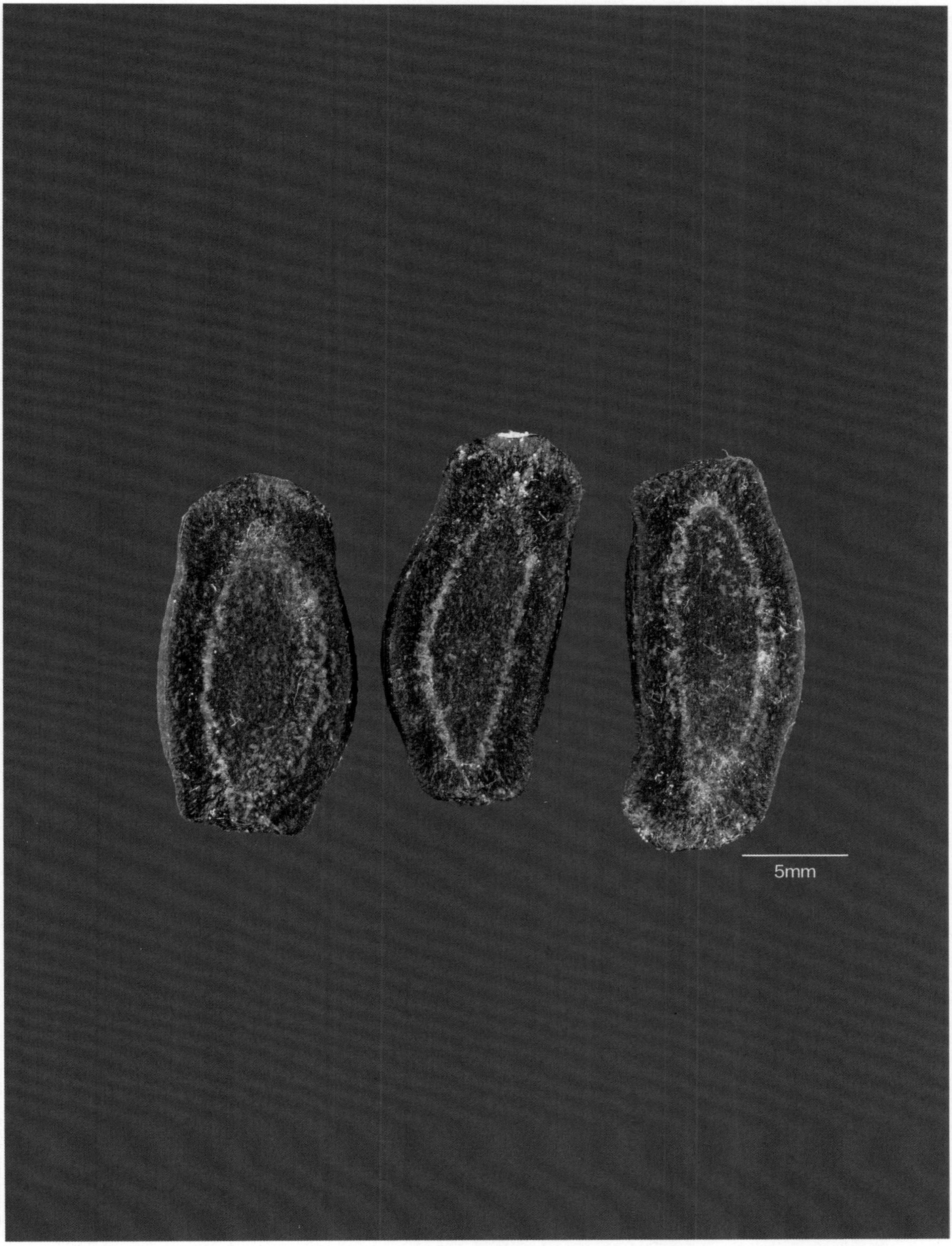
5mm

红花栝楼

来　　源　红花栝楼 *Trichosanthes rubri os* Thorel ex Cayla.，葫芦科草质攀援藤本。

性　　状　种子呈矩圆形，扁平，长1.2～1.3cm，宽5～6mm。表面灰白色，具点状突起；顶端中间凹陷，鱼尾形；种脐位于基部，微膨大。

药用部位　根。

功　　效　清肺化痰，解毒散结。

采集时间　2018.10

采 集 地　广东省广州市

鉴 定 人　吴健梅

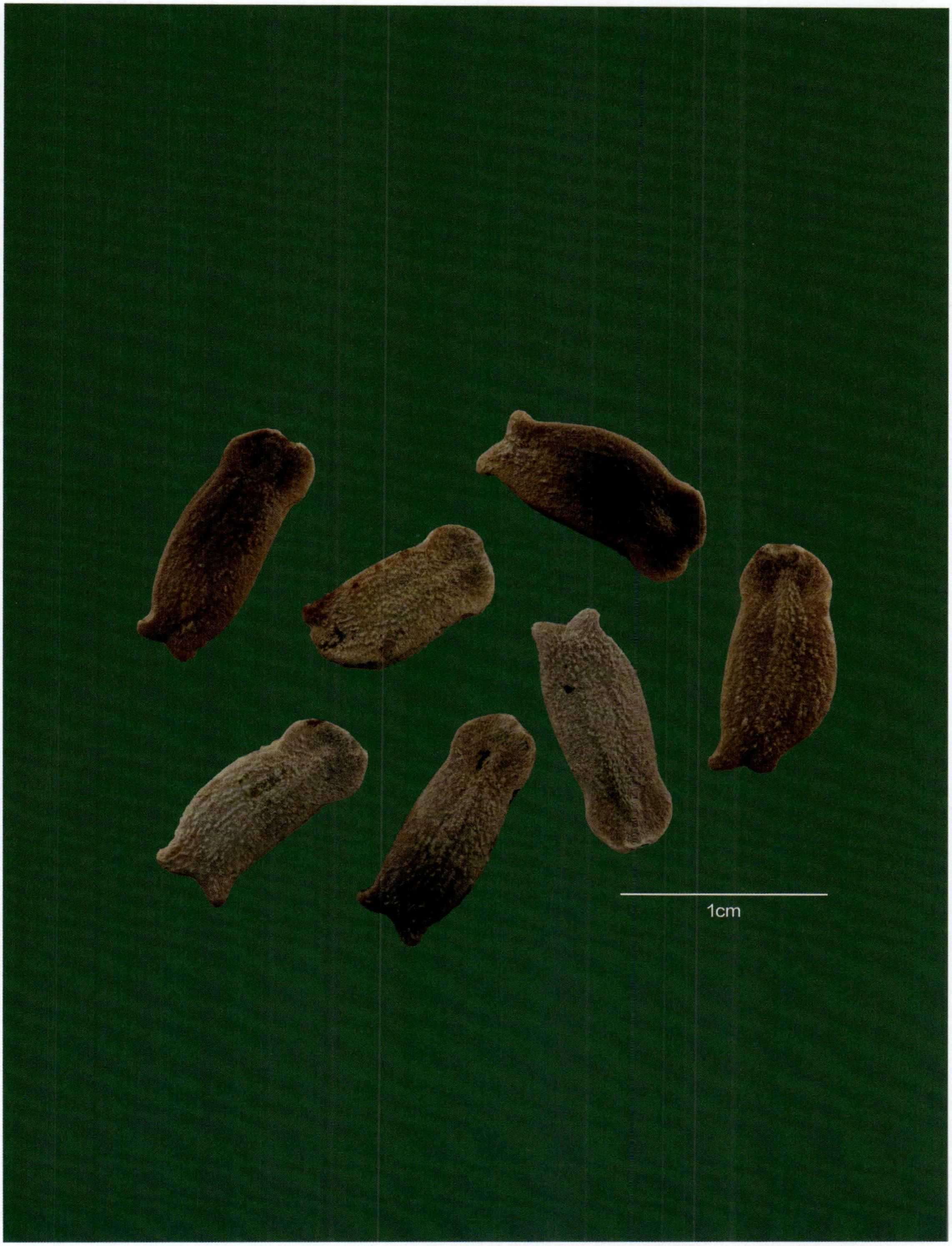
1cm

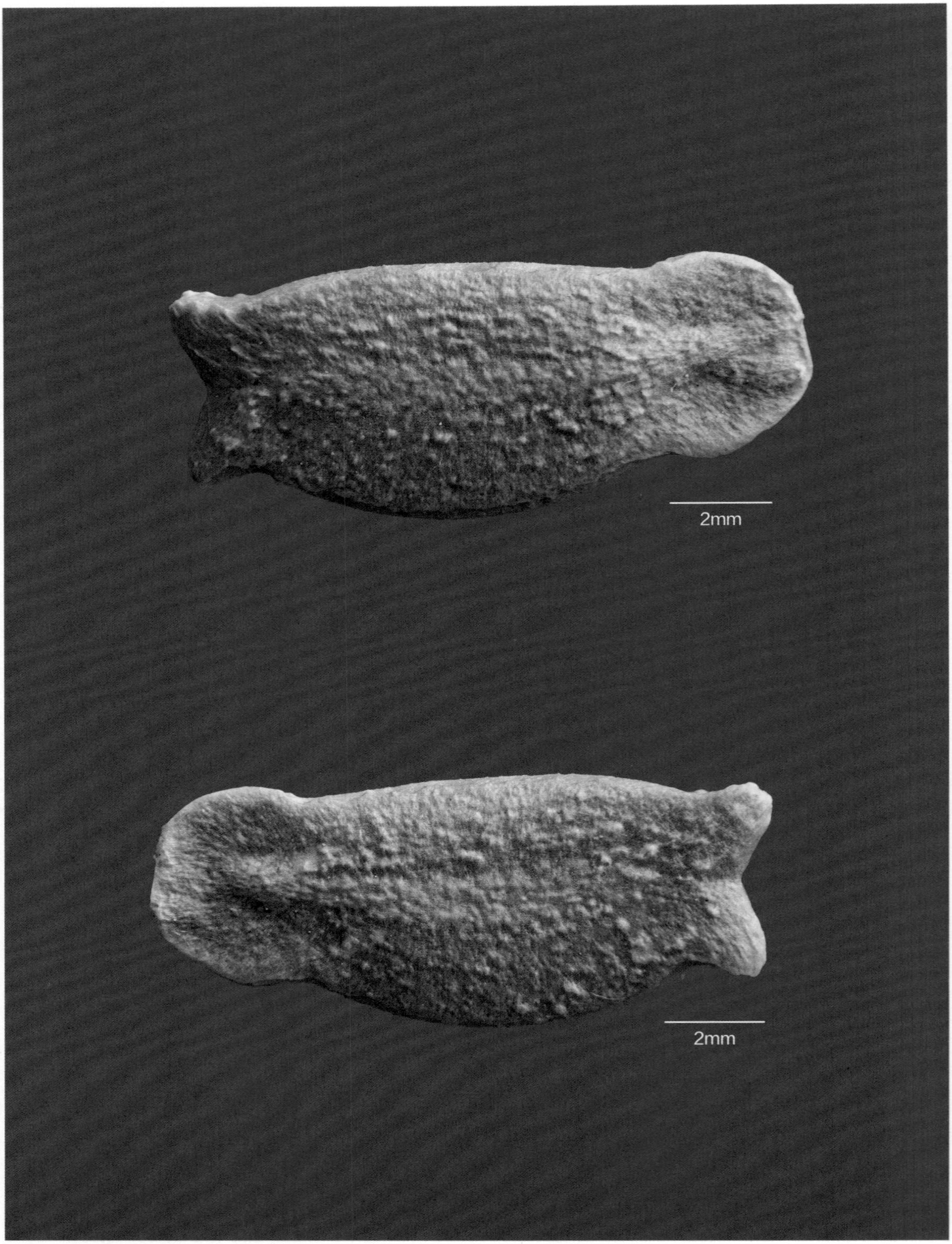
2mm
2mm

金钱豹

来　　源　金钱豹 *Campanumoea javanica* Bl.，桔梗科草质缠绕藤本。

性　　状　种子呈椭圆状卵形，稍不规则，长约0.9mm，宽约0.6mm。表面红棕色，具多边形网纹，网孔内覆以透明薄膜；种脐位于基部，周围网纹细密。

药用部位　根。

功　　效　补中益气，润肺生津。

采集时间　2020.11

采 集 地　广东省韶关市

鉴 定 人　张建行

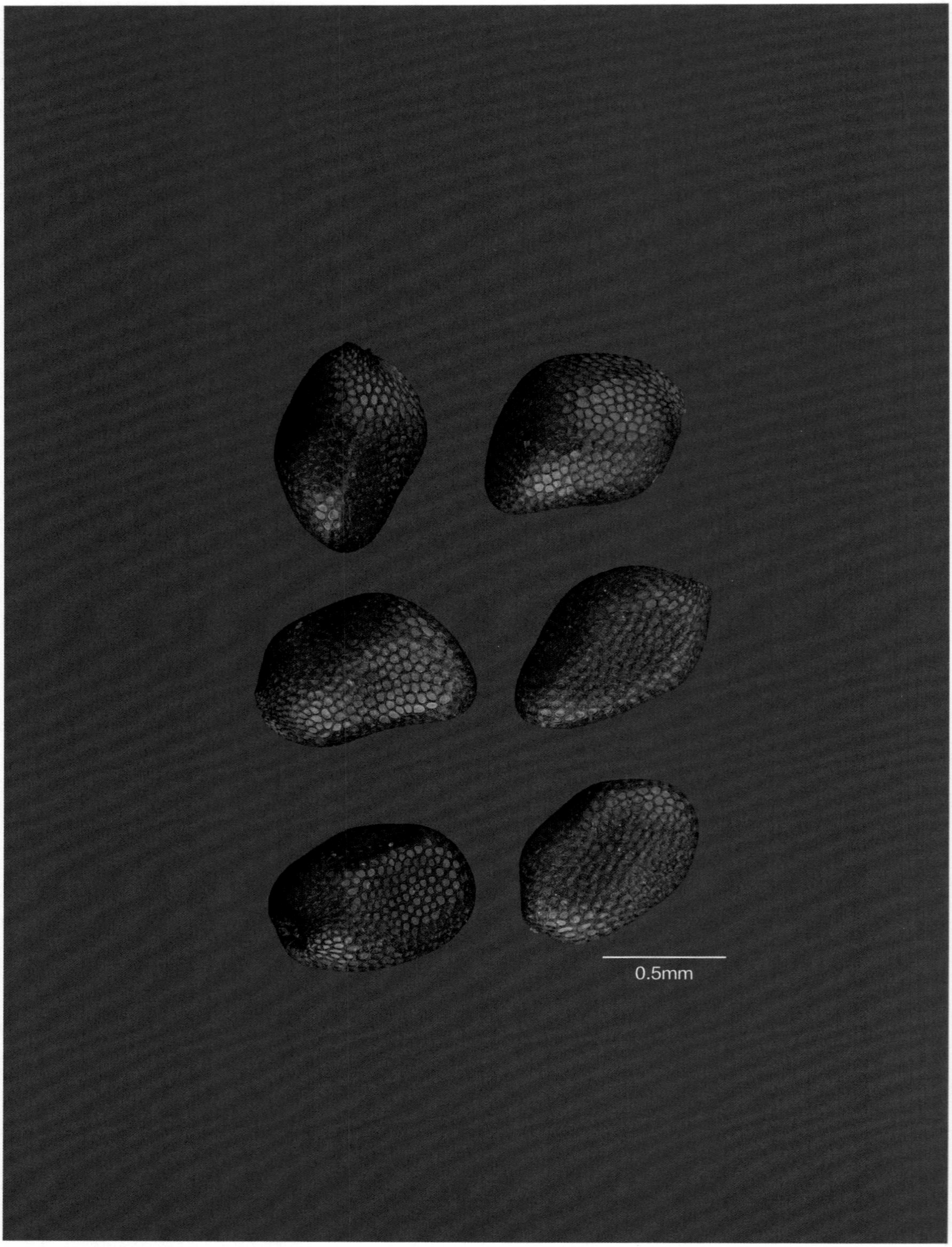
0.5mm

线萼山梗菜

来　　源　线萼山梗菜 *Lobelia melliana* E. Wimm.，桔梗科多年生草本。

性　　状　种子呈椭圆形，长约0.6mm，宽约0.4mm。表面亮棕色，具蜂窝状网纹，网纹壁呈念珠状；种脐位于基部，圆孔状。

药用部位　全草。

功　　效　宣肺化痰，清热解毒，利尿消肿。

采集时间　2018.11

采 集 地　广东省韶关市

鉴 定 人　吴健梅

1mm
0.2mm

铜锤玉带草

来　　源　铜锤玉带草 *Lobelia nummularic* Lam.，桔梗科多年生草本。

性　　状　种子呈椭圆形，长约 0.5mm。表面黄褐色，具不规则网状纹理，排列整齐；种脐位于基部，白色。

药用部位　全草。

功　　效　祛风利湿，活血，解毒。

采集时间　2018.8

采 集 地　广东省云浮市

鉴 定 人　周良云

0.5mm
0.2mm

金钮扣

来　　源　金钮扣 *Acmella paniculata* (Wallich ex Candolle) R. K. Jansen，菊科一年生草本。

性　　状　瘦果呈长倒卵形，长约 2mm，宽约 0.9mm。表面黑色，两侧边缘灰黄色，生有细密纵向的网纹，边缘有两列白色睫毛；果实靠上部被短刺毛；顶端中央有残留的花柱基。

药用部位　全草。

功　　效　解毒利湿，止咳定喘，消肿止痛。

采集时间　2020.11

采 集 地　广东省云浮市

鉴 定 人　周良云

1mm
0.5mm

藿香蓟

来　　源　藿香蓟 *Ageratum conyzoides* L.，菊科一年生草本。

性　　状　瘦果呈长柱形，长约 2mm，宽约 0.4mm。表面灰黑色，有 5 条纵棱，棱间具纵向褶皱和细而间断的横纹，表面散生白色向上的贴伏毛；顶端黄白色，较宽，至基部渐细；果柄痕位于基部，黄白色，有网纹。

药用部位　全草、叶或嫩茎。

功　　效　祛风清热，消肿止痛，止血，排石。

采集时间　2020.8

采 集 地　广州市

鉴 定 人　周良云

1mm
0.5mm

鬼针草

来　　源 鬼针草 *Bidens pilosa* L.，菊科一年生草本。

性　　状 瘦果近棱柱形，长 7～14mm，宽约 0.5mm。表面黑褐色至黑色，密被细小瘤点；基部平截，具褐色绵毛；两端均具稀疏瘤状突起及刺毛；顶端芒刺 2～3 枚，长 1.5～2.5mm，具倒刺毛。

药用部位 全草。

功　　效 疏表清热，解毒散瘀。

采集时间 2021.1

采 集 地 广东省广州市

鉴 定 人 周良云

5mm
2mm

飞机草

来　　源 飞机草 *Chromolaena odorata* (Linnaeus) R. M. King & H. Robinson，菊科多年生草本。

性　　状 瘦果长条状五棱形，长约 4mm，宽约 0.5mm。表面黑褐色，具 5 条细纵脊状突起，具向上的刺毛；顶端截平，衣领环黄色不膨大；基部窄，黄褐色；果柄痕位于基部，近圆形，较顶端细。

药用部位 全草。

功　　效 散瘀消肿，截疟，止血，杀虫。

采集时间 2020.3

采 集 地 广东省广州市

鉴 定 人 周良云

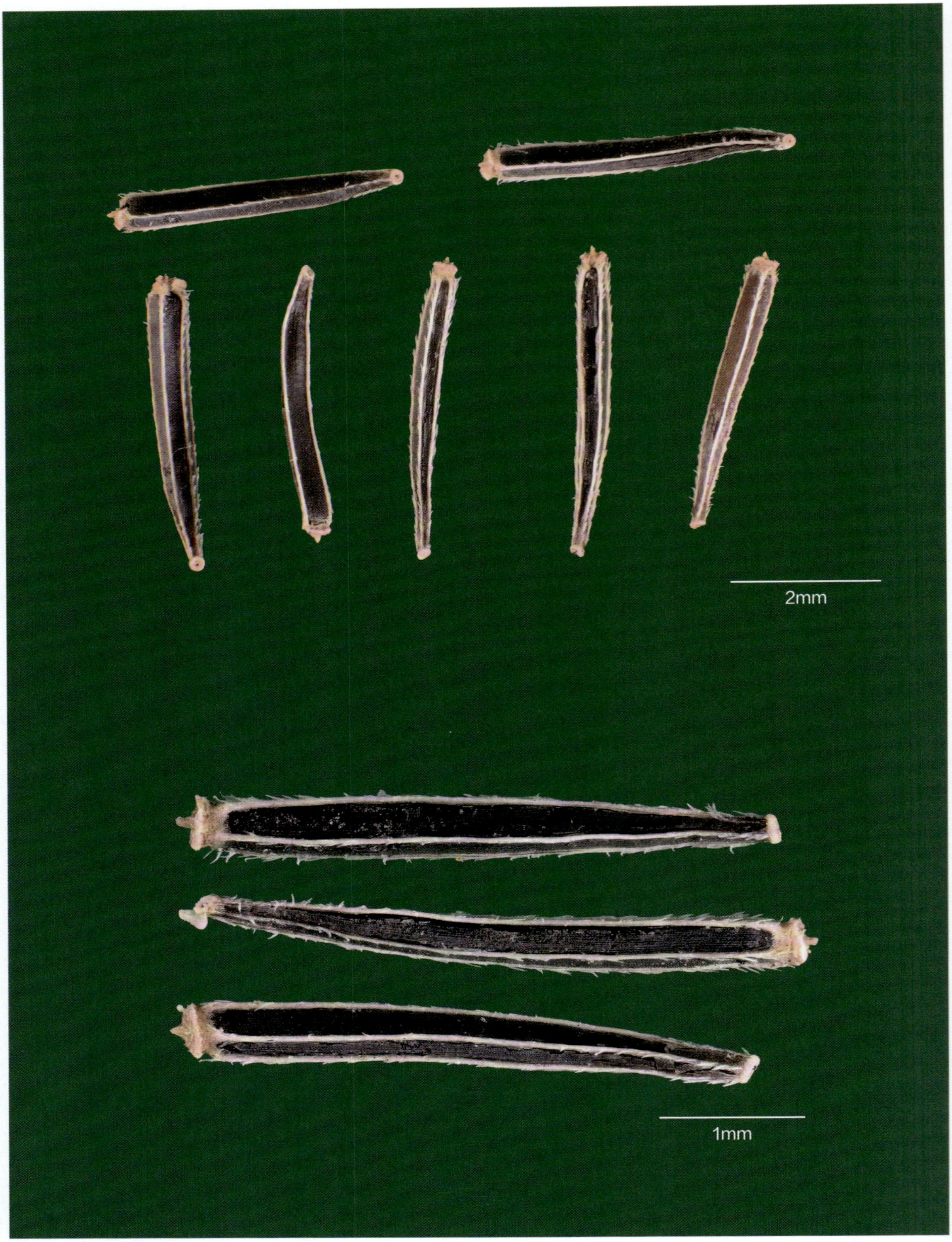
2mm
1mm

野茼蒿

来　源 野茼蒿 *Crassocephalum crepidioides* (Benth.) S. Moore，菊科一年生或多年生草本。

性　状 瘦果呈狭长圆形，长约 2.4mm，宽约 0.5mm。表面红棕色，具纵棱，沟内生白色短毛；顶端衣领环膨大，亮白色；基部污白色。

药用部位 全草。

功　效 健脾消肿。

采集时间 2018.12

采 集 地 广东省肇庆市

鉴 定 人 周良云

1mm
0.5mm

鱼眼草

来　　源　鱼眼草 *Dichrocephala integrifolia* (Linnaeus f.) Kuntze，菊科一年生草本。

性　　状　瘦果呈长倒卵形，长 0.8～1.2mm，宽 0.6～0.8mm。表面黄褐色，具纵皱纹，边缘加厚；顶端宽圆形；基部楔形，具数个瘤凸。

药用部位　全草。

功　　效　活血调经，解毒消肿。

采集时间　2019.4

采 集 地　广东省云浮市

鉴 定 人　周良云

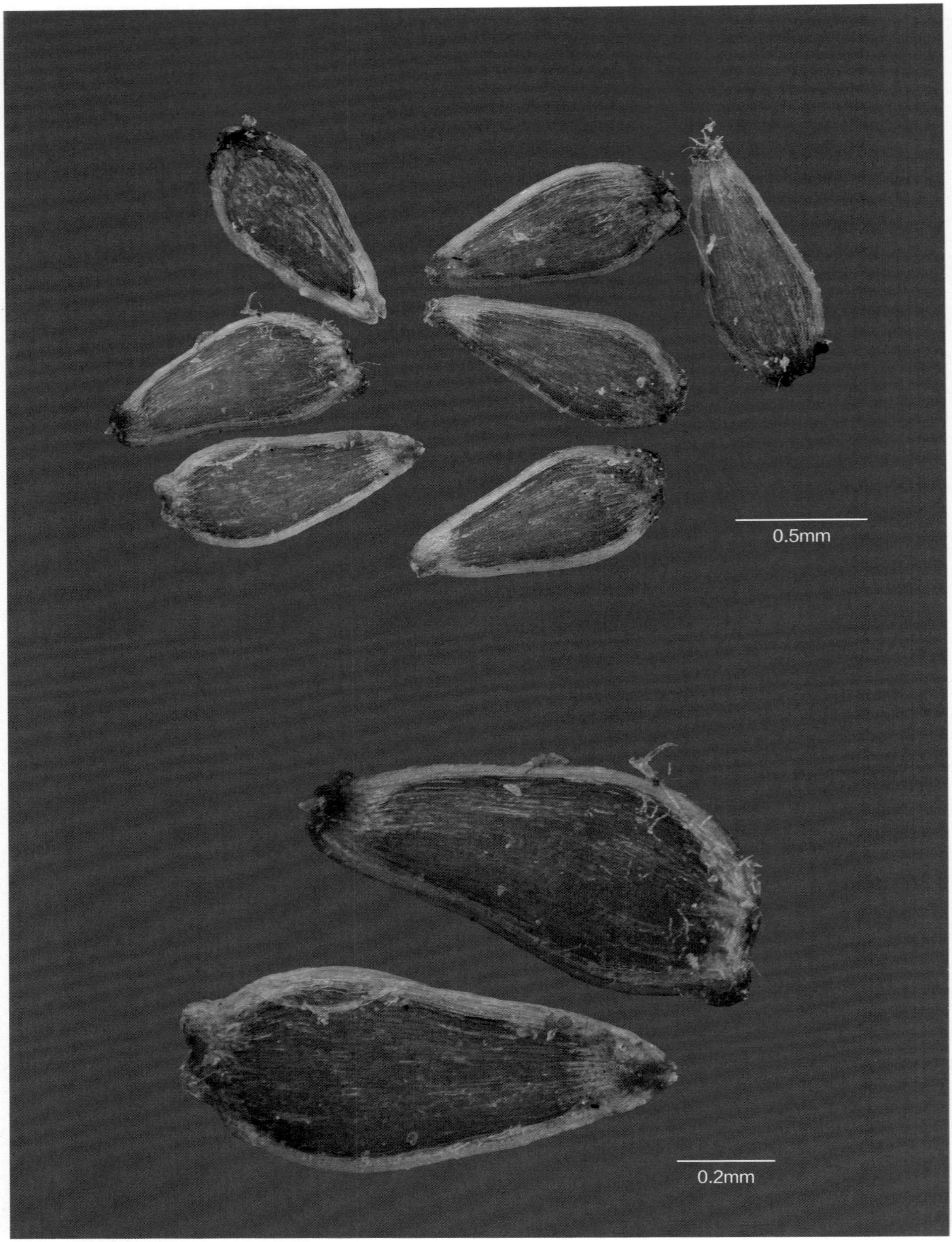
0.5mm
0.2mm

鳢肠

来　源　鳢肠 *Eclipta prostrata* L.，菊科一年生草本。

性　状　瘦果呈矩圆状倒卵形，略扁平，长约2.5mm，宽约1.1mm。表面灰褐色至褐色，具大型黄色瘤状物及细密的网状纹理；两面各具一条黄色中脊，两侧具厚翅状边棱；顶端截形，中央为黄色花柱痕，外围具白色短毛；基部具圆形或椭圆形黄色果柄痕。

药用部位　全草。

功　效　滋补肝肾，凉血止血。

采集时间　2017.8

采 集 地　广东省广州市

鉴 定 人　周良云

2mm
0.5mm

白花地胆草

来　源 白花地胆草 *Elephantopus tomentosus* L.，菊科。

性　状 瘦果呈长圆状线形，长约3mm。表面具10条纵肋，肋上灰白色，肋间棕褐色，被银白色短柔毛和黑色星状毛；冠毛污白色，具5条硬刚毛，基部急宽成三角形；基部具椭圆形果柄痕，圆钝，侧面凹陷。

药用部位 全草。

功　效 清热解毒，利尿消肿。

采集时间 2018.3

采 集 地 广东省广州市

鉴 定 人 周良云

1mm
0.5mm

一点红

来　　源　一点红 *Emilia sonchifolia* (L.) DC.，菊科一年生草本。

性　　状　瘦果呈长圆柱形，略弯曲，长约 3mm，宽约 0.5mm。表面黄褐色，被紧密排列的长方形鳞片，可见 5 条纵肋，肋间具 2～3 列乳白色半透明状的短毛；顶部具白色衣领状环；基部平截；果柄痕位于基部。

药用部位　全草。

功　　效　清热解毒，消炎，利尿。

采集时间　2018.3

采 集 地　广东省广州市

鉴 定 人　周良云

1mm
0.5mm

千里光

来　　源　千里光 *Senecio scandens* Buch.-Ham.，菊科多年生攀援草本。

性　　状　瘦果呈圆柱形，长约 3mm，宽约 0.5mm。表面灰褐色，被刺毛，具纵向棱；顶端具白色衣领环；基部平截，中央凹陷。

药用部位　地上部分。

功　　效　清热解毒，明目，利湿。

采集时间　2021.1

采 集 地　广东省广州市

鉴 定 人　周良云

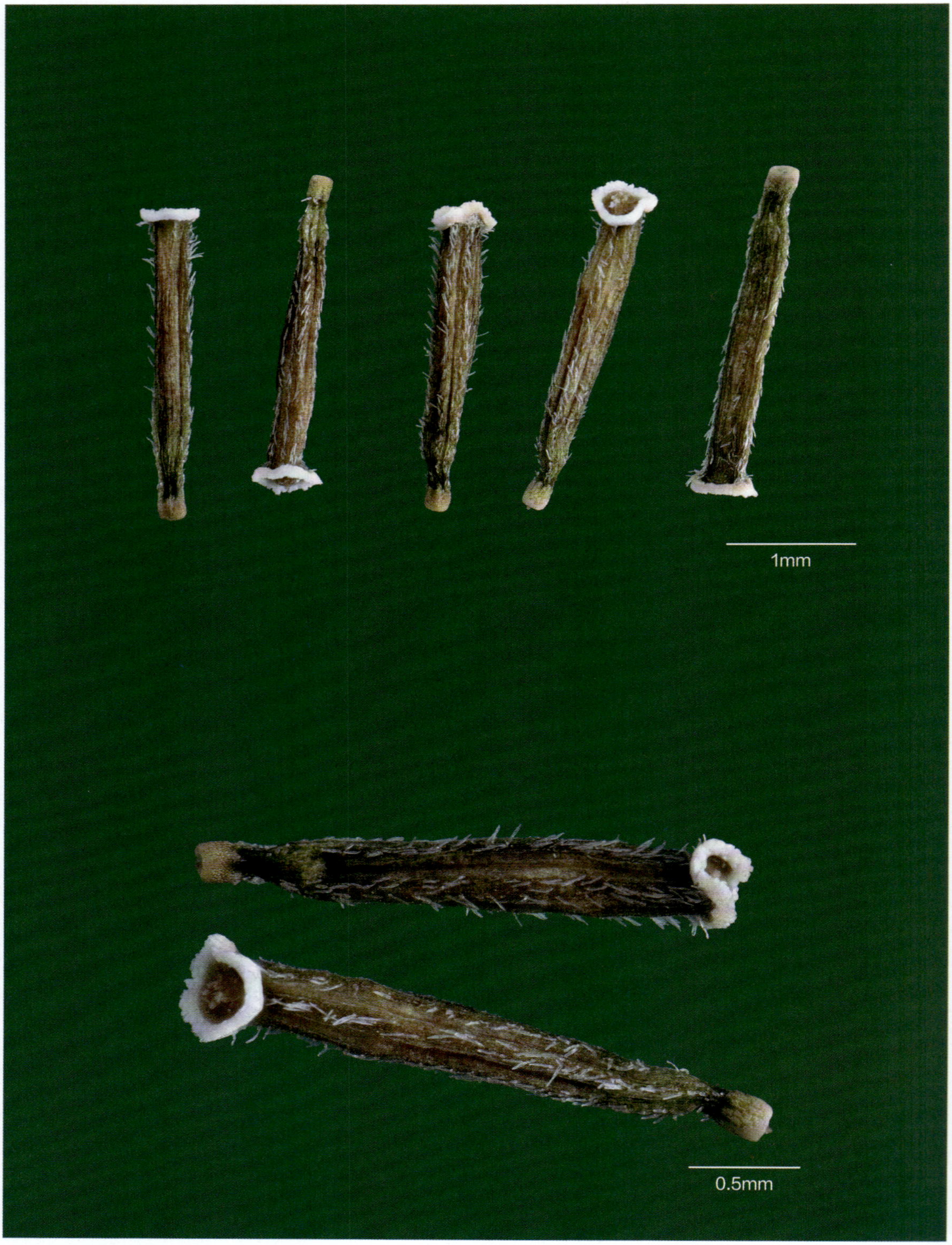
1mm
0.5mm

毛梗豨莶

来　源　毛梗豨莶 *Siegesbeckia glabrescens* Makino，菊科一年生草本。

性　状　瘦果呈倒卵形，具4棱，长3～4mm，宽1～1.5mm。表面灰褐色至黑色，被灰褐色鳞片和银白色长柔毛，具纵向排列整齐的条纹；顶端圆形或椭圆形，微突起；基部三角状。

药用部位　地上部分。

功　效　祛风湿，利关节，解毒。

采集时间　2018.11

采 集 地　广东省韶关市

鉴 定 人　张建行

2mm
1mm

豨莶

来　源　豨莶 *Siegesbeckia orientalis* L.，菊科一年生草本。

性　状　瘦果呈长三角形，稍侧弯，长约4mm，宽约1.5mm。表面灰棕色，有不规则突起。瘦果被宿存托片半包，托片被白色腺毛，腺毛先端黑色。

药用部位　地上部分。

功　效　祛风湿，利关节，解毒。

采集时间　2018.6

采 集 地　广东省广州市

鉴 定 人　周良云

2mm

1mm
1mm

水飞蓟

来　　源　水飞蓟 *Silybum marianum* (L.) Gaertn.，菊科一年生或二年生草本。

性　　状　瘦果呈长椭圆形，长 6～7mm，宽 2.6～3mm。表面褐色，有线状长椭形的深褐色斑块；顶端具黄白色衣领环，全缘，内部具灰黑色腺毛。

药用部位　果实。

功　　效　清热解毒，疏肝利胆。

采集时间　2018.8

采 集 地　广东省广州市

鉴 定 人　周良云

2mm
1mm

金腰箭

来　　源　金腰箭 *Synedrella nodi ora* (L.) Gaertn.，菊科一年生草本。

性　　状　本种有雌花和两性花两种瘦果。雌花瘦果呈倒卵状长圆形，扁平，长4～5mm，宽2～3mm。表面深黑色，具纵向白色网纹；边缘有增厚、污白色宽翅，翅缘两侧上部各有6～8个长硬尖刺；冠毛2，挺直，刚刺状，长约0.4mm，向基部粗厚，顶端锐尖。两性花瘦果倒锥形或倒卵状圆柱形，长6～10mm，宽1～1.2mm。表面灰黑色，两面有纵向排列的疣状突起；腹面内凹；冠毛2～5，叉开，刚刺状，等长或不等长，长3～4mm，基部渐粗，顶端锐尖。

药用部位　全草。

功　　效　清热透疹，解毒消肿。

采集时间　2018.7

采 集 地　广东省肇庆市

鉴 定 人　周良云

2mm
1mm

2mm
1mm

山牛蒡

来　源 山牛蒡 *Synurus deltoides* (Ait.) Nakai，菊科多年生草本。

性　状 瘦果呈棱柱形，长约 4mm，宽 1.5～2mm。表面黑褐色，具多层排布的刺突和细密的纵向网状纹理；顶端截形，有衣领环，边缘具细锯齿；基部平截，中部有圆孔。

药用部位 花、种子。

功　效 用于瘰疬。

采集时间 2020.10

采 集 地 广东省韶关市

鉴 定 人 张建行

2mm
1mm

广西斑鸠菊

来　　源 广西斑鸠菊 *Vernonia chingiana* Hand.-Mazz.，菊科攀援灌木。

性　　状 瘦果呈长圆柱形，长 4～5mm，宽约 1.2mm，具 7～8 条纵棱。表面黄棕色至黄褐色；顶端冠毛黄白色，易脱落，具黄白色衣领状环，偶见花柱残基；果柄痕位于基部凹陷内。

药用部位 根。

功　　效 用于小儿惊风，目赤肿痛，成人败阳，烂疮。

采集时间 2019.11

采 集 地 广西壮族自治区靖西市

鉴 定 人 郑海磊

2mm
1mm

夜香牛

来　　源　夜香牛 *Vernonia cinerea* (L.) Less.，菊科一年生或多年生草本。

性　　状　瘦果呈圆柱形，长约 1.9mm，宽 0.5mm。表面黄绿色，密生白色长毛和圆形透明突起，具不明显纵肋纹；顶端具白色缘毛；基部较窄，平截，灰白色。

药用部位　全草。

功　　效　疏风散热，拔毒消肿，安神镇静，消积化滞。

采集时间　2019.4

采 集 地　广东省云浮市

鉴 定 人　周良云

1mm
0.5mm

黄鹌菜

来　源　黄鹌菜 *Youngia japonica* (L.) DC.，菊科一年生草本。

性　状　瘦果呈长圆柱形，长约 2mm，宽约 0.5mm。表面红褐色，具 10 余条纵肋，纵肋上被短刺毛，有的脱落；顶部具黄白色衣领状环；基部具果柄痕。

药用部位　根或全草。

功　效　清热解毒，利尿消肿。

采集时间　2018.3

采 集 地　广东省广州市

鉴 定 人　周良云

1mm
0.5mm

白藤

来　源 白藤 *Calamus tetradactylus* Hance，棕榈科攀援藤本。

性　状 种子呈不规则球形，直径约 10mm。表面黄绿色至墨绿色，具粗糙的小瘤突及深洼穴，洼穴及腹面孔穴周围常残留果肉；种脊位于腹面，沟状，黄色，中央具一圆而深的合点孔穴。

药用部位 全株。

功　效 解毒。

采集时间 2019.12

采 集 地 海南省保亭黎族苗族自治县

鉴 定 人 郑海磊

5mm

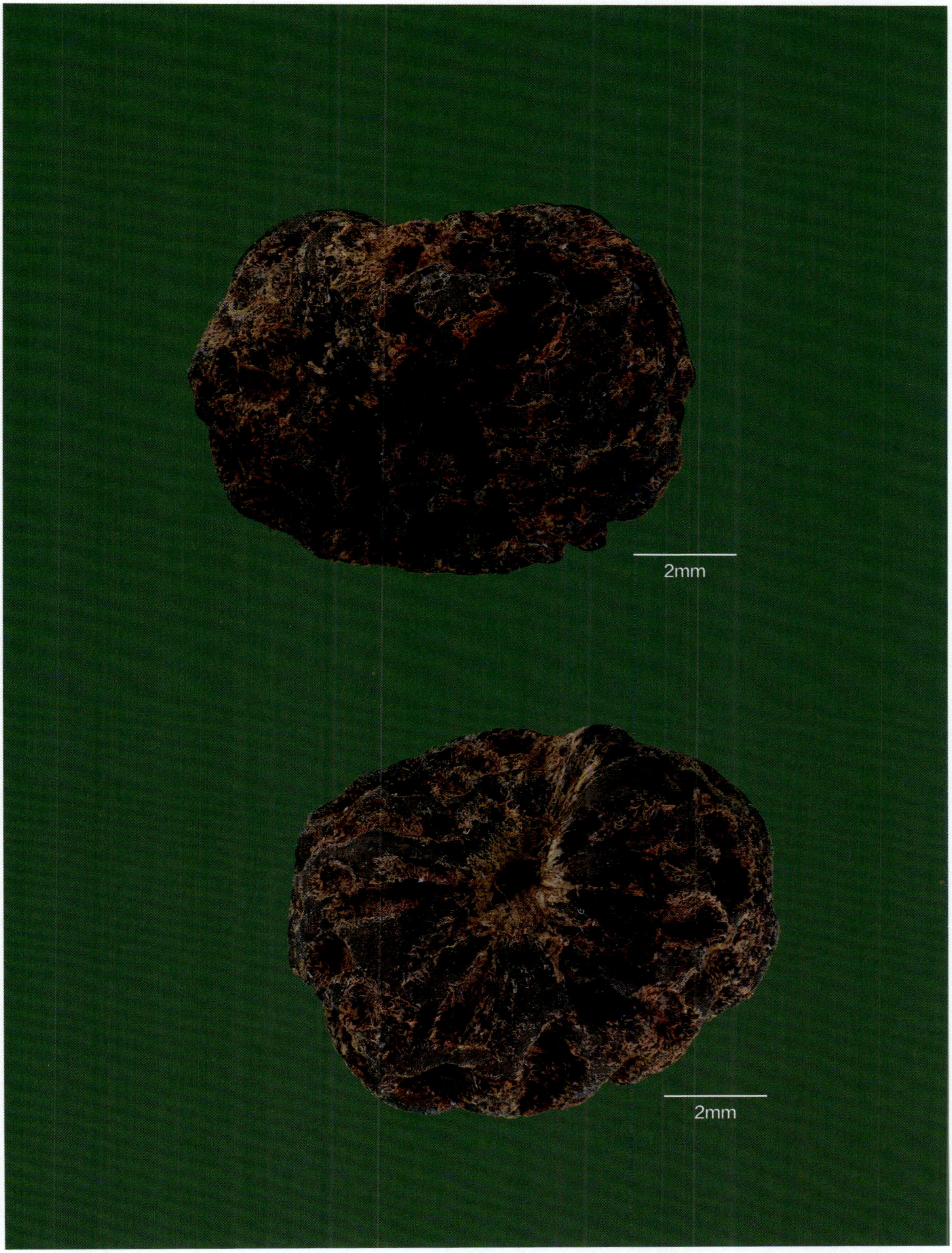
2mm
2mm

淡竹叶

来　　源　淡竹叶 *Lophatherum gracile* Brongn.，禾本科多年生草本。

性　　状　颖果呈长椭圆形，长约3.5mm，宽约1mm。表面黄褐色，半透明，可见亚麻布样纹理，纵横交错；基部可见黄棕色不透明子叶。

药用部位　茎叶。

功　　效　清热除烦，利尿。

采集时间　2018.11

采 集 地　广东省广州市

鉴 定 人　周良云

2mm
1mm

莎草

来　源 莎草 *Cyperus rotundus* L.，莎草科多年生草本。

性　状 小坚果呈三棱形，长 1.2～1.4mm，宽 0.5～0.7mm。表面黄褐色至深褐色，具细小突起的点；顶端具喙；果柄痕位于基部，平截，

药用部位 根茎。

功　效 疏肝解郁，理气宽中，调经止痛。

采集时间 2019.12

采 集 地 广东省广州市

鉴 定 人 周良云

1mm
0.5mm

海芋

来　源　海　芋 *Alocasia odora* (Roxburgh)K.Koch，天南星科多年生大型草本。

性　状　种子近球形，直径5～6mm。表面褐色至黑褐色，密被不规则突起；顶端具圆形凹穴；种脐位于基部，稍平，周围有褶皱。

药用部位　根茎或茎。

功　效　清热解毒，行气止痛，散结消肿。

采集时间　2019.4

采 集 地　广东省广州市

鉴 定 人　周良云

2mm
1mm

须叶藤

来　源　须叶藤 *Flagellaria indica* Linn.，须叶藤科多年生藤本。

性　状　果实呈球形，直径5～6mm。表面黄红色，具细皱纹；顶端可见残存黑色花柱；基部略尖，有宿存的黄绿色花萼。

药用部位　茎、根茎、叶。

功　效　茎、根茎：利尿；叶：用于创伤性收敛。

采集时间　2019.12

采 集 地　海南省琼中黎族苗族自治县

鉴 定 人　郑海磊

5mm
2mm

饭包草

来　　源　饭包草 *Commelina benghalensis* Linnaeus，鸭跖草科多年生披散草本。

性　　状　种子呈矩圆形，长2～4mm，宽2～3mm。表面灰黑色至黑色，背面具明显横脊，腹面中央具一条纵脊，通体着生颗粒物，在背面稍成网状；种脐位于一侧凹陷处，中央具突起。

药用部位　全草。

功　　效　清热解毒，消肿利尿。

采集时间　2018.10

采 集 地　广东省广州市

鉴 定 人　周良云

2mm

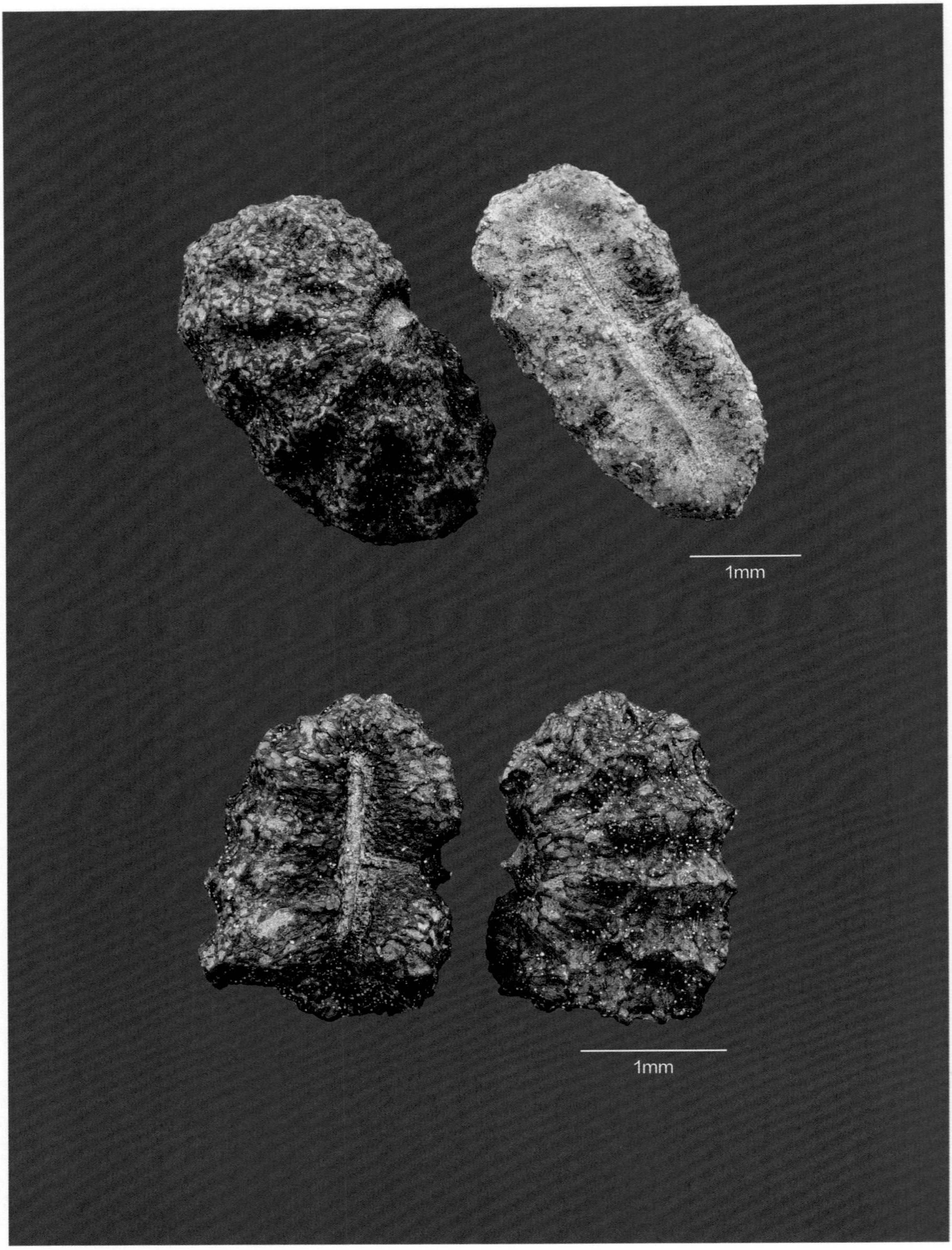
1mm
1mm

大苞鸭跖草

来　　源　大苞鸭跖草 *Commelina paludosa* Bl.，鸭跖草科多年生粗壮大草本。

性　　状　种子呈椭圆形，长约 4mm，宽约 2.7mm。表面灰黑色，具细皱纹，皱纹在边缘处渐成网纹状；种脐位于腹部中央，呈圆形微凹陷，内生黑色网纹，中间具突起，被白色碎屑。

药用部位　全草。

功　　效　利水消肿，清热解毒，凉血止血。

采集时间　2019.12

采 集 地　广东省广州市

鉴 定 人　周良云

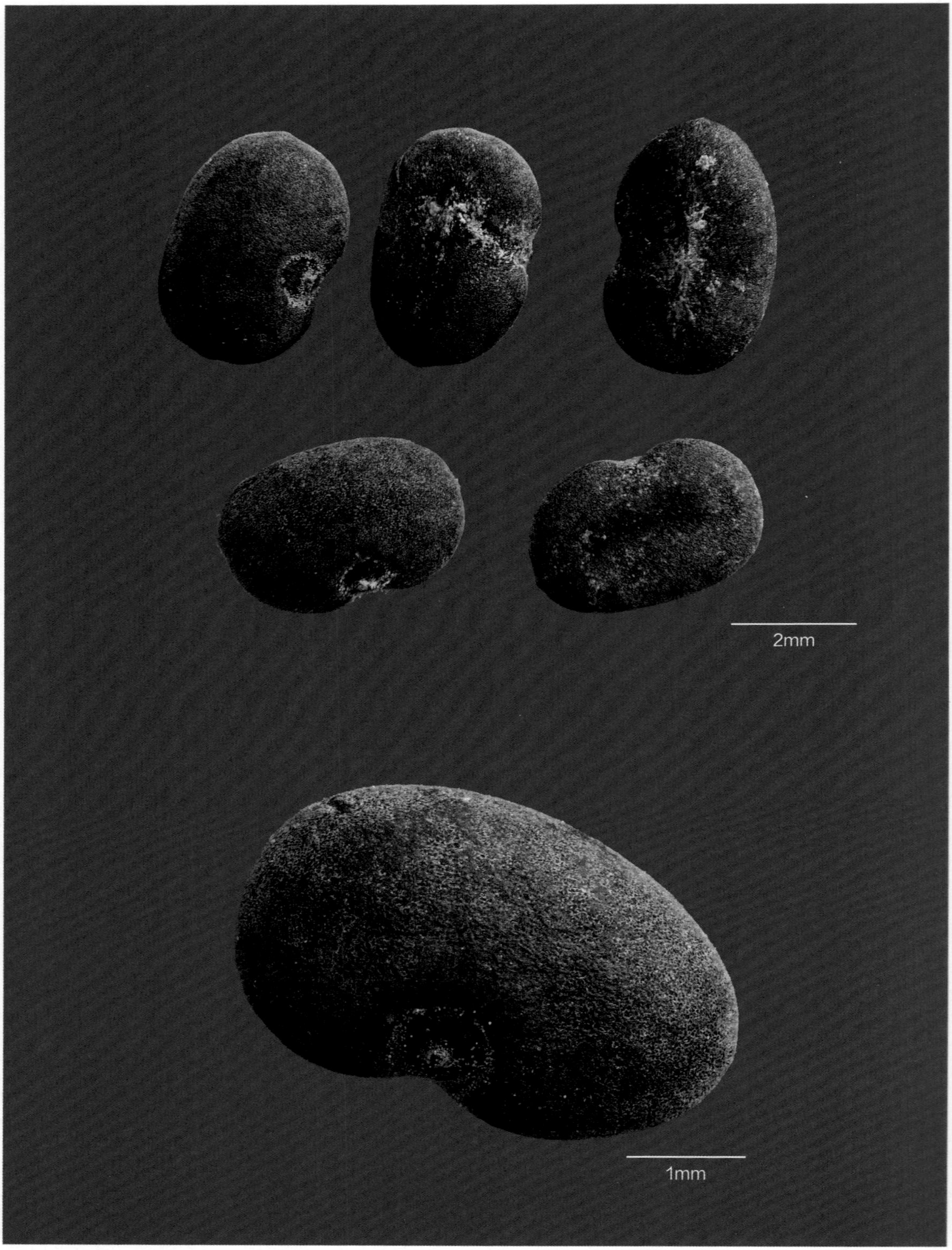
2mm
1mm

聚花草

来　源　聚花草 *Floscopa scandens* Lour.，鸭跖草科多年生草本。

性　状　种子呈椭圆形，长约1.5mm，宽约1.3mm。表面红棕色，具蜂窝状网纹；背面两侧卷曲在中部内凹形成沟；腹面中央有圆形凹陷，周围有约20条弧形棱均匀排列；种脐位于腹面凹陷处，由白色小球聚成的团块物充塞。

药用部位　全草。

功　效　清热解毒，利尿消肿。

采集时间　2019.1

采 集 地　广东省惠州市

鉴 定 人　吴健梅

1mm
0.5mm

牛轭草

来　源 牛轭草 *Murdannia loriformis* (Hassk.) R.S. Rao et Kammathy，鸭跖草科多年生草本。

性　状 种子近椭圆形，长 1.8～2.4mm，宽 1～1.4mm。表面灰棕色，具以胚盖为中心的辐射排列的纵脊，并具细网纹，被灰褐色柔毛和附属物；种脐位于腹面，圆形，突起。

药用部位 全草。

功　效 清热止咳，解毒，利尿。

采集时间 2018.6

采 集 地 广东省广州市

鉴 定 人 周良云

1mm
0.5mm

裸花水竹叶

来　　源　裸花水竹叶 *Murdannia nudi ora* (L.) Brenan，鸭跖草科多年生草本。

性　　状　种子近肾形，长约 1.5mm，宽 1mm。表面黄棕色，具网状突起纹理，有深窝孔，或同时有浅窝孔和以胚盖为中心呈辐射状排列的白色瘤突；种脐位于腹面中央，圆形凹陷。

药用部位　全草。

功　　效　清肺止咳，凉血止血。

采集时间　2018.10

采 集 地　广东省广州市

鉴 定 人　周良云

1mm
0.5mm

对叶百部

来　源　对叶百部 *Stemona tuberosa* Lour.，百部科草本。

性　状　种子呈倒卵状椭圆形，长约 1cm（不含附属物），宽约 4mm。表面暗红褐色，背部具多条纵纹；腹部有一明显纵棱；顶端呈鸡冠状突起；基部缢缩，有一长尾，尾上生膜状灰白色附属物；种脐位于基部，色浅。

药用部位　块根。

功　效　润肺下气止咳，杀虫灭虱。

采集时间　2020.10

采 集 地　广东省广州市

鉴 定 人　周良云

5mm

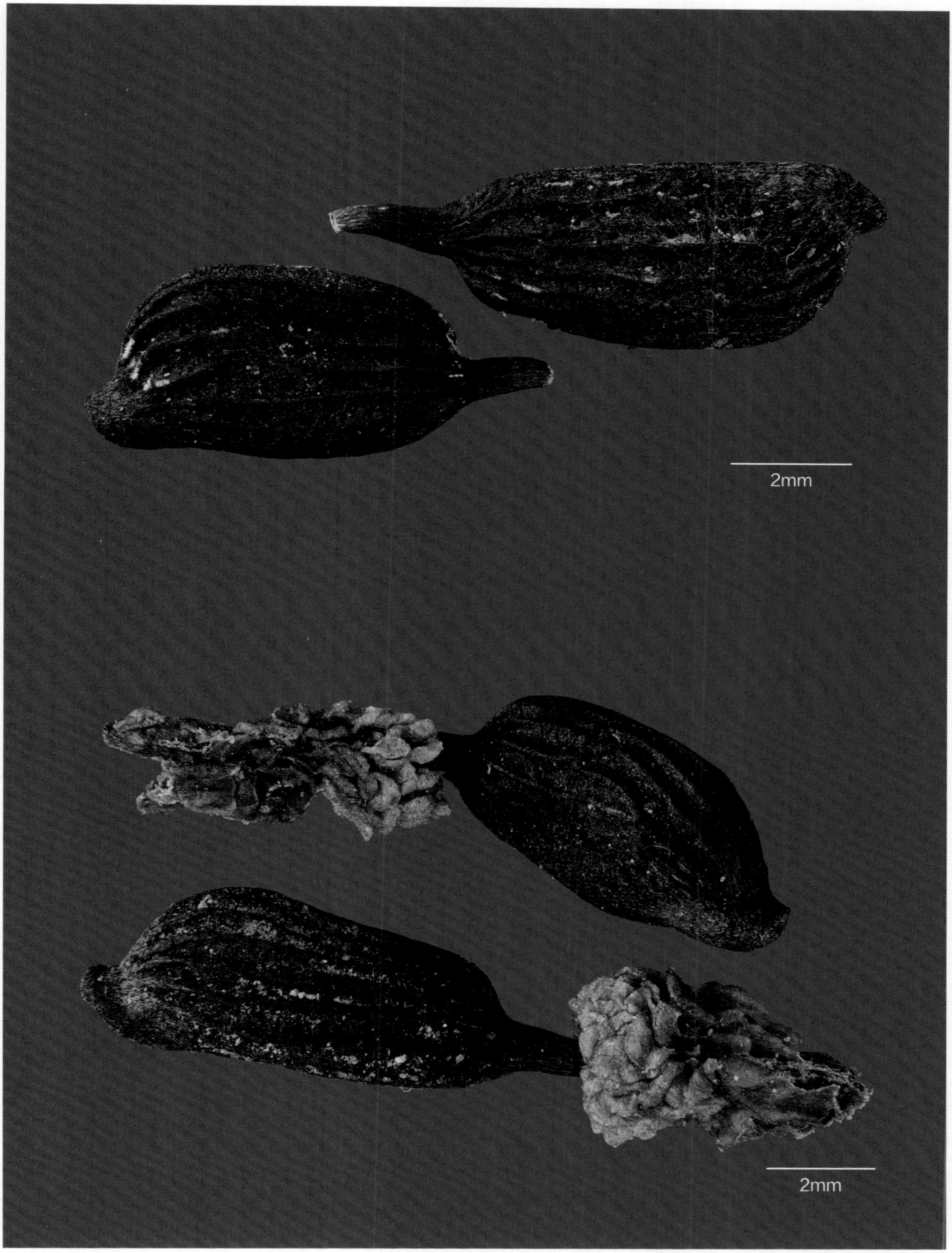
2mm
2mm

野百合

来　　源　野百合 *Lilium brownii* F. E. Brown ex Miellez，百合科直立草本。

性　　状　种子呈三角状倒卵形，最长处约 1cm（含翅）。表面呈黄褐色；背部生宽翅，翅约 2mm，腹部亦生翅，但相对较窄；种脐位于腹部突起一侧。

药用部位　全草。

功　　效　清热，利湿，解毒。

采集时间　2017.11

采 集 地　广东省深圳市

鉴 定 人　吴健梅

5mm

山菅

来　源 山菅 *Dianella ensifolia* (L.) Redouté，百合科多年生常绿草本。

性　状 种子呈卵球形，直径约 3mm。表面黑色，稍不平滑；背部拱起，具窄脊；腹部具不规则排列的长棱状突起和洼点；种脐位于基部，鸟喙状。

药用部位 根。

功　效 拔毒消肿。

采集时间 2018.4

采 集 地 广东省云浮市

鉴 定 人 周良云

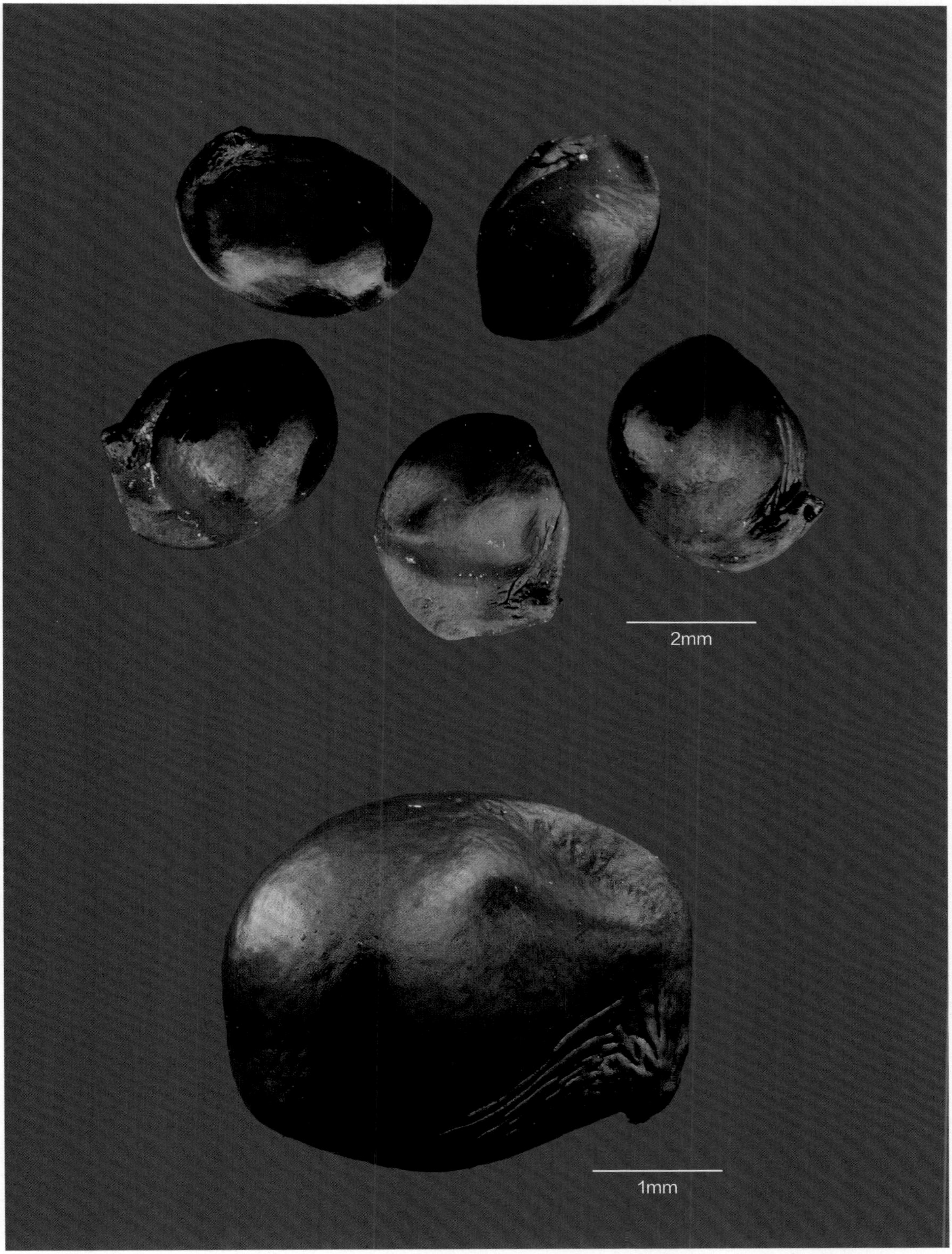
2mm
1mm

菝葜

来　　源　菝葜 *Smilax china* L.，百合科攀援灌木。

性　　状　种子呈椭圆形，稍扁，长约4mm，宽约3.5mm。表面红棕色，稍有光泽，生有细密网纹，网纹稍呈纵向排列；种脐位于基部，圆形，灰白色，有黑色残留物。

药用部位　根茎、叶。

功　　效　根茎：祛风利湿，解毒消肿；叶：外用于痈疖疔疮，烫伤。

采集时间　广东省韶关市

采 集 地　2020.11

鉴 定 人　张建行

2mm
1mm

油点草

来　　源 油点草 *Tricyrtis macropoda* Miq.，百合科多年生草本。

性　　状 种子呈卵圆形或矩圆形，长 1.2～1.5mm，宽 0.7～1mm。表面棕黑色或黑色，具纵向网纹；顶端具一角状突起；种脐位于基部，稍平。

药用部位 根。

功　　效 补虚理气，止咳。

采集时间 2017.12

采 集 地 广东省惠州市

鉴 定 人 吴健梅

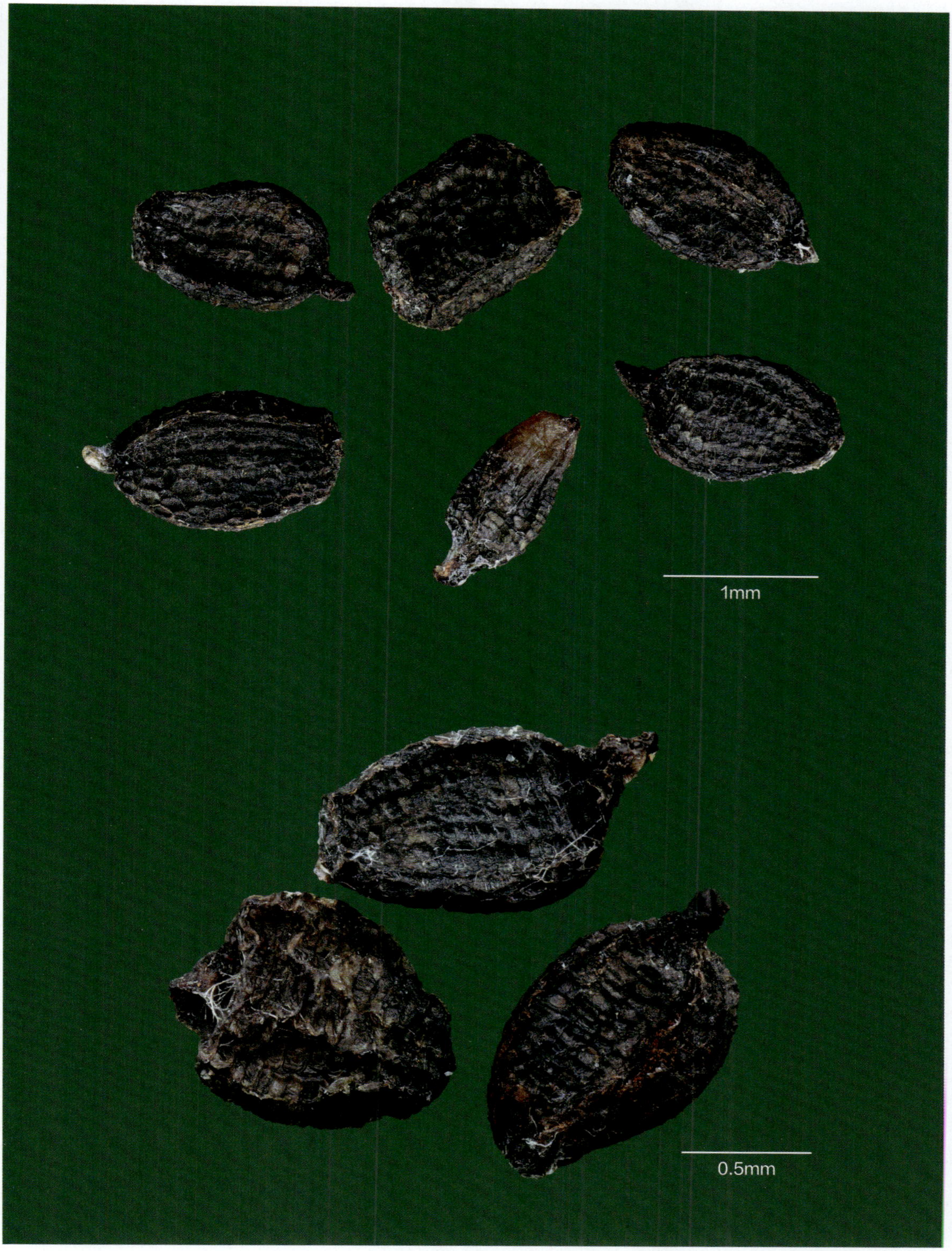
1mm
0.5mm

仙茅

来　　源　仙茅 *Curculigo orchioides* Gaertn.，仙茅科多年生草本。

性　　状　种子呈椭圆形，长 4～5mm，宽 2～3mm（含长喙）。表面黑色，有光泽，具明显纵纹，排列整齐；种脐位于基部，一侧具长喙。

药用部位　根茎。

功　　效　补肾阳，强筋骨，祛寒湿。

采集时间　2020.9

采 集 地　广东省广州市

鉴 定 人　周良云

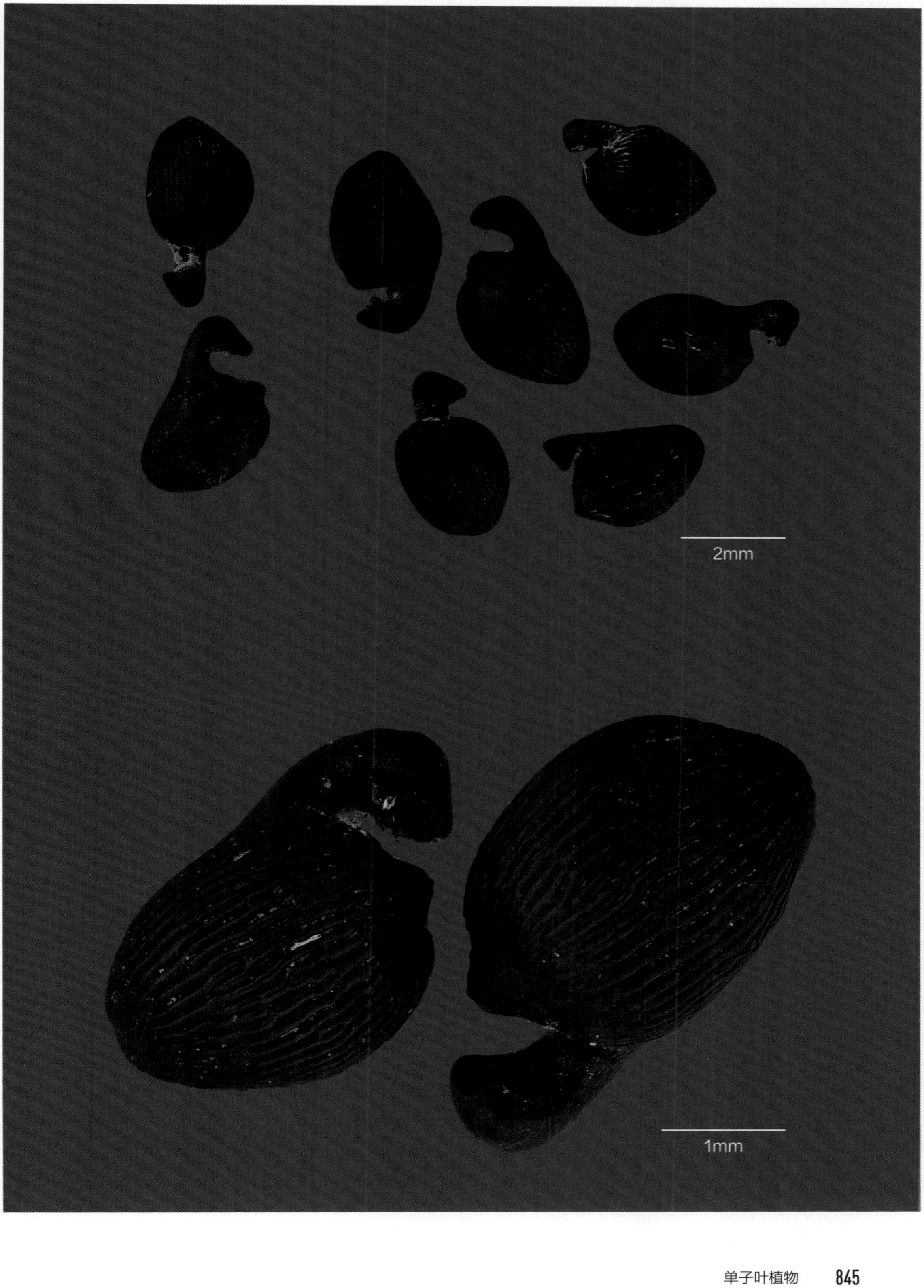
2mm
1mm

朱顶红

来　　源　朱顶红 *Hippeastrum rutilum* (Ker-Gawl.) Herb.，石蒜科多年生草本。

性　　状　种子呈近圆形，扁平，边缘具角，直径1～1.5cm。表面棕黑色，具细密网状突起；中央厚，边缘逐渐变薄。

药用部位　鳞茎。

功　　效　解毒消肿。

采集时间　2017.8

采 集 地　广东省深圳市

鉴 定 人　吴健梅

5mm
1cm

薯莨

来　　源 薯莨 *Dioscorea cirrhosa* Lour.，薯蓣科多年生藤本。

性　　状 种子呈宽卵形，长 1.5～1.7cm（含翅），宽 1.3～1.4cm。种子本体黑褐色，粗糙，翅内圈红棕色，至外圈渐变为黄色，半透明，翅边缘常有波刻；一侧边缘平截，种脐位于种子平截处。

药用部位 块茎。

功　　效 止血，活血，养血，理气，止痛。

采集时间 2018.12

采 集 地 广东省河源市

鉴 定 人 吴健梅

5mm

射干

来　　源　射干 *Belamcanda chinensis* (L.) DC.，鸢尾科多年生草本。

性　　状　种子近球形，直径约 5mm；表面黑色，有光泽，具细密洼点；种脐位于基部。

药用部位　根茎。

功　　效　清热解毒，消痰，利咽。

采集时间　2020.10

采 集 地　广东省广州市

鉴 定 人　周良云

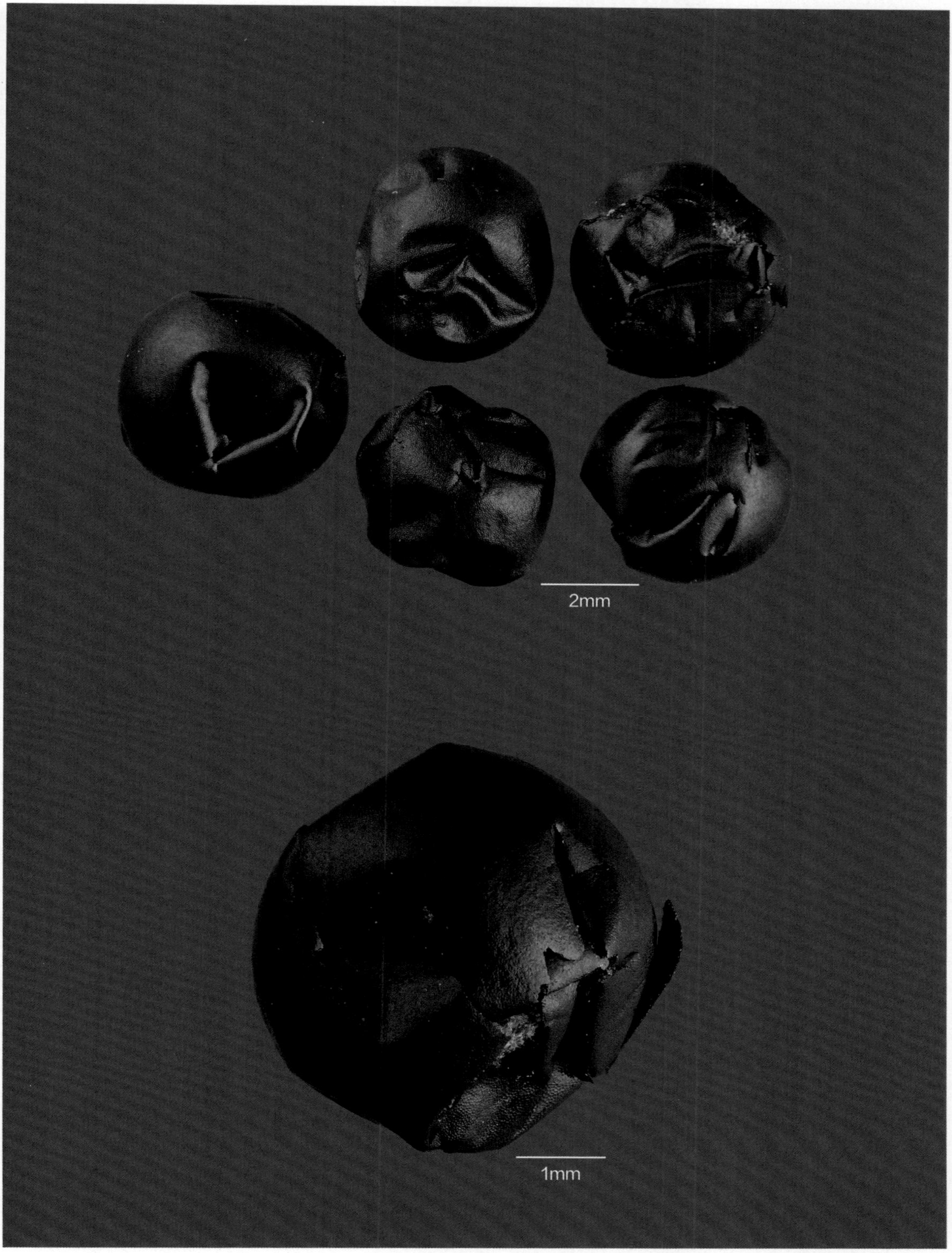
2mm
1mm

野蕉

来　　源　野蕉 *Musa balbisiana* Colla，芭蕉科多年生丛生草本。

性　　状　种子呈不规则多边形，对角线长4～6mm。表面棕褐色，具稀疏且明显的疣状突起；种脐位于基部，圆形，微突起，具同心环。

药用部位　种子。

功　　效　破瘀血，通大便。

采集时间　2020.5

采 集 地　海南省陵水黎族自治县

鉴 定 人　张建行

5mm
2mm

山姜

来　源 山姜 *Alpinia japonica* (Thunb.) Miq.，姜科多年生草本。

性　状 种子呈多角形，具多条棱，长约 5mm，宽约 3.5mm。表面附有一层白色蜡被状物质，其上有黑棕色细斑纹，汇聚于基部；种脐位于基部，呈棕白色，不具黑色斑纹。

药用部位 根茎。

功　效 温中，散寒，祛风，活血。

采集时间 2018.11

采 集 地 广东省广州市

鉴 定 人 周良云

5mm
1mm

假益智

来　　源　假益智 *Alpinia maclurei* Merr.，姜科多年生草本。

性　　状　种子呈不规则柱状，直径约 4mm。表面灰褐色，散生深色斑点，具纵向细纹理；侧面明显皱缩；种脐位于基部凹陷处，圆形，黄棕色。

药用部位　根茎、果实。

功　　效　行气，止呕。

采集时间　2020.11

采 集 地　广东省韶关市

鉴 定 人　张建行

2mm
1mm

高良姜

来　　源　高良姜 *Alpinia officinarum* Hance，姜科多年生草本。

性　　状　种子类球形，直径约 4mm。表面具褐色和黑色相间的流苏状纹理，被白色丝状或碎块薄膜状残留附属物，有一纵沟。

药用部位　根茎。

功　　效　温胃止呕，散寒止痛。

采集时间　2020.7

采 集 地　广东省广州市

鉴 定 人　周良云

2mm
1mm

益智

来　　源　益智 *Alpinia oxyphylla* Miq.，姜科多年生草本。

性　　状　种子呈不规则扁圆形，直径 3.5～4mm。表面黄褐色至棕黄色，被纵向细纹，有一纵沟；种脐位于基部，有白色丝状物，微凹。

药用部位　果实。

功　　效　暖肾固精缩尿，温脾止泻摄唾。

采集时间　2018.7

采 集 地　广东省茂名市

鉴 定 人　周良云

2mm
1mm

阳春砂

来　　源　阳春砂 *Amomum villosum* Lour.，姜科多年生草本。

性　　状　蒴果椭圆形或球形，直径 1.5～2cm。表面棕红色至紫红色，果皮密被软刺，顶端有残留的花柱；基部有果柄痕；果实内白色隔膜将种子团分成 3 瓣，内含种子多数。种子近椭圆形，稍具棱角，直径约 3mm。表面红棕色至黑褐色，具细皱纹；种脐位于基部，黄白色。

药用部位　果实。

功　　效　化湿开胃，温脾止泻，理气安胎。

采集时间　2017.8

采 集 地　广东省阳江市

鉴 定 人　周良云

5mm
5mm

2mm
1mm

大豆蔻

来　　源　大豆蔻*Hornstedtia hainanensis* T. L. Wu et S. J. Chen，姜科多年生草本。

性　　状　种子呈不规则多面体形，最长处约3mm。表面黑褐色，粗糙不平，颗粒明显；种脐位于基部，类圆形，黄棕色。

药用部位　全草。

功　　效　利水消肿。

采集时间　2019.11

采 集 地　海南省陵水黎族自治县

鉴 定 人　郑海磊

2mm
1mm

蘘荷

来　源　蘘荷 *Zingiber mioga* (Thunb.) Rosc.，姜科多年生草本。

性　状　种子呈矩圆形，长3～5mm，宽2～4mm。表面黑褐色，密生纵皱纹，具一纵沟；种脐位于基部，有白色附属物。

药用部位　根茎、花、果实。

功　效　根茎：活血调经，祛痰止咳，解毒消肿；花：温肺化痰；果实：温胃止痛。

采集时间　2020.11

采 集 地　广东省韶关市

鉴 定 人　张振

2mm
1mm

绶草

来　　源 绶草 *Spiranthes sinensis* (Pers.) Ames，兰科多年生草本。

性　　状 种子呈细长纺锤形，中间稍膨大，长约0.6mm，宽约0.1mm。表面黄白色，具纵向长方形网状纹理，种皮膜质延伸成细线状弯曲；中间稍膨大处为种仁，棕黄色，椭圆形。

药用部位 根和全草。

功　　效 清热解毒，益气养阴。

采集时间 2018.5

采 集 地 广东省广州市

鉴 定 人 周良云

0.5mm

索引

【索引一 基原植物中文名索引】

J

N

P

Q

R

S

T

W

X

Y

Z

【索引二 基原植物拉丁学名索引】

B

C

I

J

K

L

M

T

U

V